KB105757

와인 애호가들을 위한 김만홍의 세 번째 이야기

12일 만에 끝내는 세계 와인의 모든 것

1

와인 애호가들을 위한 김만홍의 세 번째 이야기

12일 만에 끝내는 세계 와인의 모든 것 1 이탈리아

1판 1쇄 발행 2022년 10월 27일

지은이 김만홍·이종화
펴낸이 정태욱 | 펴낸곳 여백출판사

총괄기획 김태윤 | 편집 안승철 | 마케팅 김미선

출판등록 2019년 11월 25일(제2019-000265호)
주소 서울시 성동구 한림말길 53, 4층 [04735]
전화 02-798-2368 | 팩스 02-6442-2296
이메일 ybbook1812@naver.com

ISBN 979-11-90946-21-6 14590
ISBN 979-11-90946-20-9 14590 (전3권)

와인 애호가들을 위한 김만홍의 세 번째 이야기

12일 만에 끝내는 세계 와인의 모든 것

이탈리아

김만홍 · 이종화 공저

여백

1권 차례

사랑하는 아내 성종은과
나의 가족들에게 이 책을 바칩니다

1일차

전통과 근대화
움직임의 공존, 이탈리아

Italy

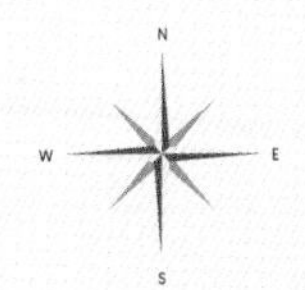

이탈리아 국토는 지중해의 한가운데에 돌출되어 있으며, 남북으로 1,200㎞에 걸친 장화 모양의 반도와 시칠리아와 사르데냐 두 개의 섬으로 이뤄져 있습니다.
2018년 기준으로 이탈리아는 전 세계 와인 생산량의 19%를 차지하며 프랑스 17%, 스페인 15%을 앞서고 있으며, 양과 품질을 겸비한 와인 생산국 중의 하나입니다.

01 이탈리아 와인의 개요

◆ 북위 37~47도에 와인 산지가 분포

◆ 재배 면적: 752,000헥타르

◆ 생산량: 47,500,000헥토리터

[International Organisation of Vine and Wine 2015년 자료 인용]

이탈리아는 유럽 중남부에 위치한 반도 국가로, 그리스와 함께 유럽 문명의 발상지로 알려져 있습니다. 국토는 지중해의 한가운데에 돌출되어 있으며, 남북으로 1,200㎞에 걸친 장화 모양의 반도와 시칠리아와 사르데냐 두 개의 섬으로 이뤄져 있습니다. 지리적으로 북쪽은 알프스 산맥을 경계로 프랑스, 스위스, 오스트리아 국경과 맞대고 있고, 동쪽은 아드리아해, 서쪽은 티레니아해, 남쪽은 지중해로 삼면이 바다에 둘러싸여 있습니다.

이탈리아의 행정구역은 총 20개 주로 분할되어 있으며, 모든 주에서 와인 생산이 이루어지고 있습니다. 포도 재배 면적은 스페인, 프랑스에 이어 3위이지만, 와인 생산량은 프랑스와 1, 2위를 앞다투고 있습니다. 실제 이탈리아의 재배 면적 및 생산량은 프랑스와 근소한 차이를 보이고 있는데, 두 나라는 해마다 그 해의 작황 정도에 따라 와인 생산량의 순위가 변동되고 있습니다. 특히, 2013~2017년 이탈리아의 평균 생산량은 48,300,000헥토리터로, 세계 최대의 생산량을 자랑합니다. 2018년 기준, 이탈리아는 전 세계 와인 생산량의 19%를 차지하며 프랑스 17%, 스페인 15%을 앞서고 있으며, 양과 품질을 겸비한 와인 생산국 중의 하나로 인정받고 있습니다.

이탈리아에 포도 재배와 와인 양조를 전파한 것은 고대 그리스인으로, 그들은 이 땅이 포도 재배에 적합하다고 해서 '와인의 대지'를 뜻하는 오에노트리아Oenotria라고 불렀습니다. 모든 땅에서 포도를 재배할 정도로 천혜의 환경을 지닌 이탈리아는 오랜 역사와 전통을 가지고 있었음에도 불구하고, 1950년대 이전까지 해외 시장에서 무명에 가까운 대접을 받았습니다. 이탈리아의 와인 생산자 대다수가 자신만의 독창적인 와인을 생산한다는 자부심이 강했기 때문에 국내와 해외 시장에 홍보하는 것을 게을리했습니다. 또한 정부의 강력한 규제와 지원도 없었기에 프랑스 와인만큼 유명세를 얻지 못했습니다. 그러나 1970년대 내수 시장이 침체되자 와인 산업은 안 좋게 흘러갔으며, 이를 타계하기 위해 일부 생산자들은 변화를 꾀하기 시작했습니다.

1970년대 이후부터 시작한 와인의 근대화·고품질화

이탈리아는 프랑스와 마찬가지로 저렴한 와인을 많이 소비하는 나라였습니다. 오랜 전통과 높은 잠재력을 가지고 있었으나, 고급 와인은 손에 꼽을 정도로 극히 드물었고, 그것도 대부분 자국 내에서만 소비되고 있었습니다. 그러나 1970년대 이후부터 눈에 띄게 내수 시장이 침체되자 그때까지 값싼 와인을 대량 생산하던 와인 생산자들은 고품질로 방향을 전환하지 않을 수 없게 되었습니다. 또한 내수의 부진을 만회하기 위해서 수출 시장에 눈을 돌리기 시작한 것도 이 시기였습니다. 결국, 이탈리아 각지에서 진보적인 생산자가 등장해 포도 재배와 와인 양조를 크게 변화시켰고, 이들로 인해 와인 근대화가 진행되면서 이탈리아는 고품질 와인 생산국으로 빠르게 변화하게 되었습니다.

특히, 와인 선진국인 프랑스에서 포도 품종과 양조 기술을 도입한 것은 이탈리아 와인의 근대화에 큰 역할을 했습니다. 까베르네 쏘비뇽, 메를로 등과 같은 보르도 지방의 품종이 도입되어, 1970년대 이후부터 토스카나 주를 중심으로 재배 면적을 늘려갔으며, 더불어 작은 새 오크통에서 비교적 짧은 기간 와인을 숙성시키는 프랑스 양조 방식도 사용했습니다. 이 근대적인 양조 방식은 이제 이탈리아 전역에 걸쳐 사용되고 있으며, 프랑스계 품종을 사용해 만든 와인뿐만 아니라 이탈리아 토착 품종을 사용해 만든 전통적인 와인까지 적용되고 있습니다.

전통적으로 이탈리아의 레드 와인은 크고 오래된 오크통에서 장기간 숙성을 거친 후에 병입했습니다. 이렇게 전통 방식으로 만든 레드 와인은 비교적 어린 상태에서부터 옅은 색상을 띠며, 소박하고 촌스러운 맛을 지녔습니다. 특히 장기간 숙성시키는 과정에서 자연스럽게 산화가 진행되어 신선한 과실 향과 풍미를 잃었고, 숙성에서 유래하는 부엽토나 버섯, 가죽과 같은 향이 발생했습니다. 이런 스타일 자체가 문제되는 것은 아니지만, 당시 해외 소비자의 취향과는 많이 달랐습니다. 이에 비해 작은 새 오크통에서 단기간 숙성을 거친 레드 와인은 색도 진하고 과실 풍미도 풍부해 미국 시장에서 특히 인기가 많았습니다.

한때, 이탈리아에서는 토착 품종 및 전통을 지키려고 하는 수구파 생산자와 적극적으로 외래 품종 및 선진 기술을 도입하려는 개혁파 생산자로 나뉘어 두 진영 간의 격렬한 논쟁을 벌이곤 했습니다. 그러나 최근 들어, 양쪽의 이점을 적절하게 조절하는 절충파 생산자 늘어나면서 수구파 대 개혁파, 즉 전통 대 현대에 관한 논쟁은 진정되어 가고 있습니다. 이를 반영하듯 이탈리아의 와인법도 완고한 전통 보호에서 벗어나 외래 품종과 선진 양조 기술에 대한 문호 개방으로 점차 이동하고 있는 추세입니다.

TIP!

이탈리아 와인의 색상

이탈리아에서는 화이트 와인은 비노 비안코Vino Bianco, 레드 와인은 비노 로쏘Vino Rosso, 로제 와인은 비노 로자토Vino Rosato라고 합니다. 로자토 중 색깔이 옅은 것은 끼아레또Chiaretto, 색깔이 짙은 것은 체라주올로Cerasuolo라고 부르고 있습니다.

ITALY REGIONE

이탈리아의 행정 구역

이탈리아는 15개의 일반 주와 5개의 자치주로 구성되는 행정 체제를 가지고 있으며,
20개 주 전역에서 와인이 생산되고 있습니다.

02 이탈리아 와인의 역사

고대 로마 시대

이탈리아에서는 이미 수 천년 전부터 야생 포도가 자생하고 있었습니다. 이곳의 포도 재배 역사는 기원전 800년경으로 거슬러 올라가 시칠리아 섬과 이탈리아 남부 지역에서 시작되었을 것이라고 추정했었습니다. 그러나 2017년, 시칠리아 섬에 있는 몬테 크로니오Monte Kronio 언덕의 동굴에서 다양한 용기가 발견됨에 따라, 이전보다 훨씬 앞선 시기인 기원전 6,000~3,000년경에 포도를 재배했던 것으로 밝혀지게 되었습니다.

이탈리아에 포도 재배와 와인 제조법을 전파한 것은 고대 그리스 시대입니다. 기원전 8세기, 고대 그리스인은 시칠리아 섬과 이탈리아 남부 지역에 처음으로 포도를 재배했고, 포도 나무는 이탈리아의 거친 지형에 잘 적응하며 무성하게 자라기 시작했습니다. 이들은 이탈리아의 온화한 기후에 깊은 인상을 받아 '오에노트리아'라고 불렀는데, 이 단어는 '와인의 대지', '정확하게는 말뚝을 세워 고정한 포도 나무'를 의미합니다. 이후, 고대 로마 시대에 포도 재배와 와인 제조를 본격적으로 시작했습니다. 기원전 3세기, 고대 로마 시대에는 이탈리아 반도 전체에서 포도가 재배되고 있었으며, 고대 로마의 박물학자 및 정치가, 대 플리니우스Plinius가 편찬한 '박물지'에 의하면 기원전 2세기 중순부터 이탈리아에서는 와인의 명산지가 등장하기 시작했다라고 기록되어 있습니다.

기원전 2~3세기경, 로마 제정기에 들어서면서 이탈리아 와인은 암포라Amphora에 담겨 프랑스나 스페인 등의 국가로 수출되기 시작했습니다. 그러나 고급 와인은 로마에서 주로 소비되었는데, 이는 로마가 정치의 중심 도시이자 최대 시장이었기 때문입니다. 당시 유명한 산지는 로마 근교인 라치오Lazio와 캄파니아Campania 지역에 집중되어 있었으며 특히, 지금의 캄파니아 북부 지역에서 생산되던 팔레르눔Falernum이라고 불리는 와인은 고대 로마 시대에 최고의 와인으로서 높은 품질을 칭송 받았습니다.

HISTORY OF ITALY

이탈리아 와인의 역사

이탈리아에 포도 재배와 와인 양조를 전파한 것은 고대 그리스인으로, 그들은 이 땅이 포도 재배에 적합하다고 해서 와인의 대지를 뜻하는 오에노트리아라고 불렀습니다. 기원전 3세기, 고대 로마 시대에는 이탈리아 반도 전체에서 포도가 재배되고 있었으며, 본격적으로 와인 제조를 시작했습니다.

화이트 와인인 팔레르눔은 스위트 및 드라이 타입이 존재했는데, 알코올 도수가 상당히 높았다고 알려져 있습니다. 이 시기에 유명 산지에서 만든 와인은 수명이 매우 길었는데, 팔레르눔 와인 역시 10~20년 정도로 수명이 길었습니다. 특히, 기원전 121년은 역사상 가장 좋은 수확 연도라고 여겨지며, 100년 후에도 높은 평가를 받았다는 전설이 있습니다. 다만 문헌상에 팔레르눔은 진한 호박색이라고 표현되는 것으로 보아 산화 숙성의 뉘앙스가 강한 와인이었을 것이라고 추측되고 있습니다.

고고학적 조사에 따르면, 팔레르눔 와인은 언덕의 정상과 경사지, 그리고 산기슭에 퍼져 있는 평야 지대, 이렇게 세 개의 지역으로 나뉘어져 생산되었고, 팔랑기나Falanghina라고 하는 청포도 품종을 사용했다고 밝혀졌습니다. 이 품종은 여전히 캄파니아 주에서 재배되고 있으며, 오늘날 이곳은 팔레르노 델 마시코Falerno del Massico라는 DOC로 인정되고 있습니다. 덧붙여 대 플리니우스는 박물지에서 "팔레르눔 와인이 품질보다 양을 추구하기 시작하면서 명성에 흠집이 생겼다."라고 서술하였습니다. 결과적으로 와인의 수량과 품질의 딜레마는 고대 로마 시대부터 포도 재배업자들에게는 늘 따라다니는 과제였던 것 같습니다.

로마 시대, 지금의 토스카나Toscana에 해당하는 중부 지역에서는 이미 와인을 제조하고 있었습니다. 또한 이 시기에 와인 소비가 크게 증가해 이탈리아의 많은 해안 지역에서는 해방 노예가 운영하는 대규모 포도 농장들이 생겨났습니다. 포도 나무는 빠르게 확산되어 곡식을 심을 땅조차 없을 만큼 포도밭이 증가했습니다. 결국, 서기 92년에 로마 황제인 도미티아누스Domitianus는 식량을 생산할 비옥한 땅을 확보하기 위해 수많은 포도밭을 없앨 수밖에 없었으며, 이에 포고령Edict을 내려 이탈리아 반도뿐만 아니라 이외의 지역에서 새롭게 포도밭을 만드는 것을 금하였고, 포도 나무의 절반을 제거하도록 명령했습니다.

이 시기에 만들어진 이탈리아 와인은 주로 갈리아Gaul 지역으로 수출되었습니다. 갈리아는 지금의 북부 이탈리아, 프랑스, 벨기에 등을 포함한 지역으로, 갈리아인들은 이탈리아 와인을 사기 위해 많은 노예와 교환을 했습니다. 대 플리니우스의 저서에 따르면, 갈리아와 무역이 성행한 이유는 갈리아인들이 와인을 물에 타서 마시지 않고 무제한으로 마셨기 때문에 많은 양이 필요했다고 기록되어 있습니다.

FALERNUM
팔레르눔

고대 로마 시대에 유명한 산지는 로마 근교인 라치오와 캄파니아 지역에 집중되어 있었으며 특히, 지금의 캄파니아 북부 지역에서 생산되던 팔레르눔이라고 불리는 와인은 당시 최고의 와인으로서 높은 품질을 칭송 받았습니다.

서기 280년, 프로부스Marcus Aurelius Probus 황제에 의해 도미티아누스의 포고령이 폐지되면서, 유럽의 다른 국가에서도 포도를 재배하기 시작했습니다. 특히 지금의 프랑스와 이베리아 반도에서 포도밭이 크게 증가했으며, 이로 인해 까베르네 품종의 조상인 비투리카Biturica와 같은 새로운 품종들이 재배되기 시작했습니다. 새로운 품종과 새로운 산지의 등장과 함께 이탈리아는 점차 다른 지역의 와인을 수입하는 무역 중심지로 거듭나게 되었습니다.

중세 시대

서기 476년, 게르만족의 침략으로 서로마 제국이 멸망하면서 중세 시대가 도래했습니다. 게르만족의 침략에도 불구하고 이탈리아 전역에서는 그리스도교에 의해 포도밭과 와인 제조가 계속 유지되었습니다. 야만인이라 일컫는 게르만족이 서로마 제국을 침략했던 이유 중 하나가 바로 와인 때문이었습니다. 맥주를 주로 마셨던 게르만족은 이탈리아의 고급 와인을 맛본 뒤, 한눈에 반해 버렸고 땀 흘려 수확할 생각을 하지 않고 힘으로 빼앗으려 했던 것입니다.

게르만 족의 침략으로 와인의 미래는 암울한 그림자가 드리워지는 듯했습니다. 그러나 예상과는 달리 게르만족은 와인의 확산을 장려했습니다. 실제로 게르만족의 산발적인 공격을 받던 3~5세기 사이, 유럽의 포도 재배는 화려하게 꽃을 피웠습니다. 뿐만 아니라 산지가 널리 확산되기까지 했는데, 이 시기에 독일의 트리어Trier 인근의 모젤 강 주변과 프랑스의 부르고뉴, 루아르 지방 등 많은 지역에서 포도 재배가 확실하게 자리를 잡았습니다. 그렇지만 정치적인 혼란으로 인해 고급 와인의 수요가 사라지게 되었고, 이탈리아의 팔레르눔과 같은 유명 산지의 와인은 쇠퇴해 갔습니다.

서로마 제국이 멸망한 이후, 주인 없는 땅이 된 이탈리아 반도는 동고트족, 롬바르드족 등 수많은 게르만계의 일족들이 침략했으며, 이후 프랑크 왕국의 지배를 거쳐 962년에 신성 로마 제국의 통치 아래 들어가게 되었습니다. 혼란과 두려움이 가득한 시기를 겪으면서 백성들은 황제가 자신들을 지켜주지 못한다는 것을 알게 되었습니다. 백성들은 생존을 위해 그 지역에서 가장 힘있고 강한 영주를 찾아가 자신들을 보호해줄 것을 요청했고, 영주를 섬기기 시작했습니다. 영주의 성 안에서 안전을 보장받은 백성들은 그 대가로 영주의 농지를 대신 경작을 해주었으며, 세금도 바쳤습니다. 이렇게 영주와 백성들은 주종 관계가 되어, 비로소 11세기경에 유럽의 봉건제도가 탄생하게 되었습니다.

11세기에 이르러 이탈리아는 경제적으로 다시 활기를 찾게 되었습니다. 토스카나 지역의 피렌체Firenze는 유럽 금융의 중심지로 성장하였으며, 부유한 상인들이 모여들기 시작했습니다. 이들은 와인의 구매자일 뿐만 아니라 생산자로서 고급 와인의 생산을 부흥시켰습니다. 다만, 이 시기에 와인을 보관하는 용기가 암포라에서 나무통으로 바뀌면서 와인의 품질이 떨어지는 결과를 초래했는데, 이는 로마 시대에 사용되고 있던 암포라가 기밀성이 높은 용기인 것에 비해 나무통은 미량의 산소가 투과되어 와인의 수명이 짧아졌기 때문입니다. 그럼에도 불구하고 중세 시대에는 나무통을 고집했습니다. 1000년부터 1300년까지, 300년 동안 유럽의 인구가 두 배로 급격하게 늘어나자 와인 소비도 크게 증가하였으며, 무역에 용이한 나무통을 선호했습니다. 흙으로 빚은 암포라는 무겁고 운송 중에 깨지기 쉬운 반면, 나무통은 상대적으로 안전하고 비용도 저렴하기 때문에 대량 운송과 보관에 있어 큰 장점을 가지고 있었습니다.

중세 시대, 와인의 산화는 큰 골칫거리였습니다. 나무통에 보관하면서 산소와 접촉해 식초처럼 시큼해지는 일이 빈번하게 발생했고, 또한 박테리아가 번식해 불쾌한 향과 함께 상하기도 했습니다. 당시 영국에서 인기가 많았던 프랑스 와인, 특히 보르도 와인의 유통 기한은 1년에 불과했으며, 10월에 새로 만든 와인이 등장하면 전년도 와인은 폐기처분 되었습니다. 이틈을 파고든 것이 이탈리아의 와인이었습니다. 온화한 기후에 풍부한 햇살을 받고 자란 크레타섬과 키프로스 섬 등 베네치아 공화국의 와인들은 프랑스 와인보다 달콤하고 알코올 도수가 높아 무엇보다 오랫동안 맛이 변하지 않았습니다. 이곳에서 만든 스위트 와인은 인기가 많아 높은 가격에 거래되었고, 영국을 비롯한 북유럽 국가에 주로 수출되었습니다. 북유럽은 기후가 추워 스위트 와인을 생산하기에는 적합하지 않았기 때문에 스위트 와인의 수요가 상당했습니다. 지금도 베네치아Venezia가 있는 베네토 주에서는 수확한 포도를 건조시키는 아파씨멘토

Appassimento 기술을 사용해 레치오토Recioto의 스위트 와인이 만들어지고 있습니다.

중세 시대에 스위트 와인이 높은 가격에 판매된 이유는 온화한 지역에서만 생산된다는 희소성과 포도를 건조시켜 발효를 하는 등의 양조 과정이 복잡했기 때문이었습니다. 그래서 스위트 와인의 대부분은 상류 계급에서 소비되었고, 일반 대중들은 품질이 낮은 저렴한 가격의 드라이 와인을 주로 마셨습니다.

중세 이탈리아 작가 피에트로 데 크레쉔치Pietro de' Crescenzi, 1230~1320가 집필한 '농촌 지대 편람' 책에서 당시의 포도 재배와 와인에 대해 다음과 같이 서술하였습니다. '그 시대 이탈리아 반도에서 재배되고 있던 포도 품종은 고대 로마 시대의 포도 품종과는 전혀 달랐으며, 서로마 제국이 멸망한 후의 혼란기에는 와인 생산에 단절기가 찾아왔다.'라고 기록되어 있었습니다. 또한 저서에는 네비올로Nebbiolo, 트레비아노Trebbiano, 가르가네가Garganega 등 현재 이탈리아에서 재배되고 있는 주요 포도 품종의 이름들이 다수 등장하기도 했습니다.

14세기 중반에 들어, 와인은 이탈리아에서 가장 부가가치가 높은 상품이 되었습니다. 포도 재배 및 와인 산업은 다시 활기를 띠게 되었지만, 메짜드리아Mezzadria라고 하는 소작제도로 인해 와인 품질은 저하되고 말았습니다. 당시 이탈리아에서는 메짜드리아 제도가 일반적이었는데, 이것은 큰 토지를 소유한 귀족이 여러 소작인에게 토지를 빌려 주고, 경작을 통해 얻어진 수확물의 절반을 가져가는 제도입니다. 지주인 귀족은 수확물의 반밖에 얻을 수 없기에 적극적으로 포도밭에 투자를 하지 않았고, 소작인들은 한정된 토지에서 최대한 많은 양의 수확물을 얻기 위해서 포도뿐만 아니라 올리브나 여러 과수들도 같이 재배했습니다. 결국 소작인들은 포도 나무에 큰 신경을 쓰지 못했고, 결과적으로 메짜드리아 제도는 와인의 품질 향상을 저하시키는 큰 요인으로 작용했습니다.

그렇지만 이 시기에 도시 지역의 와인 소비량은 어마어마했습니다. 피렌체 도시에서만 일 년에 일 인당 230리터 정도의 와인이 소비되었는데, 2004년 기준으로 이탈리아 국민의 일 인당 와인 소비량이 연간 49. 3리터인 것을 감안한다면, 그 당시 소비량은 엄청난 양이라고 할 수 있습니다. 따라서 생산자들은 막대한 소비량을 충족시켜주기 위해 아주 많은 양의 와인을 만들었으며, 잉여분은 유럽의 여러 나라로 수출 되었습니다.

MEZZADRIA
메짜드리아 제도

14세기 중반, 이탈리아에서는 메짜드리아 제도가 일반적이었는데, 이것은 큰 토지를 소유한 귀족이 여러 소작인들에게 토지를 빌려 주고, 경작을 통해 얻어진 수확물의 절반을 가져가는 제도입니다.
지주인 귀족들은 수확물의 반밖에 얻을 수 없기에 적극적으로 포도밭에 투자를 하지 않았고, 소작인들은 한정된 토지에서 최대한 많은 양의 수확물을 얻기 위해서 포도와 함께 올리브 및 여러 과수들도 같이 재배했습니다. 결국 소작인들 역시 포도 나무에 큰 신경을 쓰지 못했고, 결과적으로 메짜드리아 제도는 와인의 품질 향상을 저하시키는 큰 요인으로 작용했습니다.

근세 시대

14세기 중반, 유럽 전역에 흑사병이 강타했습니다. 수년에 걸쳐 많은 사람들이 대규모 전염병으로 죽었으며, 16세기에 유럽은 흑사병의 재앙에서 벗어나게 되었습니다. 이에 따라 유럽의 인구는 서서히 늘어남과 동시에 와인을 포함한 모든 생활 용품 시장이 확대되었습니다. 와인 생산은 16세기부터 18세기까지 증가하게 되었고, 와인 산업도 점차 안정을 찾아갔습니다.

그 중에서도 이탈리아의 와인 산업은 지속적인 발전을 거듭했습니다. 그러나 17세기 후반부터 18세기에 걸쳐 발전할 기회를 놓치고 품질 저하의 국면에 들어가게 되는데, 그 이유는 세계의 최신 기술인 유리병과 코르크 마개의 도입이 늦어졌기 때문입니다. 당시 토스카나 주에는 중세에 설립된 유서 깊은 와인 도매상들이 다수 존재했지만, 18세기까지 여전히 나무통을 비롯한 대용량 용기로 와인을 거래하고 있었습니다. 이탈리아에서 유리병에 와인을 담아 판매를 시작한 것은 비교적 최근의 일입니다.

19세기 중반, 영국의 저널리스트이자 유명 와인 작가인 사이러스 레딩Cyrus Redding은 자신의 저서에 "이탈리아 와인은 아무런 개선도 하지 않은 채 그저 정체하고만 있다."라고 언급한 것으로 보아 17세기 후반부터 200년 이상 동안, 이탈리아 와인의 품질은 상대적으로 저하되어 간 것을 알 수 있습니다. 정체의 이유로는 국가로서의 통일이 이루어지지 않은 점, 스페인이나 오스트리아 등 주변 강국의 영향으로 정치적인 혼란이 계속된 점, 유럽의 교역이 지중해 중심에서 태평양 중심으로 변해서 주도권을 놓쳐버린 점 등을 들 수 있습니다.

1861년, 이탈리아 반도는 간신히 통일을 이뤄냈으며, 경제적인 발전이 본격적으로 시작된 것은 제2차 세계대전이 종식되고 난 이후였습니다. 특히, 1960~1970년대에 걸쳐 이탈리아 정부와 유럽연합은 와인 산업에 막대한 투자를 하기 시작했습니다. 당시 이탈리아의 포도원들은 경제적으로 힘든 시기를 겪고 있었는데 가뭄에 단비와 같은 자금 지원으로 인해 포도원의 경제 상황은 크게 좋아졌지만, 동시에 과잉 생산이라는 문제를 낳기도 했습니다. 이탈리아 정부와 유럽연합은 이를 해결하기 위해 포도 재배업자들이 수확한 포도를 매입해 대규모 증류소로 보내거나, 포도 대신 다른 작물을 재배하는 농가에게 보조금을 지급하기도 했습니다. 그러나 이탈리아의 포도 재배업자들은 이러한 정책들을 악용했습니다. 이들은 다른 무언가를 더 받아낼 속셈으로 와인 생산을 멈추지 않았고, 여전히 시장에서는 와인이 넘쳐났습니다. 사실 이 시기에는 다른 작물을 재배해도 딱히 이득을 보기 어려웠기 때문에, 포도 재배업자들은 농지를 그냥 묵힐 바에 보조금이라도 받아 생계를 이어가자는 생각이 강했습니다.

또한 이 시기에는 정부의 보조금을 노리는 협동조합도 많이 생겨났습니다. 실제로 많은 지방 자치체가 협동조합에 자금을 지원했고, 심지어는 지방 자치체에서 협동조합을 직접 운영하기도 했습니다. 협동조합은 남아도는 자금을 스펀지처럼 빨아들여 막대한 양의 와인을 생산했으며, 묽은 소아베, 달콤하고 밋밋한 람브루스코, 시큼한 맛의 끼안티 등의 저품질 와인들이 시장에 대량으로 쏟아져 나왔습니다. 결국, 과잉 생산은 와인의 품질 저하로 이어졌으며, 해외 시장에서 이탈리아 와인에 대한 평판을 떨어뜨리는 결과를 가져왔습니다.

1960년대에 이르러, 이탈리아 정부는 와인의 품질을 보장하기 위해 원산지 명칭 제도를 도입했습니다. 프랑스에 비해 대략 30년 정도 늦게 제정된 DOC 법은 1963년에 입법화되어, 1966년에 최초의 DOC 와인이 탄생하게 되었습니다. 그러나 DOC 법의 다양한 규정은 전체적으로 볼 때 품질보다 양을 추구해 온 이탈리아 와인의 근대사를 그대로 계승한 것으로, 정부의 기대만큼 와인의 품질이 향상되지는 못한 결과를 만들어냈습니다.

이탈리아 와인이 품질 면에서 세계 무대에 다시 서게 된 것은 1970년대 이후의 일입니다. 1980~1990년대 사이, 이탈리아의 와인 산업은 대대적인 세대 교체를 겪었습니다. 제2차 세계대전을 겪은 부모 세대들이 본격적으로 자식들에게 물려주기 시작했는데, 그들의 대부분은 와인 양조 학교를 갓 졸업한 젊은 세대로, 부모에게 상속받은 포도밭과 포도원을 개선시키는데 몰두했습니다. 젊은 양조가들은 와인의 품질을 향상시키기 위해 그린 하베스트Green Harvest를 도입해 수확량을 줄였으며, 30년 이상 사용한 아주 큰 용량의 밤나무 재질의 나무통을 대신해 225리터 용량의 프랑스 오크통으로 과감하게 교체했습니다. 이로 인해 오랫동안 고수해온 전통적인 양조 방식은 현대적인 양조 방식으로 탈바꿈하게 되었습니다.

1980년대, 토스카나 주의 몇몇 생산자들은 해외 시장에서 경쟁력을 갖춘 고품질 와인을 만들기로 결심했습니다. 이들은 DOC 법을 무시하고 까베르네 쏘비뇽, 씨라, 메를로 등의 프랑스계 품종을 사용했으며, 선진 양조 기술로 현대적인 스타일의 와인을 탄생시켰습니다. 이른바 슈퍼 토스카나Super Toscana라 불리는 세련된 향과 풍미를 지닌 고품질 와인은 세계적으로 찬사를 받았고, 해외 시장에서 큰 성공을 거두었습니다. 또한 슈퍼 토스카나 와인의 성공은 주변 생산자들뿐만 아니라 다른 지역의 생산자들에게도 영향을 끼쳤으며, 이탈리아 와인의 품질을 향상시키는데 큰 공헌을 했습니다. 이를 반영하듯 이탈리아 정부 역시 완고하고 전통적인 DOC 법의 보호에서 벗어나 외래 품종과 선진 양조 기술에 대한 문호 개방으로 점차 변화하고 있으며, 그에 따라 이탈리아 전역의 산지에서 다양하고 우수한 품질의 와인 생산이 점점 더 늘어나고 있는 추세입니다. 오늘날, 3000년의 무구한 역사를 자랑하는 이탈리아 와인은 전통과 현대가 공존하며 다양한 개성을 보여주고 있습니다. 또한 풍부한 토착 품종을 기반으로 국제 품종을 적극적으로 도입해 현대적인 기술을 현명하게 잘 사용하고 있습니다. 현재 이탈리아는 프랑스와 어깨를 견줄 정도로 성장했으며, 모든 가격대에서 와인 애호가들을 사로 잡고 있습니다.

TIP!

이탈리아의 국기에 관해

이탈리아의 국기는 녹색, 흰색, 빨간색의 삼색기로, 나폴레옹이 만들어주었습니다. 1796년 나폴레옹은 이탈리아 반도 내의 영토들을 정복해 프랑스의 종속국으로 만드는 작업을 착수했으며, 1797년에 이탈리아 북부의 롬바르디아 주에 치잘피나 공화국Repubblica Cisalpina을 건설했습니다. 이 공화국의 국기가 프랑스 국기를 본 따서 만든 삼색기로, 당시 밀라노 민병대의 제복 색깔인 녹색과 비스콘티 가문Visconti이 통치했던 시절의 밀라노 공국의 국기에서 흰색과 빨간색을 따왔습니다. 그러나 삼색기의 유래는 다양한 설이 존재합니다. 녹색, 흰색, 빨간색을 자유, 평등, 박애라고 주장하기도 하고, 녹색은 이탈리아의 삼림과 국토, 흰색은 알프스의 눈과 평화, 빨간색은 애국과 열혈로 해석하기도 합니다. 그러나 오늘날 이탈리아 사람들은 이렇게 해석하지 않습니다. 그들은 요리에 빗대서 녹색은 바질, 흰색은 모짜렐라, 빨간색은 토마토를 나타내는 것이라고 농담 섞어 말하곤 합니다. 이 우스갯소리는 마르게리타 피자와 연관된 전설에서 나온 것인데, 마르게리타 왕비를 위해 이탈리아 삼색기로 만들어졌다고 하고, 반대로 마르게리타 왕비가 이탈리아 삼색기로 이뤄진 피자라 좋아했다고 합니다. 그러나 전설과는 다르게 마르게리타 피자가 등장한 것은 이탈리아 통일보다 훨씬 이전이었습니다.

03 이탈리아의 떼루아

이탈리아는 우수한 와인을 다양하게 생산할 수 있는 이상적인 떼루아를 지니고 있으며, 풍부한 일조량과 온화한 기후, 그리고 토양, 경사지 등의 모든 조건을 갖추고 있습니다. 와인 산지는 북위 37~47도에 위치해 있고, 위도상 10도 정도의 차이가 납니다. 지리적으로는 프랑스에 비해 낮은 위도에 위치해 있어 기후가 온난하기 때문에 전반적으로 레드 와인 생산에 적합하며, 북서부, 북동부, 중앙부, 남부 및 섬의 네 그룹으로 산지를 구분하고 있습니다.

기후는 크게 두 가지로 나뉠 수 있습니다. 지중해에 접한 중앙부와 남부 및 섬 지역은 일 년 내내 온난하고 건조한 지중해성 기후를 띠고 있으며, 대체적으로 신맛이 적고 농축미가 강한 레드 와인이 생산되고 있습니다. 반면 알프스 산맥의 산기슭에 위치한 북쪽 지역은 대륙성 기후로, 비교적 서늘한 기후를 띠고 있어 우수한 품질의 레드 및 화이트 와인이 생산되고 있습니다. 이탈리아 와인은 프랑스 와인과 비교하면 전반적으로 알코올 도수가 높고 과실 풍미가 강한 스타일이 많이 생산되지만, 미국이나 호주 등 신세계 산지의 와인보다는 덜한 편입니다.

반도 국가인 이탈리아는 국토가 장화 모양으로 길게 뻗어 있습니다. 지형은 매우 독특한데, 몇몇 산지를 제외하고는 산에 의해 구분되고 있습니다. 특히 알프스 산맥과 이탈리아 등줄기를 타고 내려가는 아펜니노 산맥에 의해 포도밭의 표고, 그리고 위도와 방향이 적절하게 어우러져 있는데, 특히 와인의 주요한 특성은 위도보다 포도밭의 표고에 따라 많은 차이를 보이고 있습니다.

이탈리아는 구릉지와 산악 지대가 많고 평야는 전 국토의 약 1/5에 불과합니다. 그 중에서 구릉지와 산악 지대는 다양한 표고와 미세 기후, 그리고 토양의 조건을 제공하며, 포도 성숙에 영향을 주고 있습니다. 특히 북서부 지역 중, 내륙의 높은 표고의 포도밭은 네비올로와 같은 만생종이 10월 전에 익는 경우가 드물고, 그 해 작황에 따라 수확 시기의 차이가 큰 편입니다.

반면, 해안 지역은 삼면을 둘러싸고 있는 바다와 긴 해안선이 기후에 영향을 미치고 있습니다. 해안에 가까운 낮은 표고의 포도밭은 서늘한 낮과 따뜻한 밤의 혜택을 받아 비교적 일찍 수확을 행하고 있으며, 지역별로 특징이 잘 나타난 와인들이 다양하게 생산되고 있습니다.

강우량은 지역에 따라 차이가 발생합니다. 이탈리아의 연 평균 강수량은 600~1000mm 이지만, 북부의 알프스 산맥으로 갈수록 강우량이 증가합니다. 북서부와 북동부 지역은 가을에 비가 자주 내리며, 계절적으로 강우량은 비교적 균등하게 분포하여 가뭄의 피해는 거의 없습니다. 다만, 우박이 포도 재배에 가장 큰 위험 요소로 작용하고 있는데, 특히 피에몬테, 베네토 주에서는 우박이 몇 분 만에 포도 열매 전체를 초토화시킬 수 있습니다. 반면 중앙부와 남부, 그리고 섬의 강우량은 지중해성 기후를 정확하게 반영하고 있습니다. 포도 생육 주기인 3~9월 사이에 비가 드물게 내리고 있으며, 여름은 고온 건조한 편입니다.

이탈리아 토양의 대부분은 화산성 토양이며, 석회암도 많고 모래 섞인 점토도 풍부합니다. 토양은 크게 화산성, 석회암·점토, 모래·점토, 모래 네 그룹으로 분류하고 있으며, 토양의 구성에 따라 와인 특성에 미묘한 차이가 있습니다. 이탈리아 반도 전역에서 볼 수 있는 것이 화산성 토양으로 짙은 색을 띠고 있습니다. 또한 토양 속에 존재하는 인, 마그네슘, 칼륨 성분 덕분에 와인의 산도와 신선함, 그리고 미네랄 특성을 부여하고 있습니다. 화산성 토양은 베네토 주의 소아베Soave DOC, 시칠리아 섬의 에트나Etna DOC와 판텔레리아Pantelleria DOC, 그리고 캄파니아 주에서 팔랑기나 플레그레아Falanghina Flegrea 품종 주체로 만드는 캄피 플레그레이Campi Flegrei DOC의 등과 같은 와인 생산에 이상적입니다.

이탈리아에서 가장 고품질 와인이 생산되고 있는 토양이 석회암·점토입니다. 이 토양은 탄산칼륨이 풍부할 뿐만 아니라 인, 칼슘 성분을 함유하고 있어 방향성이 풍부하고 섬세한 와인이 만들어지고 있습니다. 석회암·점토 토양은 바르바레스코Barbaresco DOCG, 바롤로Barolo DOCG, 발폴리첼라Valpolicella DOC 등과 같이 고품질 와인 생산에 이상적으로 알려져 있습니다. 특히 피에몬테 주에서는 점토 토양에서 바르베라 품종을, 석회암 토양에서 네비올로 품종을 재배하고 있습니다.

이탈리아의 모래·점토 토양은 철분을 함유하고 있어 와인에 짙은 색상과 견고한 구조감을 제공하고 있습니다. 특히 산지오베제 품종에 최적화된 토양으로 알려져 있으며, 끼안티 클라씨코Chianti Classico DOCG, 브루넬로 디 몬탈치노Brunello di Montalcino DOCG, 비노 노비레 디 몬테풀치아노Vino Nobile di Montepulciano DOCG 등과 같은 와인 생산에 이상적입니다.

포도 나무를 재배하는데 가장 어려운 토양 중 하나가 모래입니다. 토양 내 칼슘, 철분, 마그네슘 등의 필수 무기물이 부족해 와인의 무게감과 구조감이 다소 떨어지는데, 실제로 모래 토양 속의 무기물 성분은 시간이 지날수록 서서히 소멸됩니다. 그러나 와인의 향은 정반대의 결과를 가져옵니다. 모래 토양에서 자란 포도 나무는 코를 즐겁게 해주는 매우 신선하고 향긋한 향을 지닌 와인을 만들 수 있습니다. 반면 이 토양에서 만든 와인은 수명이 길지 않아 가급적 2~3년 안에 마시는 것이 좋습니다.

ITALY TERROI

이탈리아 떼루

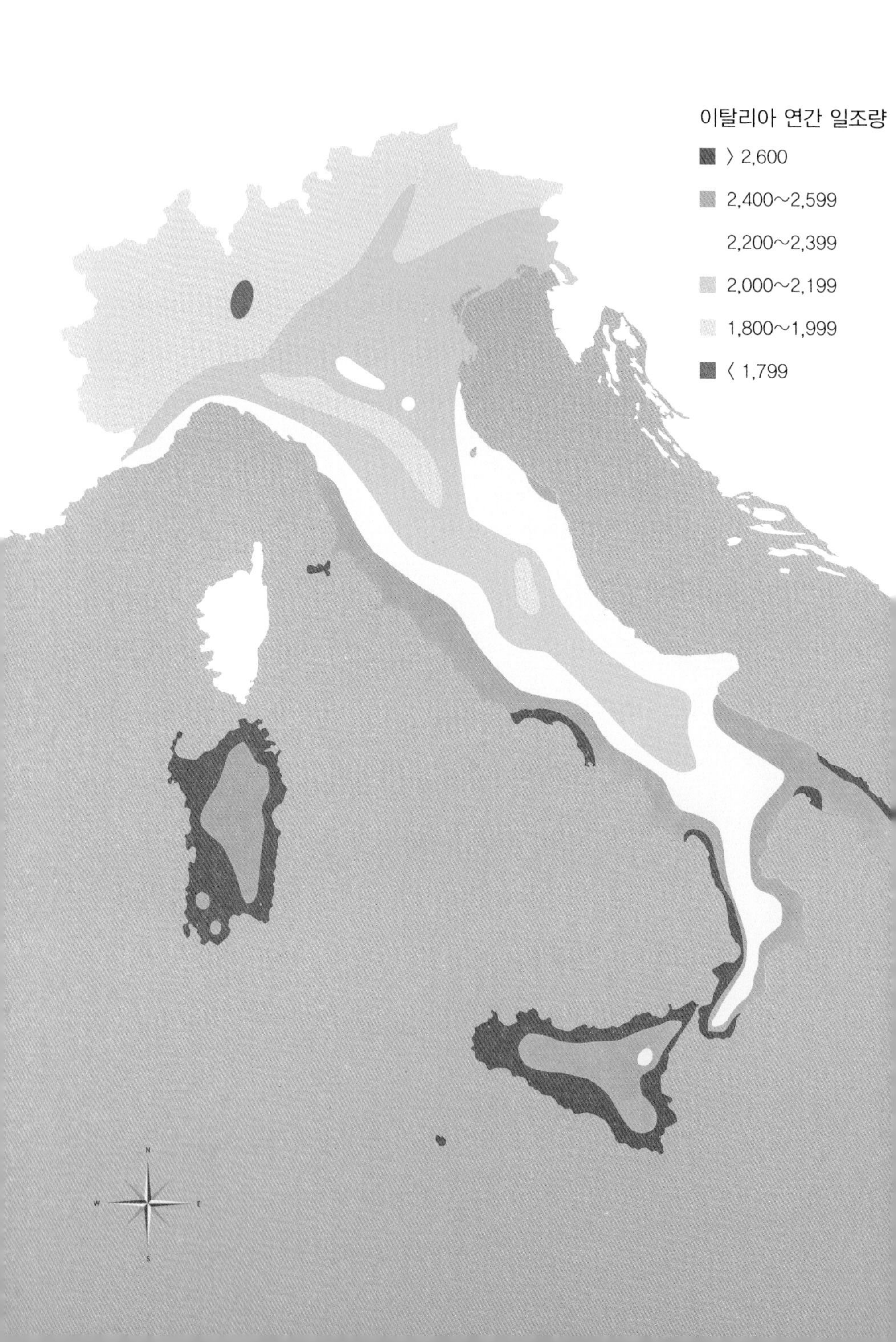

이탈리아 반도

1억 3천만 년 전에 이탈리아는 바다에 잠겨 있었습니다. 6천 5백만 년 전 활발한 조산 운동에 의해 아프리카판은 유럽판을 연속적으로 밀어내면서 알프스 산맥을 들어 올리게 됩니다. 이후 알프스 산맥은 두 차례에 걸쳐 융기했는데, 2천만 년 전에 발생한 융기 때 알프스 산맥은 대략 지금과 같은 모양을 갖추게 되었습니다. 또한 이탈리아 반도는 대략 2천만 년 전후에 현재와 같은 국토 모양을 갖추게 됩니다.

04 이탈리아의 와인법

1960년대부터 이탈리아 정부는 와인법을 제정하는 작업에 착수했으며, 1963년에 프랑스의 원산지 통제 명칭인 AOC 법을 모방해 DOC 법을 제정하게 되었습니다. 우선 프랑스의 AOC 등급에 해당하는 DOC 등급이 도입되어 지리적인 경계선 및 최대 수확량, 허가되는 포도 품종, 양조 방식을 규정했습니다. 이후 더 까다롭고 엄격한 DOCG등급을 제정해 1980년대부터 이탈리아 산지에 점진적으로 적용했습니다. 1992년에는 와인법의 수정 및 추가 작업을 진행하여 프랑스 뱅 드 페이Vin de Pays 등급에 해당하는 인디카치오네 제오그라피카 티피카IGT 등급을 신설했으며, 2010년 마지막 개정을 통해 지금과 같은 4단계의 등급 체계를 이루고 있습니다.

- 4단계의 피라미드 등급 체계

- 데노미나치오네 디 오리지네 콘트롤라타 에 가란티타Denominazione di Origine Controllata e Garantita, DOCG
- 데노미나치오네 디 오리지네 콘트롤라타Denominazione di Origine Controllata, DOC
- 인디카치오네 제오그라피카 티피카Indicazione Geografica Tipica, IGT
- 비노 다 타볼라Vino da Tavola

이탈리아 DOC 법의 최상위 등급은 데노미나치오네 디 오리지네 콘트롤라타 에 가란티타 DOCG 등급입니다. '보증된 원산지 통제 명칭'을 의미하며, 1980년 신설되어 점진적으로 적용되었습니다. DOC 법에 해당하는 원산지 중에서도 정부가 보증한 우수한 원산지로, 허가되는 포도 품종, 재배 및 양조 방식 등에 관한 매우 까다로운 규정이 적용되고 있으며, 2021년 기준으로 73개의 DOCG가 존재합니다.

DOCG의 아래 등급은 데노미나치오네 디 오리지네 콘트롤라타DOC 등급으로 '원산지 통제 명칭'을 의미합니다. DOCG 등급과 마찬가지로 허가되는 포도 품종과 재배 및 양조 방식 등에 관한 여러 가지 규정이 있지만 주 단위로 원산지를 인정하고 있습니다. DOC 등급에서 최소 10

년 이상 유지하면 DOCG 등급으로 승격이 가능하며, 실제로 1년에 1~3개의 원산지가 DOCG 등급으로 승격되고 있습니다. 2021년 기준 332개의 DOC가 존재합니다.

세 번째 등급은 1992년 신설된 인디카치오네 제오그라피카 티피카IGT 등급으로 '지리적인 특성 표기'를 의미합니다. IGT 등급은 비노 다 타볼라 등급 중 생산 지역의 전형적인 특징을 가진 와인으로, 해당 지역의 포도를 최소 85% 이상 사용해야 합니다. IGT 등급에서 최소 5년 이상 유지하면 DOC 등급으로 승격이 가능하며, 2016년 기준 120개의 IGT가 존재합니다.

가장 하위 등급은 비노 다 타볼라Vino da Tavola 등급으로 '테이블 와인'을 의미합니다. 비노 다 타볼라 등급은 이탈리아에서 생산되는 익명의 원산지 와인으로 빈티지, 포도 품종, 원산지를 표기할 수 없으며, 와인의 색상만을 표기합니다.

이탈리아에서는 4단계 피라미드 형태의 등급 체계를 사용하고 있습니다. 상위 등급에 해당하는 DOCG, DOC 등급은 허가되는 포도 품종과 최대 수확량, 재배 및 양조 방식 등에 관해 엄격한 규제를 받고 있습니다. 2021년 기준으로 DOCG 등급은 73개, DOC 등급은 332개 존재하고 있으며, 두 등급은 전체 생산량의 대략 15% 정도를 차지하고 있습니다. 또한 DOCG, DOC 등급은 라벨에 클라씨코Classico, 수페리오레Superiore, 리제르바Riserva 용어의 표기가 가능합니다. 클라씨코는 '원조 격의 역사적 중심지에서 생산된 와인' 또는 '우수한 떼루아의 원래 경계선에서 생산된 와인'을 의미하며, 1950~1960년대 끼안티, 소아베, 발폴리첼라 등의 산지에서 원산지 경계선을 확장해 주는 과정 중 원조 산지와 구분하기 위해 만들어졌습니다.

수페리오레는 해당 원산지의 법적 최저 알코올 도수 규정보다 0.5~1% 알코올 도수가 높거나 더 오래 숙성시킨 와인에 표기할 수 있는 용어입니다. 헥타르당 허용되는 수확량보다 더 적은 양으로 만들어야 하며, 일반적으로 더 높은 품질로 여겼습니다. 그러나 지금은 단순하게 알코올 도수가 높다고 해서 품질이 더 뛰어나다고는 생각하지 않고 있습니다.

리제르바는 원산지의 규정된 숙성 기간보다 훨씬 더 오래 숙성시킨 특별한 와인을 의미합니다. DOCG, DOC 등급의 와인마다 숙성 기간 및 최저 알코올 도수에 관한 규정이 다르며, 일반적으로 더 좋은 품질을 나타내지만, 지나칠 정도로 자주 사용되는 경향이 있습니다.

상하 관계의 혼란

와인 가격이 등급과 비례한다면 DOCG 등급의 와인이 가장 품질이 뛰어나고 가격도 비싸야 하고, IGT 및 비노 다 타볼라 등급의 와인이 저렴해야 맞겠지만, 실제로는 그렇지 않은 경우가 많습니다. 정치적인 이유로 DOCG 등급을 준 저렴한 와인이 많이 존재하는 한편, IGT 및 비노 다 타볼라 등급의 와인도 고품질의 매우 비싼 와인이 상당히 있습니다. 후자와 같은 와인을 '슈퍼 비노 다 타볼라', 또는 '슈퍼 IGT'라고 하며, 토스카나 주에서는 그러한 와인이 많이 생산되고 있기 때문에 특별히 '슈퍼 토스카나'라고 지칭하고 있습니다. DOC 법은 이탈리아의 와인 문화 즉, 지역별 토착 품종과 전통적인 재배 및 양조 방식 등을 지킬 것을 기본적인 목적으로 하고 있습니다. 따라서 프랑스에서 들여온 포도 품종으로 만들어진 와인과 프랑스의 양조 방식으로 제조된 와인은 아무리 품질이 뛰어나다고 할지라도 DOCG 및 DOC 등급으로 인정받지 못하고 있습니다.

1960년대 말부터 등장하기 시작했던 '슈퍼 비노 다 타볼라' 와인은 원래 법률의 보호에 기대지 않은 와인으로 DOCG 및 DOC 등급이 아니어도 품질만 우수하면 와인이 잘 판매된다는 것을 증명했습니다. 1990년대 이후, 이탈리아 정부는 '슈퍼 비노 다 타볼라'와 같은 와인을 DOC 법의 범위 안에 포함시키기 위해 DOCG 및 DOC 등급의 규제를 완화하는 노력을 했습니다. 따라서 까베르네 쏘비뇽, 메를로, 까베르네 프랑과 같은 프랑스계 품종도 지금은 DOC 등급이나 일부 DOCG 등급에서 사용할 수 있게 되었습니다.

CLASSIFICATION
이탈리아 와인 등급

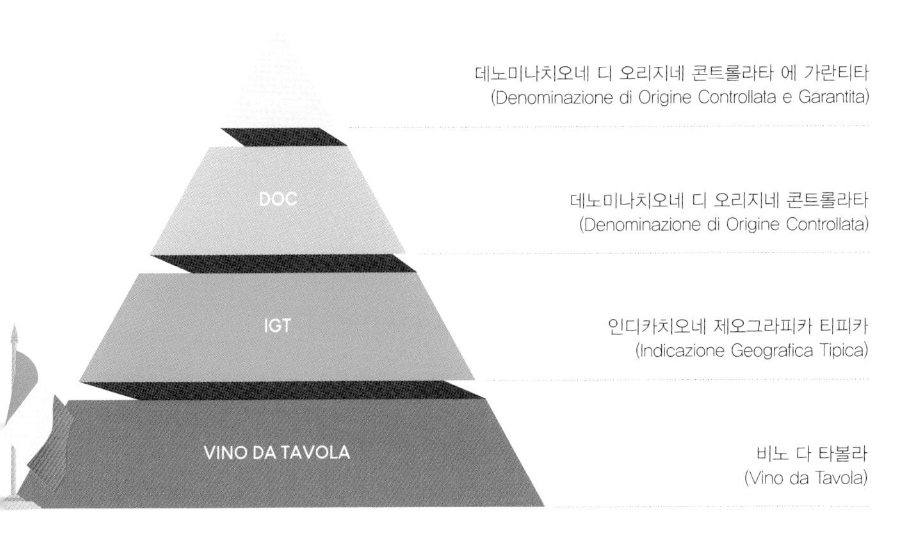

이탈리아 와인의 등급 체계

1960년대부터 이탈리아 정부는 와인법을 제정하는 작업에 착수했으며, 1963년 프랑스의 원산지 통제 명칭인 AOC 법을 모방해 DOC법을 제정하게 되었습니다. 우선 프랑스 AOC 등급에 해당하는 DOC 등급이 도입되어 지리적인 경계선 및 최대 수확량, 허가되는 포도 품종, 양조 방식을 규정했습니다.

이후 까다롭고 엄격한 DOCG 등급을 제정해 1980년대부터 이탈리아 산지에 점진적으로 적용했습니다. 1992년에는 와인법의 수정 및 추가 작업을 진행하여 프랑스 뱅 드 페이에 해당하는 IGT 등급을 신설했으며, 2010년 마지막 개정을 통해 지금과 같은 4단계의 등급 체계를 이루고 있습니다.

05 이탈리아의 포도 품종

이탈리아는 프랑스에 뒤지지 않을 정도로 수많은 토착 품종들이 재배되고 있습니다. 대략 500종 이상의 토착 품종들이 존재하며, 그 중 175종의 포도 품종들이 이탈리아의 주요 산지에서 재배되고 있습니다. 다음에서는 상대적으로 재배 면적이 넓은 이탈리아의 대표적인 포도 품종에 대해 알아보겠습니다.

주요 적포도 품종

- 네비올로(Nebbiolo)

이탈리아를 대표하는 최고의 품종으로 북서부의 피에몬테 주가 원산지입니다. 이 품종은 '안개'를 의미하는 네비아Nebbia란 단어에서 이름이 유래되었는데, 실제로 피에몬테 주는 수확 시기가 되면 안개가 구릉지를 뒤덮고 있어 안개가 자욱한 지역에서 재배된다고 해서 네비올로라 불렸다는 설이 있습니다. 또 다른 설은 포도가 성숙하면서 껍질에 흰 가루로 덮인 모양이 마치 안개를 닮았다고 해서 유래되었다는 설과 품종 자체가 고귀해서 고귀함Nobile이란 단어에서 유래되었다는 설도 있습니다.

만생종인 네비올로는 발아가 빠른 것에 비해 수확이 늦은 즉, 긴 생육 기간을 필요로 하는 품종입니다. 포도를 완숙시키는데 긴 시간이 필요하기 때문에 피에몬테 주에서는 포도밭의 입지 조건이 가장 좋은 남향 또는 남서향의 경사지, 150~300미터 표고에서 재배하고 있으며, 일반적으로 10월 말에 수확을 진행하고 있습니다.

네비올로는 껍질이 두꺼운 반면 껍질 내 색소 성분은 그다지 많이 함유하고 있지 않으므로 전체적인 와인의 색은 엷게 완성됩니다. 향의 표현으로 가장 빈번하게 언급되는 것은 타르, 체리, 허브, 말린 장미, 제비꽃 등이며, 맛에 있어서는 타닌, 신맛, 알코올 도수가 모두 높고 묵직한 와인이 만들어집니다. 또한 바롤로Barolo DOCG, 바르바레스코Barbaresco DOCG와 같은 고품질의 네비올로 와인은 긴 수명을 자랑합니다. 바꾸어 말하면, 어릴 때 가까이하기에는 까다로운 맛을 보여주는 경향이 있지만, 숙성이 어느 정도 진행되면 진가를 발휘하는 와인이라 할 수 있습니다. 특히 전통적인 네비올로 와인에서는 건과실, 부엽토, 홍차, 버섯, 담뱃잎 등의 숙성 향이 병입된 직후의 어린 와인에서도 발견되기도 합니다. 다만, 최근에는 현대적인 양조 방식이 확산됨에 따라, 어릴 때부터 편하게 마실 수 있는 네비올로 와인이 늘고 있는 추세입니다.

네비올로는 삐노 누아와 마찬가지로 유전적으로 불안정해 클론Clone이 발생하기 쉬운 품종입니다. 피에몬테 주에서는 네비올로 와인의 복합성을 극대화시키기 위해 다양한 클론을 재배하고 있는데, 현재까지 대략 40종류의 클론이 확인되었습니다. 그중에서도 람피아Lampia, 미케트Michet, 로제Rosé 3종류의 클론이 가장 널리 재배되고 있습니다. 람피아는 다양한 토양에 가장 잘 적응하는 클론이지만 품질 면에서는 미케트가 더 우위라 여기고 있습니다. 미케트는 람피아가 바이러스병에 걸려 유전자 변이를 한 클론으로, 포도 송이가 작고 수확량이 낮기 때문에 농축미가 뛰어난 고품질 와인이 생산됩니다. 다만, 로제는 최근 DNA 감정을 통해 네비올로의 자식에 해당하는 별도의 클론인 것으로 판명되었습니다. 로제 클론은 그 이름에서 알 수 있듯이 색이 옅고 비교적 빈약한 와인이 생산되기 때문에 최근 몇 년 사이에 인기가 하락했습니다.

피에몬테 주는 다양한 토양에서 네비올로 품종을 재배하고 있습니다. 그러나 최고의 와인은 바롤로와 바르바레스코 마을에서 볼 수 있는 석회·이회질 토양에서 생산되고 있습니다. 이 품종의 주요 산지로는 피에몬테 주의 바롤로, 바르바레스코, 로에로Roero, 가티나라Gattinara, 겜메Ghemme, 레쏘나Lessona와 롬바르디아 주의 발텔리나Valtellina가 대표적입니다.

NEBBIOLO
네비올로

이탈리아 최고의 적포도 품종

네비올로는 껍질이 두꺼운 반면 껍질 내 색소 성분은 그다지 많지 않아 전체적인 와인의 색은 엷게 완성됩니다. 향으로 가장 빈번하게 언급되는 것은 타르, 체리, 허브, 말린 장미, 제비꽃 등이며, 맛은 타닌, 신맛, 알코올 도수가 모두 높고 묵직한 와인이 만들어집니다. 더불어 바롤로 DOCG, 바르바레스코 DOCG와 같은 고품질의 네비올로 와인은 긴 수명을 자랑합니다. 다시 말해, 어릴 때 가까이하기에는 까다로운 맛을 보여주는 경향이 있지만, 숙성이 어느 정도 진행되면 진가를 발휘하는 와인이라 할 수 있습니다.

- 바르베라(Barbera)

이탈리아 적포도 품종 중에서 세 번째로 재배 면적이 넓은 것이 바르베라입니다. 북부의 피에몬테 주를 중심으로 이탈리아 북부 지역에서 주로 재배되고 있으며, 바르베라 다스티Barbera d' Asti DOCG, 바르베라 달바Barbera d' Alba DOC가 유명한데, 특히 바르베라 다스티 안의 니짜Nizza DOCG에서 가장 뛰어난 바르베라 와인이 생산되고 있습니다.

바르베라는 피에몬테의 왕, 네비올로의 그늘에 가려져 오랫동안 가볍고 밋밋한 와인밖에 만들 수 없었고, 품질이 떨어지는 포도라는 낙인이 찍혀있었습니다. 게다가 1985년에 피에몬테 주의 몰지각한 몇몇 생산자들이 바르베라 와인에 공업용 메탄올을 섞는 불법 행위를 저질러 와인을 판매했는데, 이 와인을 마시고 30명 이상이 사망했고, 그보다 많은 사람들이 시력을 잃게 되었습니다. 파렴치한 사건으로 인해 바르베라 와인의 인기는 바닥에 떨어졌으며, 한동안 소비자들에게 외면을 받았습니다. 그러나 1980년대 후반 이후부터 열정적인 생산자들에 의해 수확량 감량과 작은 오크통에서 숙성시킨 고품질 와인이 생산되어, 면모를 일신하게 되었습니다. 특히 프랑스 양조학자인 에밀 뻬이노Émile Peynaud 교수는 바르베라 와인의 품질 향상을 이끈 가장 핵심적인 인물입니다. 1970년대 에밀 뻬이노 교수는 이탈리아의 바르베라 생산자들에게 와인 향의 복합성과 부드러운 타닌을 위해 작은 오크통에서 발효 및 숙성을 권장했습니다. 오크통을 사용하면서 참나무의 미세 산소로 인해 바르베라 와인의 황화수소 등의 불쾌한 환원취는 사라지게 되었고, 품질도 향상되는 결과를 가져왔습니다.

바르베라는 완숙되어도 높은 산도를 지니고 있는 것이 최대의 특징으로, 서늘한 기후의 피에몬테 주에서는 신맛을 제거하는 제산 작업을 진행해 신맛을 부드럽게 만들고 있습니다. 바르베라 와인은 짙은 색상을 띠며 체리, 라즈베리, 블루베리 등의 과실 향과 풍미가 풍부하고 타닌은 강하지 않아 부드러운 맛을 지니고 있습니다.

- 산지오베제(Sangiovese)

이탈리아에서 가장 많이 재배되고 있는 품종으로, 이탈리아 전체 20개 주 중 16개 주에서 재배되고 있는 국민적인 포도입니다. 이 품종은 토스카나 주를 중심으로 이탈리아 중부 전역에서 재배되고 있으며, 100,000헥타르가 넘는 재배 면적과 함께 이탈리아 전체 포도밭의 10%를 차지하고 있습니다. 주요 산지인 토스카나 주에서만 25개 이상의 DOCG 및 DOC 원산지에서 산지오베제를 주요 품종으로 지정하고 있고, 주 전체 포도밭의 2/3를 차지하고 있습니다. 또한, 에밀리아 로마냐Emilia-Romagna 주에서는 산지오베제가 거의 유일한 적포도 품종으로, 대략 6,000헥타르의 포도밭이 존재합니다.

산지오베제는 로마 신화의 최고 신인 '주피터의 피'Sanguis Jovis라는 라틴어에서 이름이 유래되었다고 알려져 있습니다. 이 품종은 발아가 빠르지만 포도가 익는 속도는 더디기 때문에 토스카나 주에서는 9월 말부터 10월에 걸쳐 수확을 행하고 있습니다. 그러나 비교적 껍질이 얇아 10월에 비가 내리는 토스카나 주에서는 곰팡이 병이 발생할 수 있습니다. 따라서 일조량이 부족한 해와 가을에 비가 내려 서둘러 수확을 진행한 해에는 포도가 완전히 익지 않아서 거친 타닌과 신맛이 두드러지는 와인이 되어버리기 쉽습니다.
산지오베제는 긴 생육 기간을 요하는 품종으로, 포도를 완숙시키기 위해서는 온난한 기후가 필수입니다. 다만 기후만 온난하다고 해서 능사가 아닌 것이, 토스카나 주보다 더 온난한 곳에서 재배하면 와인의 섬세함을 잃기 쉽습니다. 따라서 산지오베제에 있어 가장 이상적인 산지는 토스카나 주인데, 그 중에서도 끼안티 클라씨코와 브루넬로 디 몬탈치노가 적지라 할 수 있습니다. 끼안티 클라씨코에서는 남향 또는 남서향의 150~500미터 표고 사이의 경사지 포도밭이 가장 이상적이고, 브루넬로 디 몬탈치노 역시 남향 또는 남서향의 경사지 포도밭을 최고로 여기고 있습니다. 단 몬탈치노 마을의 경사지는 끼안티 클라씨코보다 저녁 때 기온이 쌀쌀하지 않고 포도 생장기에 비가 적게 내려 북향의 경사지 포도밭에서도 산지오베제를 재배하고 있습니다.

산지오베제는 유전적으로 불안정해 비교적 다양한 클론이 존재합니다. 공식적으로 약 35종류의 클론이 인정되고 있으며, 포도원에 따라 독자적으로 클론을 선발하고 있습니다. 그 중에서 약 15

종류의 클론이 주로 사용되고 있는데, 특히, 유명한 것이 산지오베제 그로쏘Sangiovese Grosso와 산지오베제 피꼴로Sangiovese Piccolo 2종류의 클론입니다. 산지오베제 그로쏘는 끼안티 클라씨코, 브로넬로 디 몬탈치노와 같은 고품질 와인 생산에 사용되는 클론으로, 품질 면에서 매우 뛰어납니다. 반면 산지오베제라 칭하는 대다수는 산지오베제 피꼴로 클론으로, 저렴한 가격대의 끼안티를 비롯한 품질이 낮은 와인 생산에 사용되고 있습니다.

산지오베제로 만든 와인은 타닌과 신맛, 그리고 과실 풍미의 균형이 잘 잡힌 유연한 맛이 특징입니다. 병입된 이후 어린 와인에서는 딸기, 체리, 허브 등의 향을 느낄 수 있지만, 네비올로만큼 방향성이 화려하지는 않습니다. 끼안티 클라씨코, 브루넬로 디 몬탈치노 등의 전통적인 와인 생산에 사용될 뿐만 아니라 현대적인 슈퍼 토스카나 와인의 재료로도 사용되고 있습니다.

주요 청포도 품종

- 트레비아노(Trebbiano)

트레비아노는 프랑스의 위니 블랑Ugni Blanc과 동일한 품종입니다. 이 품종은 이탈리아가 원산지로, 14세기에 아비뇽 유수 사건이 발생하면서 프랑스로 전파되었을 것이라고 추측하고 있습니다. 현재 산지오베제에 이어서 이탈리아 재배 면적 2위를 차지하고 있으며, 청포도 품종 중에서는 재배 면적 1위로 가장 많이 재배되고 있습니다.

트레비아노는 산도가 아주 높은 품종으로 프랑스에서는 높은 신맛 때문에 일반 와인이 아닌 꼬냑Cognac, 아르마냑Armagnac과 같은 브랜디 생산 원료로 사용되고 있습니다. 그러나 이탈리아에서는 온난한 기후에도 불구하고 포도의 산도를 잘 유지하고 있기 때문에 중요시되는 품종입니다. 이탈리아 전체 생산되는 화이트 와인의 1/3정도를 차지하고 있는 트레비아노는 중부 지역을 중심으로 재배되고 있으며, 트레비아노 다브루쪼Trebbiano d'Abruzzo, 트레비아노 디 로마냐Trebbiano di Romagna, 트레비아노 디 소아베Trebbiano di Soave 등 80개 이상의 DOC 산지에서 생산되고 있지만, 일부 와인을 제외하고는 전반적으로 별다른 개성이 없습니다.

- 모스카토 비안코(Moscato Bianco)

이탈리아 북부 지역에서 널리 재배되고 있는 청포도 품종으로 소위 머스캣Muscat이라고 불리는 포도입니다. 모스카토 비안코는 피에몬테 주가 재배 면적의 20% 이상을 차지하고 있으며, 특히 아스티Asti 지역에서 만든 모스카토 다스티Moscato d'Asti가 매우 유명합니다. 모스카토 다스티는 세미-스파클링 와인으로 5.5% 정도의 낮은 알코올 도수와 세미-스위트 맛을 지니고 있습니다.

모스카토 비안코는 장미, 흰 꽃, 오렌지 꽃, 복숭아 꽃 등의 향기롭고 풍부한 향이 특징입니다. 이 품종의 꽃을 연상케 하는 향은 게라니올Geraniol이라고 하는 불포화알코올 또는 에스터 화합물에 의한 것으로, 게라니올의 농도가 특히 중요합니다. 실제로 아스티 지역에서는 포도를 매입할 때 게라니올의 농도에 따라 1kg당 매입하는 가격이 변동되고 있습니다.
맛에 있어서는 과실의 풍미가 지배적이고, 신맛은 덜하며 단맛이 있는 와인으로 친숙합니다. 다만 생산자들은 이 품종으로 귀부 와인을 생산하지 않는데, 이는 귀부균의 활동이 모스카토 비안코의 특유의 향을 없애기 때문입니다. 또한, 오크의 풍미도 그 향을 방해한다고 여겨, 새 오크통에서 숙성시키는 경우도 없습니다. 결과적으로 모스카토 비안코는 신맛이 강하지 않아 장기 숙성은 기대하기 어렵고, 신선한 과실의 풍미를 즐길 수 있게 최대한 빨리 마시는 것이 좋습니다.

GRAPE VARIETY
주요 포도 품종

NEBBIOLO

네비올로의
주요 아로마

- 타르
- 말린 장미
- 제비꽃
- 건과실

TANNIN
[떫은맛]
LOW MEDIUM HIGH

ACIDITY
[신맛]
LOW MEDIUM HIGH

ALCOHOL
[알코올]
LOW MEDIUM HIGH

SANGIOVESE

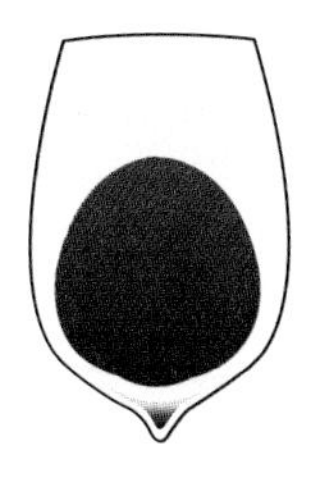

산지오베제의
주요 아로마

- 체리
- 제비꽃
- 드라이 허브
- 구운 토마토

TANNIN
[떫은맛]
LOW MEDIUM HIGH

ACIDITY
[신맛]
LOW MEDIUM HIGH

ALCOHOL
[알코올]
LOW MEDIUM HIGH

BARBERA

바르베라의
주요 아로마

- 체리
- 블랙베리
- 감초
- 드라이 허브

TANNIN
[떫은맛]

LOW MEDIUM HIGH

ACIDITY
[신맛]

LOW MEDIUM HIGH

ALCOHOL
[알코올]

LOW MEDIUM HIGH

MOSCATO BIANCO

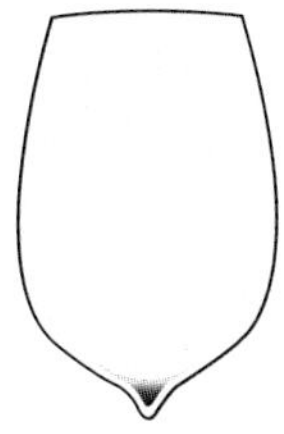

모스카토 비안코의
주요 아로마

- 레몬
- 흰 꽃
- 서양배
- 파인애플

ACIDITY
[신맛]

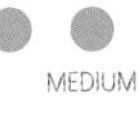

LOW MEDIUM HIGH

ALCOHOL
[알코올]

LOW MEDIUM HIGH

SWEET
[단맛]

LOW MEDIUM HIGH

북서부 지역

PIEMONTE
피에몬테

18 DOCG　　41 DOC

- NEBBIOLO
- BARBERA
- DOLCETTO
- MOSCATO

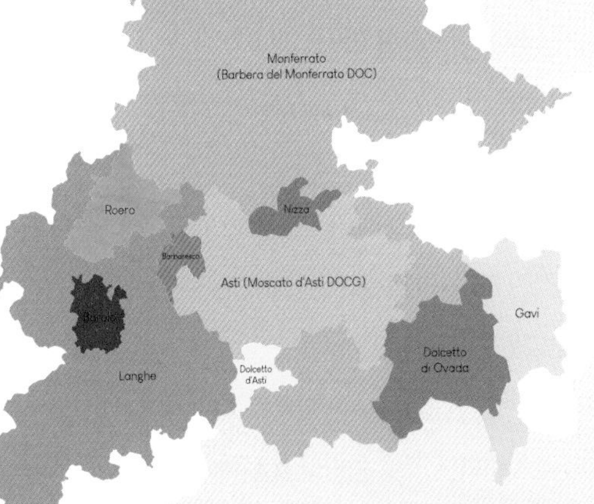

- Alto Piemonte
- Erbaluce di Caluso DOCG
- Roero DOCG
- Barbaresco DOCG
- Barolo DOCG
- Langhe DOC
- Nizza DOCG
- Asti DOCG
- Dolcetto d'Asti DOC
- Gavi DOCG
- Monferrato DOC
- Dolcetto di Ovada DOC

이탈리아의 와인 산지

이탈리아는 크게 북서부와 북동부, 중부, 그리고 남부 및 섬으로 와인 산지를 구분하고 있습니다. 이 책에서는 4개 지역의 가장 중요한 DOCG 및 DOC 원산지에 관해 살펴보도록 하겠습니다.

이탈리아 북서부
피에몬테(Piemonte): 45,000헥타르

이탈리아 와인 생산지 중 가장 유명한 산지 중 하나가 피에몬테 주입니다. 산기슭At the foot of the mountains을 뜻하는 단어에서 지명이 유래되었으며, 실제로 알프스 산맥의 언덕과 산에 둘러싸여 있습니다. 피에몬테 주는 광활한 산악 지대로, 대략 30% 정도의 지형에서만 포도 재배가 가능합니다. 포도밭 중 평지로 분류된 곳은 5% 이하이고, 포도밭의 대부분이 알프스 산맥의 산기슭 언덕을 따라 주도인 토리노Torino까지 이어져 있습니다.

피에몬테 주는 대륙성 기후로 이탈리아 내에서는 비교적 서늘한 기후에 속합니다. 이곳은 북위 45도에 위치해 있는데, 이는 보르도 지방의 최북단, 부르고뉴 지방의 최남단의 리옹 부근과 같은 위도로, 여름철 평균 기온과 강우량은 보르도 지방과 매우 유사합니다. 그러나 알프스 산맥이 습한 바닷바람을 막아주는 비 그늘Rain Shadow 효과로 인해 연간 강우량은 현저히 낮은 편입니다.

근세 시대 동안, 이탈리아는 정치적, 사회적으로 수많은 혼란을 겪었습니다. 대다수 지역들이 경제적인 어려움에 처했지만, 피에몬테 주는 비교적 안정적이었습니다. 피에몬테 주는 이탈리아 최초의 산업화가 진행된 곳으로, 토리노를 중심으로 근대공업이 발달하였고 경제적인 풍요로움을 누렸습니다. 이러한 이유로, 피에몬테 주에서는 포도 재배가 원활하게 이루어졌으며, 산지마다 최적화된 포도 품종들이 선택되어 재배되기 시작했습니다.

대규모 네고시앙들은 재배업자들의 포도를 매입해 와인을 만들었으며, 더불어 작은 규모의 포도원에서도 와인이 생산되었습니다. 특히 피에몬테 주는 소규모 포도원들이 많이 존재하는데, 이유는 이 지역이 비교적 빠른 시기에 소작인의 농지 해방이 이루어졌기 때문입니다. 그로 인해 소작인들은 자기 소유의 토지를 갖게 되었으며, 직접 와인 생산도 시작하게 되었습니다. 이러한 피에몬테 주의 와인 산업은 부르고뉴 지방과 빗대어 자주 거론하곤 합니다. 피에몬테 주는 재배업자로부터 포도나 와인을 사들여 양조 및 병입하는 대규모 네고시앙들이 생산을 주도한다는 점과 자기 소유의 포도밭에서 소량의 와인을 만드는 작은 규모의 포도원이 다수 존재한다는 점, 그 외에도 단일 품종으로 양조한다는 점도 부르고뉴 지방과 매우 닮아있습니다.

피에몬테 주의 주요 산지는 가파른 경사지의 언덕에 펼쳐져 있고, 포도밭은 150~400미터 표고에 위치해 있습니다. 따뜻한 남향 경사지의 표고가 높은 우수한 포도밭에는 네비올로 품종을 재배하고 것이 일반적이며, 동일한 남향 경사지의 산기슭이나 남서향 및 남동향의 경사지에는 바르베라 품종을 재배하고 있습니다. 그리고 비교적 서늘한 동향이나 서향의 포도밭에는 돌체또Dolcetto와 모스카토 비안코 품종이 재배되고 있습니다. 이곳의 주요 적포도 품종인 네비올로, 바르베라, 돌체또의 수확 시기가 각각 다르기 때문에 규모가 작은 포도원에서도 소규모의 양조 설비를 순차적으로 사용하면서 모든 품종을 다룰 수 있는 장점이 있습니다.

피에몬테 주에서 가장 높은 평가를 받고 있는 품종은 네비올로입니다. 네비올로는 유난히 늦게 익는 품종으로, 타닌과 신맛, 그리고 알코올 도수가 높은 중후한 와인을 만들어내며, 바롤로, 바르바레스코 등과 같이 장기 숙성이 가능한 레드 와인의 원료로 사용되고 있습니다. 한편, 가장 재배 면적이 넓은 것은 바르베라 품종입니다. 바르베라는 가볍고 우아한 와인에서 오크 향의 부드러운 타닌을 지닌 고품질 와인에 이르기까지 폭넓은 와인을 만들어내는 다채로운 품종입니다. 과거 바르베라는 촌스러운 향과 풍미, 그리고 강한 신맛 때문에 저렴한 테이블 와인을 만드는 전용 품종으로 취급되었습니다. 그러나 1980년대 이후, 작은 오크통에서 숙성된 현대적인 스타일의 고품질 바르베라 와인들이 차례로 등장함에 따라 재평가를 받았으며, 품질이 뛰어난 것은 바롤로 와인 수준의 값이 매겨지기도 했습니다. 돌체또는 과실 향과 풍미가 풍부한 품종입니다. 그러나 타닌과 산도가 낮아 장기 숙성이 어려우며, 출시된 이후 가급적 빨리 소비하는 것이 좋습니다. 예전에는 바르베라와 함께 저렴한 테이블 와인으로 취급되었지만, 최근에는 이 품종 역시 품질이 높아지고 있는 추세입니다.

청포도 품종으로는 코르테제Cortese, 모스카토 비안코 외에 아르네이스Arneis, 에르발루체Erbaluce 등 흥미로운 토착 품종들이 재배되고 있습니다. 토스카나 주와 달리, 피에몬테 주에서는 프랑스계 품종들이 별로 번성하지 않았습니다. 그러나 근래에는 일부 생산자들에 의해 샤르도네, 까베르네 쏘비뇽, 삐노 누아로 알려진 피노 네로Pinot Nero의 와인 등도 생산되고 있습니다.

피에몬테 주는 알바Alba, 아스티, 알레싼드리아Alessandria 등의 남부 지역에서 주 생산량의 90% 정도가 생산되고 있습니다. 이중, 반 이상이 DOCG 및 DOC 등급의 와인으로, 2016년 기준으로 18개의 DOCG와 41개의 DOC가 존재합니다. DOCG 등급의 와인 중 가장 유명한 것이 바롤로와 바르바레스코입니다. 또한 바르베라 다스티Barbera d'Asti, 돌체또 디 돌리아니Dolcetto di Dogliani, 가비Gavi, 모스카토 다스티 등 DOCG 와인도 범용적으로 인기가 많습니다.

TIP!

단계적 원산지 명칭 시스템

피에몬테 주에는 개별의 DOCG 및 DOC 원산지 이외에도 지방 명칭인 피에몬테 DOC, 지구 명칭인 랑게 DOC, 몬페라토 DOCMonferrato 등의 지리적 계층 구조로 되어 있습니다. 프랑스의 보르도, 부르고뉴 지방 등과 같은 시스템으로, 지리적 계층이 낮을수록 재배·양조 등에 관한 법 규정이 완화됩니다. 그래서 생산자들은 해마다 작황 정도에 따라 포도 상태를 파악해 생산되는 와인의 지리적 계층을 결정하고 있습니다. 또한 생산자는 포도의 상태가 만족스럽지 못한 경우, 자신의 와인을 일부러 격하시는 일도 있습니다. 예를 들면, 바롤로 마을의 생산자가 의도적으로 바롤로 DOCG 대신에 법적으로 숙성 기간이 짧은 랑게 네비올로 DOC로 출하하는 것이 가능합니다.

- 바롤로(Barolo DOCG): 1,984헥타르

바롤로는 알바 마을에서 남쪽으로 15Km 정도 내려간 곳에 위치한 레드 와인 산지로, 산지를 구성하는 여러 마을 중 바롤로 마을의 이름을 딴 원산지 명칭입니다. 이곳의 바롤로 와인은 '와인의 왕, 왕의 와인'으로 불리며, 세계 최고의 레드 와인 중 하나로 평가 받고 있습니다. 1966년 DOC 등급으로 인정된 후, 1980년에 DOCG 등급으로 승격되어, 이탈리아 최초의 DOCG 등급의 원산지 중 하나가 되었습니다.

바롤로 DOCG는 코무네Commune라 불리는 11곳의 마을로 이루어져 있으며, 바롤로, 라 모라, 카스틸리오네 팔레또, 세라룬가 달바, 몬포르테 달바 5곳의 마을에서 바롤로 DOCG 와인의 87% 정도가 생산되고 있습니다. 바롤로를 만드는 네비올로 품종은 피에몬테 주를 중심으로 오래 전부터 재배되어왔습니다. 13세기 문헌상에 등장할 정도로 오랜 역사를 지니고 있지만, 만생종으로 서늘한 기후를 선호하기 때문에 재배하기가 어렵다고 알려져 있습니다. 바롤로는 네비올로 단일 품종으로 생산되며, 복합적인 향과 단단한 타닌, 높은 신맛, 알코올로 인해 수명이 긴 것이 특징입니다. 특히 전통적인 스타일의 바롤로는 병 숙성을 통해 그 진가를 발휘하는 와인으로 유명합니다. 그러나 최근 양조 방식이 크게 변화했습니다. 1990년대 이후, 바롤로의 많은 생산자들이 현대적인 양조 방식을 사용해 만들면서 신선한 과실 향과 풍미, 오크 뉘앙스 등이 조화로운 세련된 스타일로 바뀌었습니다. 또한 병입된 이후, 영할 때에도 타닌이 부드러워 이전보다 접근성이 더욱 좋아졌습니다.

지금의 바롤로는 세계적으로 높은 평가를 받고 있지만, 20세기 후반까지만 해도 그 명성은 이탈리아 국내에서만 국한되었습니다. 그러나 1996년부터 2001년까지, 바롤로 지역이 우수한 작황을 맞이하면서, 상황은 역전되기 시작했습니다. 당연히 해외 시장에서 명성과 대접도 달라져 가격 인상으로 이어졌으며, 재배 면적도 크게 늘어났습니다. 1990~2004년 사이, 재배 면적은 크게 증가해 2004년 기준으로 1,734헥타르에 달했는데, 특히, 네비올로의 재배 비율이 47% 정도 급격하게 증가했습니다. 이후에도 재배 면적과 생산량은 계속 증가하여, 현재 생산되는 와인의 70% 정도를 해외 시장에 수출하고 있습니다.

BAROLC
바롤5

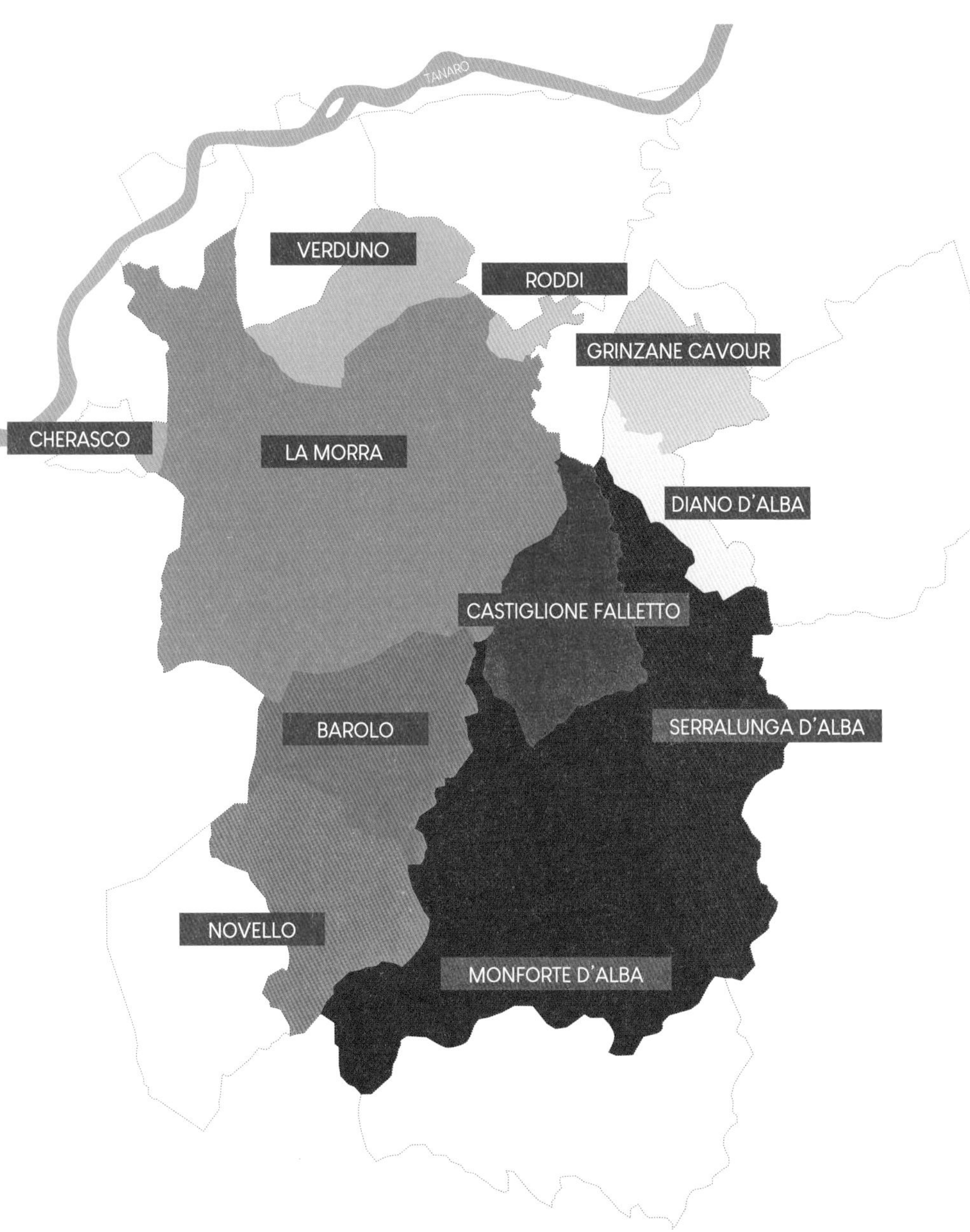

바롤로 DOCG는 코무네라 불리는 11곳의 마을로 이루어져 있으며, 바롤로, 라 모라, 카스틸리오네 팔레또, 세라룬가 달바, 몬포르테 달바 5곳의 마을에서 바롤로 와인의 87% 정도가 생산되고 있습니다.

바롤로 와인의 역사

네비올로 품종으로 만들어지는 바롤로는 중후한 드라이 타입의 와인으로, 예로부터 '와인의 왕, 왕의 와인'이라 칭송되어 왔습니다. 그러나 뜻밖에도 19세기 중반까지 지금과는 다른 스위트 와인이었습니다. 만생종인 네비올로는 포도 생육 기간이 길어 보통 10월 말에 수확이 이뤄졌습니다. 이후 알코올 발효가 진행되는 11~12월 사이에 기온이 내려가서 발효가 중간에 멈추는 일이 빈번하게 발생했으며, 당시 바롤로 와인은 잔당이 남아 있는 스위트 타입이었습니다. 19세기 중반, 이 문제를 해결하기 위하여 그린차네 카보우르의 시장인 카밀로 벤조Camillo Benso 백작은 프랑스 양조학자인 루이 우다르Louis Oudart를 초빙하였습니다. 발효 기술자인 루이 우다르는 양조장의 위생 상태를 개선하는데 집중하였고, 마침내 네비올로를 완전히 발효시켜 드라이 타입의 바롤로 와인을 만드는데 성공했습니다. 새롭게 탄생한 드라이 타입의 바롤로는 사보이아 왕가Casa Savoia와 토리노의 귀족 사이에서 큰 사랑을 받았으며, '와인의 왕이며, 왕의 와인이다.'라고 칭송 받기 시작했습니다.

그 후로 몇 번의 기술적인 전환이 있었지만, 지금과 같은 장기간 침용Maceration과 장기간 오크통 숙성의 전통적인 양조 방식이 확립된 것은 1960년경의 일이었습니다. 전통적으로 바롤로 와인은 알코올 발효 중에 30~60일 동안 장기간 침용 작업을 실시했고, 그 다음, 와인을 보띠Botti라 불리는 30,000리터 대용량의 슬로베니아 중고 오크통에서 4~8년간 숙성시켜 타닌을 부드럽게 한 후에 병입하였습니다.

이러한 양조 방식이 10년 전까지 표준으로 사용되었던 것은 그 나름의 몇 가지 이유가 있었습니다. 우선 원료인 네비올로의 수확 시기가 늦었기에, 이미 외부 기온은 매우 낮아지고 있었고, 당시에는 온도 조절이 가능한 발효 탱크가 보급되지 않아 알코올 발효를 개시하는 것이 쉽지 않았습니다. 효모는 저온에서 활동을 하지 않으므로 11월경에 알코올 발효를 진행하는 네비올로는 1~2주간 걸쳐 겨우 효모 활동이 시작한다고 하는 상태였습니다. 설령 알코올 발효가 시작된다 하더라도, 그 진행 속도가 너무 느려 당분이 모두 알코올로 변환되려면 1~2개월이라는 긴 기간이 걸렸습니다. 그 사이에 다량의 타닌 성분이 추출되었기 때문에 과도한 떫은 맛을 완화시키기 위해서는 오크통에서 장기간 숙성을 할 필요가 있었습니다. 결국, 전통적인 바롤로 와인은 자연스럽게 산화가 진행되어 신선한 과실 향과 풍미가 부족해졌으며, 숙성에서 유래하는 부엽토, 버섯, 가죽 등과 같은 숙성 향들이 나타나게 되었습니다. 이러한 스타일 자체가 문제되는 것은 아니지만, 당시의 와인 제조는 현대와 비교하면 여러 가지 면에서 낙후되어 있었기에 개선을 도모할 필요가 있었습니다.

20세기 중반까지 바롤로 지역은 대규모 네고시앙이 와인 생산을 지배했습니다. 네고시앙은 여러 마을의 포도 재배업자에게 포도를 사들여 자신들의 구미에 맞게 블렌딩해 와인을 만들었습니다. 1960년대 이후부터 바롤로 마을의 포도 재배업자들은 네고시앙에서 벗어나 직접 와인을 만들기 시작했습니다. 이후 소규모 포도원들이 속속 등장했으며, 1980년대까지 점차적으로 다양한 포도원들이 설립되었습니다. 결국 1980년, 바롤로는 DOCG 등급으로 승격되어 바르바레스코와 브루넬로 디 몬탈치노와 함께 이탈리아 최초로 DOCG 원산지로 인정 받게 되었습니다.

그렇지만, 20세기 후반이 되기까지 바롤로 와인의 명성은 이탈리아 국내에만 국한되어 있었습니다. 보르도, 부르고뉴 지방과 같은 프랑스의 명산지 와인처럼 여러 나라에 수출되지 못했기 때문에 국제적인 평가를 거둔 적도 없었습니다. 당시 바롤로 생산자들은 품질에 대한 자부심이 대단했지만, 국제적인 평가는 그렇지 못했습니다. 이를 안타깝게 여긴 혁신적인 젊은 생산자들은 현대적인 양조 방식을 도입해 해외 소비자의 취향을 사로잡을 와인을 만들기로 결심했습니다. 이들이 만든 현대적인 스타일의 바롤로 와인은 해외 소비자의 호응을 이끌어 냈으며, 미국 시장에서 큰 성공을 거두기 시작했습니다. 반면 전통주의자Traditionalist들은 현대적인 스타일로 만든 바롤로 와인이 정체성을 잃었다는 이유로 비판했으며, 이름 바 '바롤로 전쟁'이라 불리는 논쟁을 야기했습니다.

CAMILLO BENSO

포도 생육 기간이 긴 네비올로는 보통 10월 말에 수확이 이뤄지며, 이후 알코올 발효가 진행되는 11~12월 사이에 기온이 내려가서 발효가 중간에 멈추는 일이 빈번하게 발생했습니다. 그로 인해 당시 바롤로 와인은 잔당이 남아 있는 스위트 타입이었습니다. 19세기 중반, 이 문제를 해결하기 위하여 카밀로 벤조 백작은 프랑스 양조학자인 루이 우다르를 초빙하였습니다.
발효 기술자인 루이 우다르는 양조장의 위생 상태를 개선하는데 집중하였고, 마침내 네비올로를 완전히 발효시켜 드라이 타입의 바롤로 와인을 만드는데 성공했습니다.

바롤로의 근대화 움직임

바롤로의 근대화는 와인 선진국인 프랑스의 앞선 기술을 도입하면서 진행되었습니다. 1960년대 전반, 레나토 라띠Renato Ratti, 알도 콘테르노Aldo Conterno와 같은 당시 진보적인 젊은 양조가들은 프랑스를 답사하고 충격을 받았습니다. 그 무렵, 이탈리아의 와인 업계는 다른 나라에서 무언가를 배워야 한다는 생각 자체가 전혀 없었으며, 특히 바롤로, 바르바레스코와 같은 유명 산지의 생산자들은 그들의 와인이 세계 최고 수준이라는 자만심에 빠져 있었습니다. 하지만, 부르고뉴 및 보르도 지방의 선진 양조 기술을 보고 온 레나토 라띠와 알도 콘테르노는 자신들이 낙후된 기술로 와인을 만들고 있다는 사실을 깨닫게 되었고, 프랑스의 선진 양조 기술을 도입하기로 결심했습니다. 이러한 진보적인 생산자들은 산화 향이나 휘발 산이라는 불쾌한 풍미를 줄이기 위해서 침용 기간 및 오크통 숙성 기간을 이전보다 줄였으며, 그 결과, 바롤로 와인은 신선하고 향긋한 네비올로의 아로마를 되찾게 되었습니다.

바롤로 마을에 일어난 또 하나의 큰 변화는 양조·병입을 직접 하는 생산자와 포도원이 증가했다는 것입니다. 1960년대까지만 해도 바롤로 마을은 대규모 네고시앙이나 협동조합이 와인 생산을 지배하고 있었습니다. 당시 바롤로 마을의 포도 재배업자 일 인당 포도밭의 평균 소유 면적은 1헥타르에 불과할 정도로, 작고 영세했기 때문에 대다수 농가에서 스스로 양조나 병입을 하는 것이 불가능했습니다. 따라서 대규모 네고시앙이나 협동조합은 농가로부터 포도나 와인을 사들여 여러 마을의 여러 재배업자들의 포도를 블렌딩해 일반적으로 한 종류의 바롤로 와인을 만들었습니다. 이러한 네고시앙 및 협동조합의 와인들은 품질보다는 양을 우선시 여겼으므로 고품질이라고 말하기는 어려웠고 각 마을의 개성이나 포도밭의 특성은 블렌딩되면서 모두 사라져 버렸습니다. 그러나 1960년대 이후부터 바롤로 와인 산업에 변화가 일기 시작했습니다. 소규모 생산자들은 직접 재배한 포도를 스스로 양조 및 병입을 했으며, 단일 포도밭Single Vineyard 이름을 표기한 와인으로 판매하는 일이 서서히 증가했습니다.

바롤로 보이즈(Barolo Boys)의 대두 및 바롤로 전쟁(Barolo Wars)

바롤로의 근대화가 다음 국면으로 접어든 것은 1980년대 일이었습니다. 특히 1970~1980년대에 걸쳐, 전 세계 소비자의 취향이 바뀐 것이 결정적이 계기가 되었는데, 해외 소비자들은 과실 향과 풍미가 진하고 부드러운 타닌과 함께 좀 더 어릴 때 마실 수 있는 와인을 선호했습니다.

1960년대 이후부터 바롤로 마을은 양조 방식의 근대화 및 농가들의 네고시앙으로부터의 독립, 그리고 단일 포도밭 명칭 와인의 생산이라는 새로운 노선이 이미 계승되고 있었지만, 해외 소비자의 취향 변화는 이러한 움직임들을 가속화시켰습니다. 특히, 그 선두에 섰던 인물이 젊은 신예인 마르크 데 그라치아Marc de Grazia로, 바롤로 근대화의 기수 역할을 담당했습니다. 1980년대 이후, 미국을 주요 시장으로 수출하던 수출상인 마르크 데 그라치아는 기존의 포도원과 거래를 하는 대신에 고품질 포도를 재배하는 농가들을 설득해 자신에게 와인을 공급하도록 요청했습니다. 또한 농가에서 직접 양조 및 병입할 것과 단일 포도밭 명칭으로 와인을 만들도록 설득했습니다. 마르크 데 그라치아는 1930년대 부르고뉴 지방의 네고시앙으로부터 소규모 재배 농가가 독립한 도멘 자체 병입 운동을 모델로 삼았으며, 양조 방식과 포도 재배에 대해서도 대대적인 변화와 혁신을 초래하게 되었습니다.

양조 방식의 가장 큰 변화는 낮은 온도에서 알코올 발효 및 짧은 침용 기간, 그리고 작은 새 오크통에서의 단기간 숙성입니다. 전통적으로 바롤로 와인은 30~60일 동안 장기간 침용 작업을 실시했고, 그 다음, 와인을 보띠Botti라 불리는 30,000리터 용량의 대형 슬로베니아 중고 오크통에서 4~8년간 숙성시켜 타닌을 부드럽게 한 후에 병입하였습니다. 반면 마르크 데 그라치아가 설득한 생산자 그룹은 전통적인 바롤로 생산자와는 다른 양조 방식을 사용했습니다. 이들은 네비올로의 신선한 과실 향을 최대한 살리기 위해 기존보다 낮은 28~30도의 온도에서 알코올 발효를 행하였고, 침용 기간도 3~15일 정도로 아주 짧게 진행했습니다. 그리고 오크통의 숙성 기간도 1.5~2년 정도 큰 폭으로 단축시켰으며, 프랑스와 동일하게 새 오크통을 포함한 작은 오크통을 사용했습니다. 또한 네비올로의 강한 신맛을 부드럽게 하기 위해 숙성 과정에서 말로-락틱 발효를 장려하기도 했습니다.

마르크 데 그라치아의 생산자 그룹에서 현대적인 스타일의 바롤로 와인을 만들 수 있었던 것은 최신식의 양조 기술이 뒷받침되었기 때문입니다. 전통적인 바롤로는 장기 침용 과정에서 타닌이 과잉 추출되었는데, 그 타닌을 부드럽게 하기 위해서는 오크통에서 오랜 기간 숙성이 필요했습니다. 하지만 양조 기술이 발전함에 따라 회전식 발효탱크가 도입되어, 단기간에 색과 타닌을 최대한 추출할 수 있게 되었으며, 오크통에서 장기간 숙성 또한 필요 없게 되었습니다. 실제로 마르크 데 그라치아의 생산자 그룹 다수가 단기간에 강한 추출이 가능한 회전식 발효탱크를 사용하고 있습니다. 다만, 같은 그룹 안에서도 엘리오 알타레와 같이 3~6일 정도로 침용 기간을 짧게 하는 생산자가 있는 반면, 파올로 스카비노Paolo Scavino, 루치아노 산드로네Luciano Sandrone와 같이 7~15일 정도로 침용 기간을 비교적 길게 하는 생산자도 있지만, 결과적으로 그들 모두 전통적인 양조 방식과 비교해 보면 침용 기간이 매우 짧은 편입니다. 마르크 데 그라치아에 속하는 생산자들에 따르면 침용 기간은 포도밭의 특성에 의해 결정되고 포도밭의 개성에 상응하는 최적의 기간을 그때마다 선택하고 있을 뿐이라고 주장하고 있습니다.

포도 재배에 있어서도 변화를 주었습니다. 제2차 세계대전 이후 계속해서 증가해 온 포도 수확량을 전쟁 이전 수준으로 되돌렸고, 화학 농약을 거의 사용하지 못하도록 했습니다. 마르크 데 그라치아가 이끄는 생산자 그룹에서 만든 와인은 비교적 진한 색과 함께 과실 향이 풍부해졌고, 응축감도 강해졌습니다. 더불어 세련된 오크 향과 부드러운 타닌 질감을 갖춘 현대적인 스타일의 바롤로 와인이 새롭게 탄생하게 되었습니다. 엘리오 알타레, 파올로 스카비노, 루치아노 산드로네, 도메니코 클레리코Domenico Clerico, 체레또Ceretto 등 제 1세대의 마르크 데 그라치아의 생산자 그룹은 바롤로 보이즈Barolo Boys라고 불리며, 신생 바롤로의 상징이 되었습니다. 한편, 이들이 만든 현대적인 스타일의 바롤로 와인은 로버트 파커를 비롯한 와인 평론가들에게 큰 지지를 받으며, 특히 미국 시장에서 열광적인 반응을 얻었습니다. 하지만, 새 오크통의 강한 바닐라 향으로 인해 네비올로의 개성적인 장미 향이 압도당하기도 했으며, '전형적이지 않다.' 또는 '전통에서 벗어나고 있다.' 등의 맹렬한 비판을 받기도 했습니다.

바롤로 보이즈의 등장 이후, 피에몬테 주에서는 포도 재배 및 침용 기간, 오크 숙성에 관한 논의가 끊임없이 계속되었습니다. 또한, '전통과 혁신의 대립' 또는 '전통주의자Traditionalist와 현대주의자Modernist의 대립'의 바롤로 전쟁Barolo Wars이라 일컫는 양자 구도 간의 논쟁이 자주 발생하곤 했습니다.

그러나 지금은 양자 간의 대립이 점점 줄어들고 있는 추세입니다. 포도 재배 및 양조 기술의 발전은 전통주의자와 현대주의자의 격차를 줄이는데 큰 도움을 주었으며, 포도 나무의 수형 관리와 수확량을 조절함으로써 색소와 타닌 성분이 잘 성숙된 포도를 조금 더 일찍 수확하는 것도 가능해졌습니다. 또한 전통주의자와 현대주의자 모두 양조에 있어 온도 조절이 가능한 발효조를 사용하고 있으며, 위생 관리 또한 철저히 행해지고 있습니다. 현재 바롤로는 어느 한 쪽 진영에 치우치지 않고 중간적인 방식을 취하는 생산자도 점점 늘어나고 있는데, 전통주의자에 속하면서도 작은 새 오크통을 일부 사용하는 생산자가 있는가 하면, 현대주의자에 속하면서도 전통적인 양조 방식을 재도입하는 생산자도 많아졌습니다. 그리고 주목해야 할 점은 전통적인 양조 방식을 완고하게 지키는 전통주의자에게도 매우 뛰어난 바롤로 와인이 다수 생산되고 있다는 것입니다. 더불어 지금 시점에서 가장 중요한 점은, 현대적인가 전통적인가를 구분하기보다는 소규모 생산자가 독립해 떼루아의 개성을 잘 표현하는 다양한 바롤로 와인들이 생산되고 있다는 것입니다.

BAROLO BOYS

STORIA DI UNA RIVOLUZIONE

Un film di Paolo Casalis e Tiziano Gaia

una produzione **stuffilm**

www.baroloboysthemov

BAROLO BOYS

960년대 이후부터 바롤로 마을은 양조 방식의 근대화 및 농가들의 네고시앙으로부터의 독립과 난일 포도밭 명칭 와인의 생산이라는 새로운 노선이 이미 계승되고 있었지만, 해외 소비자의 취향 변화는 이러한 움직임들을 가속화시켰습니다. 특히, 그 선두에 섰던 인물이 젊은 신예인 마르크 네 그라치아로, 바롤로 근대화의 기수 역할을 담당했습니다.

980년대 이후, 미국을 주요 시장으로 수출하던 수출상인 마르크 데 그라치아는 기존 포도원과 거래를 하는 대신에 고품질 포도를 재배하는 농가들을 설득해 자신에게 와인을 공급하도록 요청 했습니다. 또한 농가에서 직접 와인 양조 및 병입할 것과 단일 포도밭 명칭으로 와인을 만들도록 설득했습니다.

마르크 데 그라치아는 1930년대 부르고뉴 지방의 네고시앙으로부터 소규모 재배 농가가 독립한 도멘 자체 병입 운동을 모델로 삼았으며, 그로 인해, 양조 방식과 포도 재배에 대해서도 대대적인 변화와 혁신을 초래하게 되었습니다.

바롤로의 떼루아, 각 마을의 개성

바롤로란 이름은 켈트어로 '낮은 곳에 위치한 장소'Bas Reul 단어에서 유래되었습니다. 현재 재배 면적은 1,984헥타르로, DOCG 원산지는 바롤로Barolo, 카스틸리오네 팔레또Castiglione Falletto, 세라룬가 달바Serralunga d'Alba, 께라스코Cherasco, 디아노 달바Diano d'Alba, 그린차네 카보우르Grinzane Cavour, 라 모라La Morra, 몬포르테 달바Monforte d'Alba, 노벨로Novello, 로디Roddi, 베르두노Verduno, 쿠네오Cuneo 11곳의 코무네Commune라 불리는 마을로 이루어져 있습니다. 각 마을에서 생산되는 와인은 개성의 차이가 있으며, 이중 바롤로, 라 모라, 카스틸리오네 팔레또, 세라룬가 달바, 몬포르테 달바 5곳의 마을에서 바롤로 DOCG 와인의 87% 정도가 생산되고 있습니다.

바롤로는 대륙성 기후를 띠고 있으며, 바르바레스코에 비해 표고가 거의 50미터나 높고 타나로 강의 영향을 덜 받기 때문에 기후가 더 서늘한 편입니다. 이곳의 기후와 늦게 익는 네비올로의 특성으로 인해 수확은 일반적으로 10월 중순이나 말에 행하고 있으며, 수확 시기에 비와 노균병 등의 곰팡이병 피해가 종종 발생하는 경우가 있습니다.

바롤로 DOCG는 바르바레스코에서 남서쪽으로 3km 거리에 떨어져 있는데, 지역은 크게 타나로Tanaro 강 주변과 2개의 지류인 탈로리아 델 안눈치아타Tallòria dell'Annunziata와 탈로리아 디 카스틸리오네Tallòria di Castiglione 주변으로 구분하고 있습니다. 탈로리아 델 안눈치아타 지류의 서쪽에는 라 모라와 바롤로 마을이 위치해 있습니다. 두 마을의 토양은 지질학적으로 1천 1백만 년에서 7백만 년 전의 토르토나절Tortoniano에 형성된 산타가타 이회토Sant'Agata Marl라 불리는 푸른빛을 띠는 석회질의 이회토로 이루어져 있으며, 바르바레스코의 토양과도 유사합니다.

바롤로 마을은 바롤로 DOCG 원산지 명칭이 유래된 곳으로, 전체 바롤로 생산량의 13% 정도를 차지하고 있습니다. 포도원은 41곳이 존재하며, 바롤로 생산자 협회에 의해 37개의 MGA가 인정되고 있습니다. 이곳에서 생산되는 와인은 전반적으로 향이 강하며, 맛이 부드러운 것이 특징이지만 수명은 비교적 짧은 편입니다.

바롤로 마을을 대표하는 크뤼 포도밭으로는 칸누비Cannubi, 브루나테Brunate, 체레뀌오Cerequio, 사르마싸Sarmassa, 브리꼬 델레 비올레Bricco delle Viole, 포싸티Fossati 등이 있으며, 특히 칸누비를 최고로 평가합니다. 라 모라 마을 경계에 위치한 브루나테와 체레뀌오 역시 좋은 포도밭으로, 향이 강하고 구조감이 좋은 와인이 생산되고 있습니다. 반면 마을 서쪽의 400미터 정도 표고에 위치한 브리꼬 델레 비올레, 포싸티 포도밭에서는 구조감보다는 방향성이 뛰어난 와인이 생산되고 있습니다.

바롤로 마을의 우수한 생산자로는 쥬세뻬 리날디Giuseppe Rinaldi, 바르톨로 마스카렐로Bartolo Mascarello, 마르께시 디 바롤로Marchesi di Barolo, 보르고뇨Borgogno, 루치아노 산드로네, 다밀라노Damilano, 프란체스코 리날디Francesco Rinaldi, 쟈코모 브레짜Giacomo Brezza 등이 있습니다.

TIP!

MGA(Menzione Geografica Aggiuntiva) 시스템

이탈리아는 프랑스와 같은 크뤼Cru 개념이 공식적으로 존재하지 않습니다. 프랑스에서 크뤼는 '우수한 떼루아의 포도밭'을 지칭하는 용어로, 부르고뉴 지방의 프리미에 크뤼Premier Cru, 그랑 크뤼Grand Cru의 등급 체계로 잘 알려져 있습니다. 프랑스는 INAO(프랑스 원산지 관리 위원회)라는 정부 기관에 의해 공식적으로 크뤼가 제정되어 있지만, 이탈리아는 정부 기관에서 공식적으로 크뤼를 제정한 적이 없고, 이탈리아 그랑 크뤼 위원회Comitato Grandi Cru d'Italia 및 그란디 마르끼Istituto Grandi Marchi 등 민간 단체에 의해 '각 지역의 우수 와인 생산자'만을 비공식적으로 선정하고 있습니다.

이탈리아에서 최초로 크뤼 또는 서브존Subzone 개념이 도입된 곳은 바르바레스코 마을입니다. 2007년 바르바레스코 생산자 협회Barbaresco Consorzio는 '추가적인 지리 표기'를 의미하는 멘치오네 제오그라피카 안준티바Menzione Geografica Aggiuntiva 즉, MGA또는 Me.G.A 시스템을 도입해 65개의 포도밭 구획Subzone Vineyard을 MGA로 인정했습니다. 이후 2010년에 1개를 추가하여, 현재 66개의 포도밭 구획이 MGA로 인정되고 있습니다.

2010년에는 바롤로 생산자 협회Barolo Consorzio도 170개의 포도밭 구획과 11곳 마을을 MGA로 지정해, 총 181개의 MGA를 인정하고 있습니다. 현재 이탈리아에서는 바롤로 및 바르바레스코 마을을 중심으로 MGA 시스템이 도입되어 있으며, 두 마을의 승인된 MGA에서 만든 경우, 와인 라벨에 포도밭을 뜻하는 비냐Vigna란 용어와 함께 MGA 명칭을 표기할 수 있습니다.

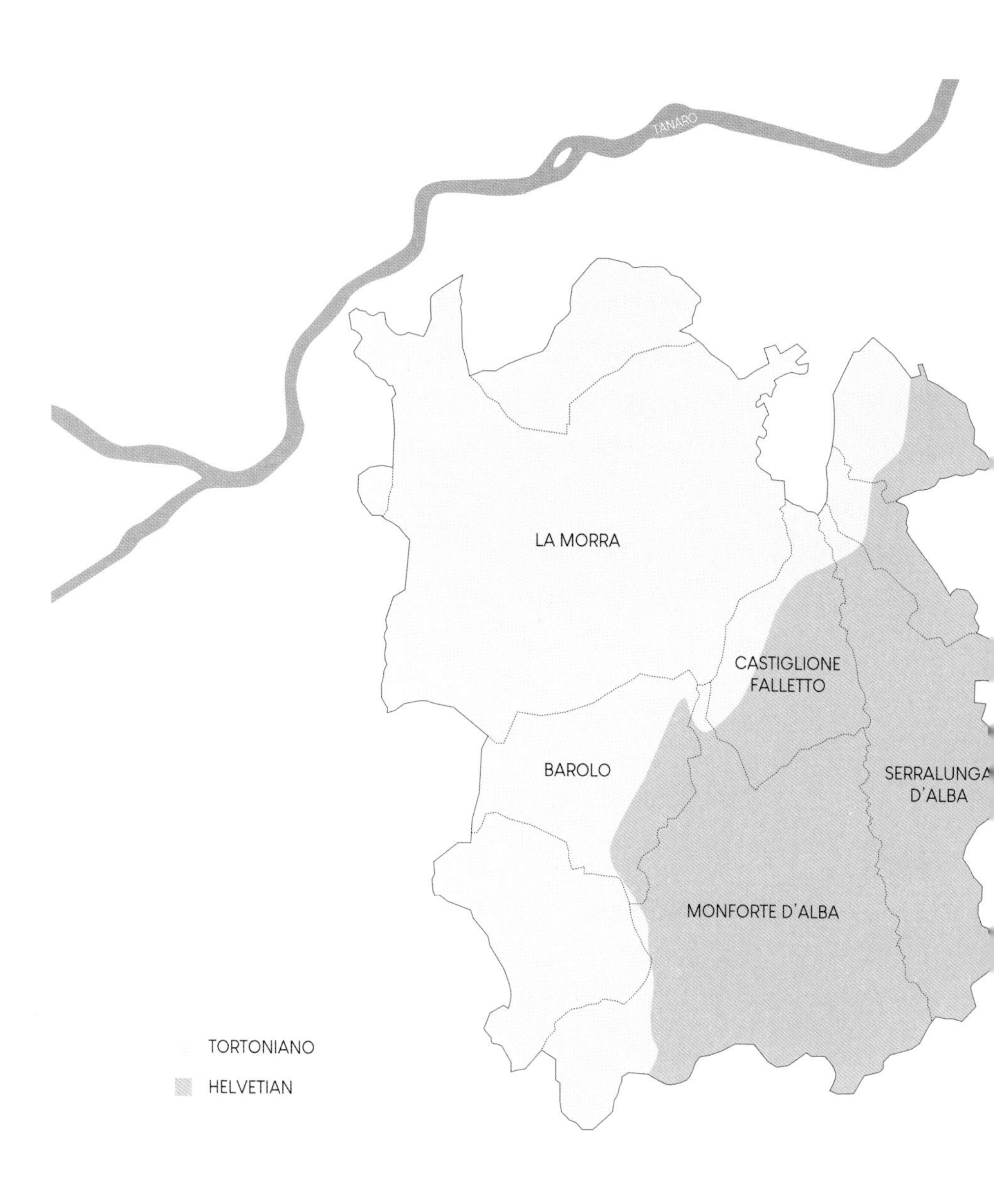

BAROLO TERROIR
바롤로 떼루아

바롤로, 라 모라 두 마을은 지질학적으로 1천 1백만 년에서 7백만 년 전의 토르토나절
형성된 산타가타 이회토라 불리는 푸른빛을 띠는 석회질의 이회토로 이루어져 있습니

카스틸리오네 팔레또, 세라룬가 달바, 몬포르테 달바 세 마을의 토양은 지질학적으로 1
3백만 년~1천 1백만년 전, 헬베티아 시대에 형성된 노르스름한 사암을 기반으로 척박
토양을 구성하고 있습니다.

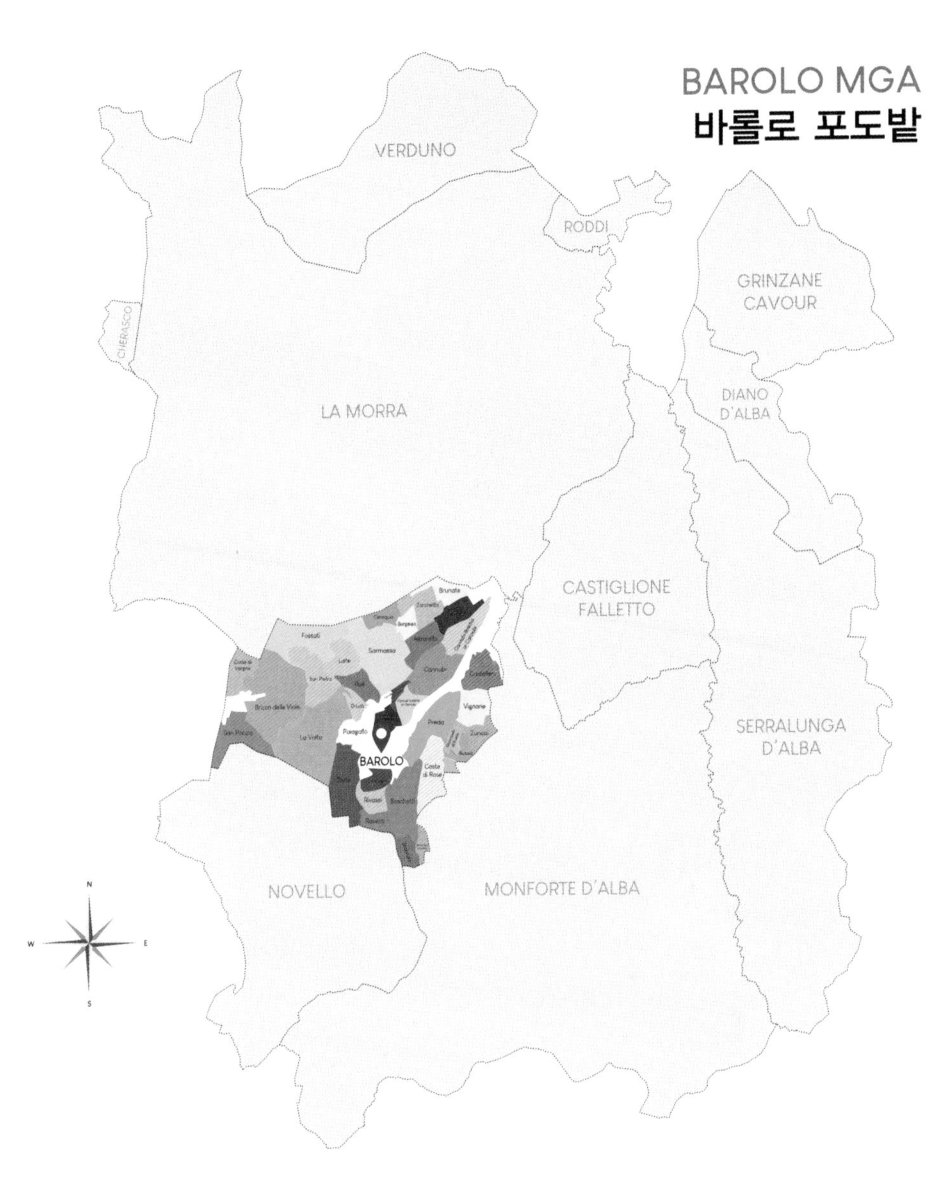

ossati
iste
oste di Vergne
an Pietro
ricco delle Viole
an Ponzio
a Volta
ué
rucá
aiagallo

Cannubi San Lorenzo
Cannubi Valletta
Cannubi Muscatel
Terlo
Le Coste
Rivassi
Ravera
Boschetti
Zoccolaio
Bricco San Giovanni

Preda
Vignane
Zuncai
Monrobiolo di Bussia
Coste di Rose
Bussia
Brunate
Zonchetta
Cerequio
Crosia

Bergeisa
Albarella
Sarmassa
Cannubi Boschis
Cannubi
Castellero

라 모라는 바롤로를 구성하는 마을 중 가장 큰 면적을 지니고 있으며, 포도원도 62곳으로 가장 많습니다. 바롤로 생산자 협회에 의해 39개의 MGA가 인정되고 있으며, 포도밭은 200~500미터의 다양한 표고에 자리잡고 있습니다. 이곳에서 생산되는 와인은 꽃 계열의 향이 풍부하며 세라룬가 달바나 몬포르테 달바에 비해 훨씬 더 타닌 질감이 부드러운 것이 특징입니다.

라 모라 마을을 대표하는 크뤼 포도밭으로는 로께 델안눈치아타Rocche dell'Annunziata, 라 세라La Serra, 아르보리나Arborina, 콘카Conca, 브루나테, 체레뀌오 등이 있습니다. 특히 로께 델안눈치아타를 최고로 평가하는데, 이 포도밭에서는 가장 복합적인 향과 풍미와 함께 우아하고 구조감이 뛰어난 와인이 생산되고 있습니다. 이중 브루나테와 체레뀌오 포도밭의 일부는 바롤로와 라 모라 마을에 걸쳐 있습니다.

라 모라 마을의 우수한 생산자로는 레나토 라띠, 로베르토 보에르치오Roberto Voerzio, 포데리 오데로Poderi Oddero, 엘리오 알타레, 프라텔리 레벨로Fratelli Revello, 마르카리니Marcarini, 마우로 몰리노Mauro Molino, 마우로 벨리오Mauro Veglio, 트레디베리Trediberri, 아우렐리오 세띠모Aurelio Settimo 등이 있습니다.

탈로리아 디 카스틸리오네 지류의 동쪽은 카스틸리오네 팔레또, 세라룬가 달바, 몬포르테 달바 마을이 위치해 있습니다. 세 마을의 토양은 지질학적으로 1천 3백만 년~1천 1백만년 전의 헬베티아Helvetian, or Serravallian 시대에 형성된 노르스름한 사암을 기반으로 척박한 토양을 구성하고 있습니다. 이 토양에서 생산되는 와인은 서쪽의 바롤로와 라 모라 마을에 비해 비교적 강건하고 구조감이 뛰어나며 장기 숙성 능력도 탁월한 편입니다.

카스틸리오네 팔레또는 두 개의 지류 사이에 위치한 마을로 서쪽에는 라 모라, 동쪽에는 세라룬가 달바, 남쪽에는 몬포르테 달바 마을을 접하고 있습니다. 토양은 디아노Diano 사암과 모래 토양의 혼합 비율이 좋아 방향성이 풍부하고 우아함과 강건함을 겸비한 와인이 생산되고 있습니다. 특히 체리, 딸기 등의 과실 향과 향신료 풍미는 카스틸리오네 팔레또의 전형적인 특징이기도 합니다.

카스틸리오네 팔레또 마을은 바롤로 생산자 협회에 의해 20개의 MGA가 인정되고 있으며,

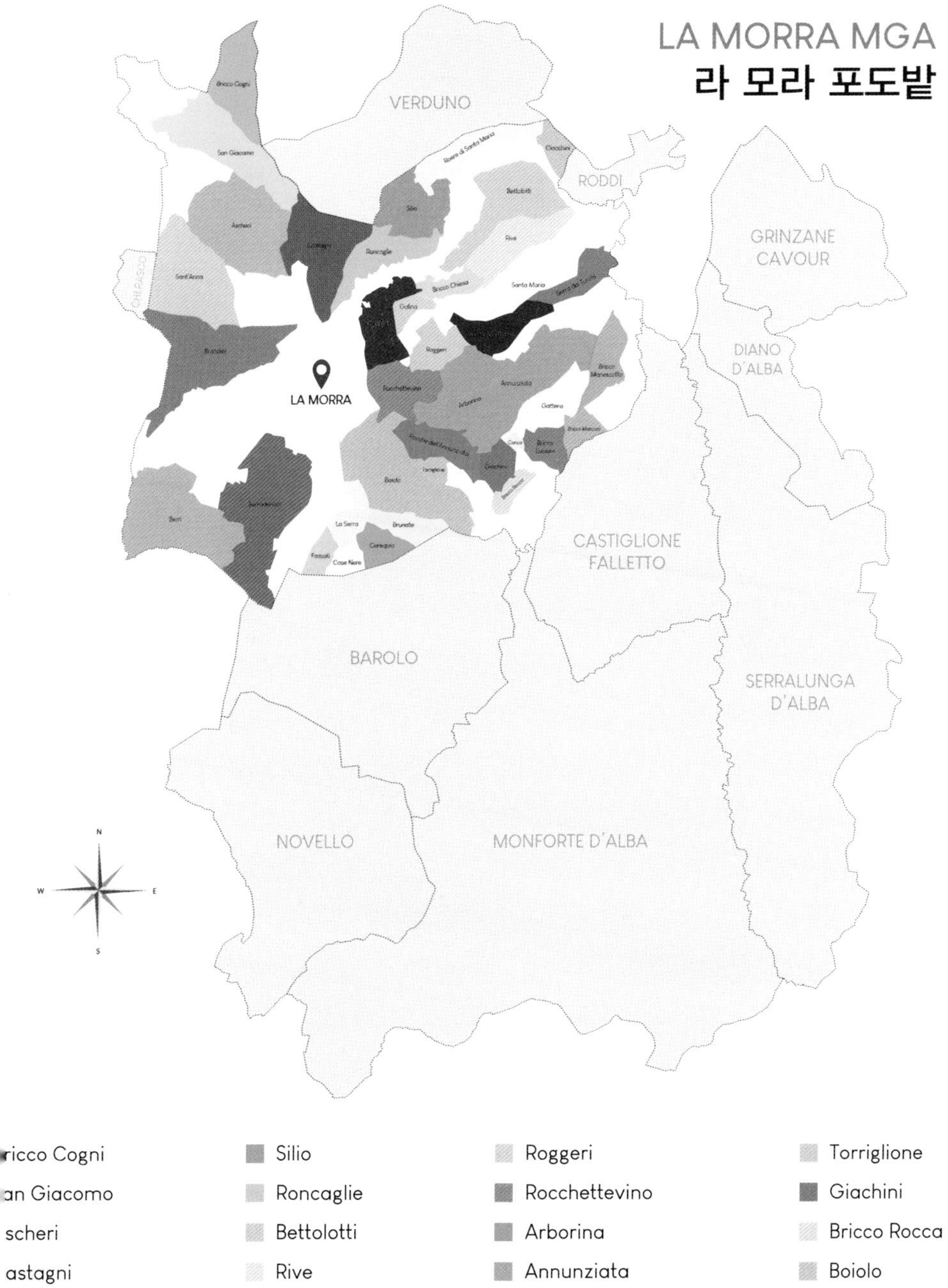

ricco Cogni
an Giacomo
scheri
astagni
ant'Anna
randini
erri
erradenari
iocchini
oere di Santa Maria

Silio
Roncaglie
Bettolotti
Rive
Bricco Chiesa
Galina
Capalot
Santa Maria
Serra dei Turchi
Bricco San Biagio

Roggeri
Rocchettevino
Arborina
Annunziata
Bricco Manescotto
Gattera
Bricco Manzoni
Bricco Luciani
Rocche dell'Annunziata
Conca

Torriglione
Giachini
Bricco Rocca
Boiolo
La Serra
Brunate
Cerequio
Fossati
Case Nere

CASTIGLIONE FALLETTO MGA
카스틸리오네 팔레또 포도밭

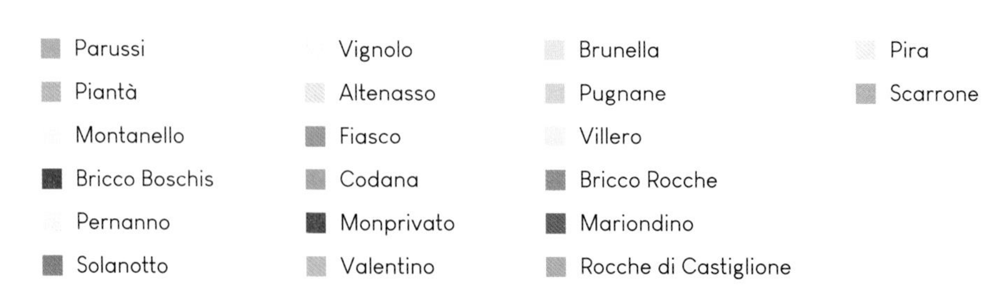

대표하는 포도밭으로는 로께 디 카스틸리오네Rocche di Castiglione, 브리꼬 로께Bricco Rocche, 브리꼬 보스끼스Bricco Boschis, 빌레로Villero, 파루씨Parussi, 피아스코Fiasco, 페르난노Pernanno, 몬프리바토Monprivato, 몬타넬로Montanello 등이 있습니다.

카스틸리오네 팔레또 마을의 우수한 생산자로는 쥬세뻬 마스카렐로Giuseppe Mascarello, 파올로 스카비노, 비에띠Vietti, 카발로또Cavallotto, 몬끼에로 프라텔리Monchiero Fratelli, 조반니 소르도Giovanni Sordo, 리비아 폰타나Livia Fontana, 로아냐Roagna 등이 있습니다.

세라룬가 달바는 바롤로 마을 중 가장 높은 언덕에 위치해 있습니다. 이곳의 포도밭은 높은 표고임에도 불구하고 세라룬가 달바와 몬포르테 달바를 가르는 좁은 계곡에 온기가 충분히 형성되기 때문에 네비올로가 항상 잘 성숙되며, 풍부한 타닌의 단단하고 무게감 있는 와인이 생산되고 있습니다. 세라룬가 달바의 모든 와인은 평균적으로 상당히 높은 수준의 품질을 보여주고 있습니다. 현재 포도원은 29곳이 존재하며, 바롤로 생산자 협회에 의해 39개의 MGA가 인정되고 있습니다.

세라룬가 달바 마을을 대표하는 크뤼 포도밭으로는 프란차Francia, 팔레또Falletto, 라짜리토Lazzarito, 비냐리온다Vignarionda, 마르게리아Margheria, 체레따Cerretta, 프라포Prapò, 프라파다Parafada 등이 있으며, 특히 쟈코모 콘테르노의 최고의 바롤로 몬포르티노Monfortino를 만드는 핵심 포도밭인 프란차와 브루노 쟈코사Bruno Giacosa가 만드는 최고의 와인인 팔레또 포도밭이 있는 걸로 매우 유명합니다.

세라룬가 달바 마을의 우수한 생산자로는 폰타나프레다Fontanafredda, 에또레 제르마노Ettore Germano, 파올로 만초네Paolo Manzone, 조반니 로쏘Giovanni Rosso, 스끼아벤차Schiavenza, 팔라디노Palladino, 루이지 피라Luigi Pira 등이 있습니다.

몬포르테 달바는 남동쪽 끝자락에 위치한 마을로, 포도밭은 북동쪽에 집중되어 있습니다. 바롤로 생산자 협회가 인정하고 있는 MGA는 11곳에 불과하지만, 포도원은 53개로 많은데, 그 이유는 부씨아 포도밭에서 와인을 만드는 생산자가 많기 때문입니다. 이곳에서 생산된 와인은 바롤로 와인 중 가장 파워풀하고 장기 숙성 능력도 탁월해 긴 수명을 자랑합니다.

몬포르테 달바 마을을 대표하는 크뤼 포도밭으로는 부씨아Bussia, 지네스트라Ginestra, 모스코니Mosconi, 르 코스테 디 몬포르테Le Coste di Monforte, 카스텔레또Castelletto 등이 있으며, 이 중 부씨아는 여러 개의 포도밭으로 이루어져 있어 규모가 상당합니다.

몬포르테 달바의 우수한 생산자로는 쟈코모 콘테르노Giacomo Conterno, 포데리 알도 콘테르노Poderi Aldo Conterno, 엘리오 그라쏘Elio Grasso, 도메니코 클레리코, 조반니 만초네Giovanni Manzone, 쟈코모 페노끼오Giacomo Fenocchio, 아말리아 카쉬나 인 랑가Amalia Cascina in Langa 등이 있습니다.

바롤로 DOCG를 구성하는 각각의 마을에는 특정의 이름을 가진 포도밭이 다수 존재하고 있습니다. 소리Sori 또는 크뤼Cru라 불리는 포도밭들은 부르고뉴 지방과 같이 포도밭마다 개성이 달라서 근래 들어 주목을 받고 있습니다. 바롤로의 크뤼, 즉 우수한 포도밭을 선별하는 움직임은 19세기 후반에 시작되었습니다. 바롤로 생산자들은 부르고뉴 지방의 그랑 크뤼의 명성과 품질, 그리고 높은 거래 가격 등에 영향을 받아 바롤로 마을에도 단일 포도밭 개념의 크뤼를 지정하기 시작했습니다.

1961년, 프루노또Prunotto의 부씨아, 비에띠의 로께 디 카스틸리오네가 최초의 크뤼, 즉 단일 포도밭 명칭으로 와인을 출시했으며, 또한 저명한 와인 평론가인 루이지 베로넬리Luigi Veronelli에 의해 바롤로 포도원의 와인을 품질에 따라 분류하고자 하는 움직임이 함께 일어났습니다. 1980년대에 들어 크뤼 명칭을 표기한 바롤로 와인이 대거 등장했지만 반발도 만만치 않았습니다. 전통적으로 바롤로 생산자들은 일관성 있는 와인을 만들기 위해 여러 마을의 다양한 포도밭의 포도를 블렌딩하는 것이 일반적이었기에 단일 포도밭에서만 만드는 것은 지역의 전통을 무시하는 처사라 생각했습니다. 그러나 단일 포도밭에서 만든 와인이 증가하면서 품질과는 무관하게 일괄적으로 높은 가격이 책정되었고, 이러한 와인은 소비자의 불신과 함께 바롤로 와인의 이미지를 훼손하기 시작했습니다. 아울러 정부에서도 크뤼를 공식적으로 인정하고 있지 않았기 때문에 바롤로의 크뤼는 부르고뉴의 크뤼와는 다른 대접을 받았습니다.

SERRALUNGA D'ALBA MGA
세라룬가 달바 포도밭

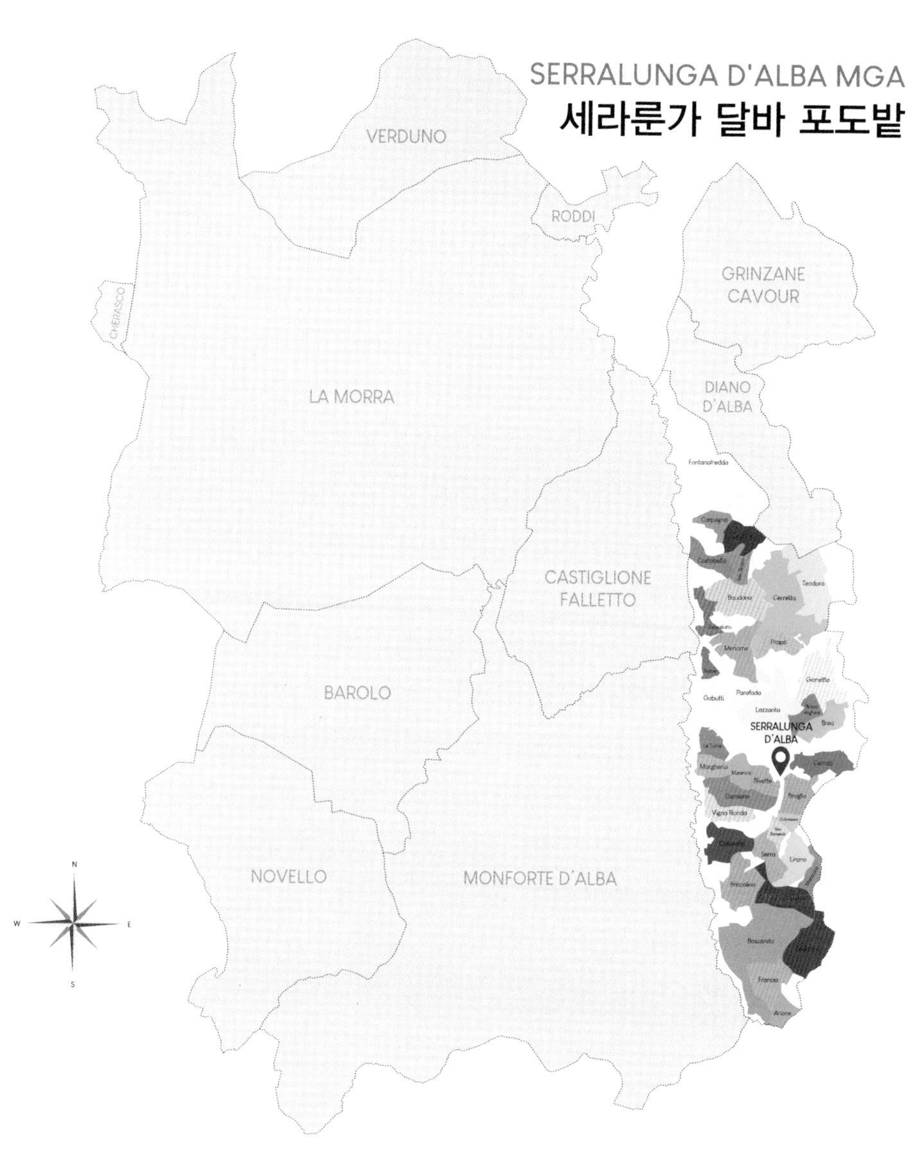

Fontanafredda
Carpegna
Sorano
Costabella
San Rocco
Baudana
Cappallotto
Cerretta
Teodoro
Prapó

Meriame
Prabon
Gabutti
Parafada
Lazzarito
Gianetto
Bricco Voghera
Brea
Cerrati
Le Turne

Margheria
Marenca
Rivette
Damiano
Vigna Rionda
Broglio
Colombaro
San Bernardo
Serra
Collaretto

Lirano
Manocino
Briccolina
Ornato
Falletto
Boscareto
Badarina
Francia
Arione

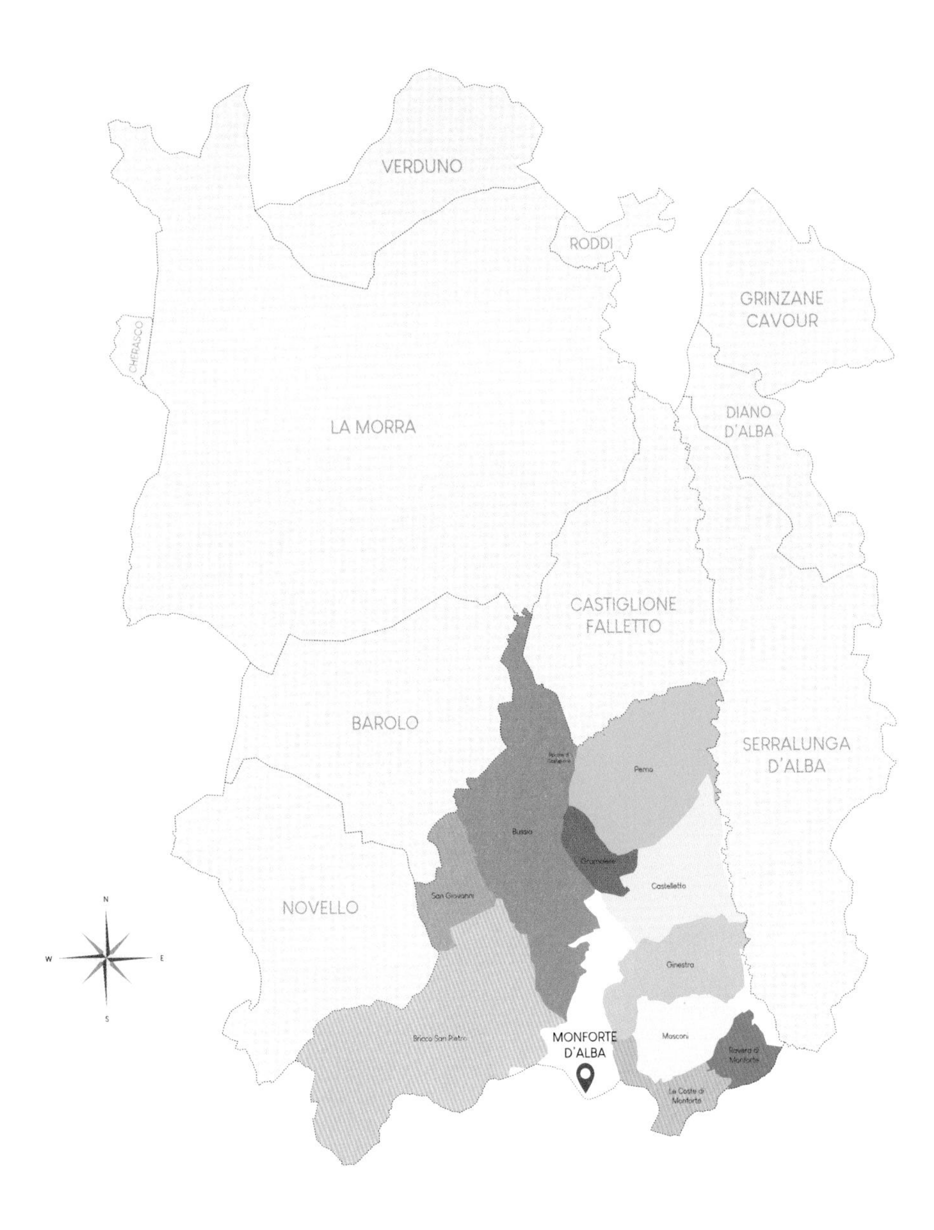

MONFORTE D'ALBA MGA
몬포르테 달바 포도밭

- Bussia
- Perno
- Gramolere
- Rocche di Castiglione
- San Giovanni
- Bricco San Pietro
- Castelletto
- Ginestra
- Mosconi
- Ravera di Monforte
- Le Coste di Monforte

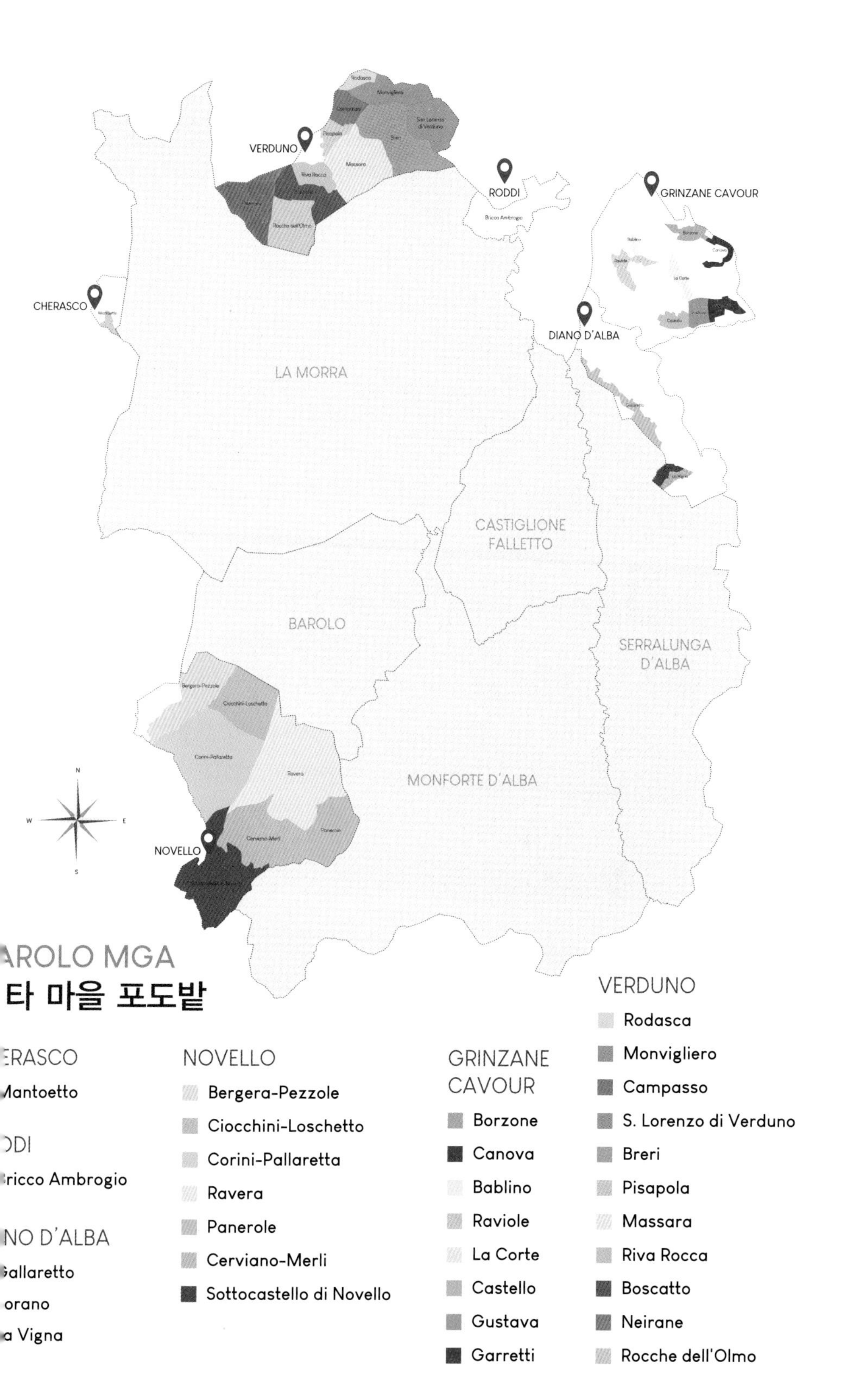

VERDUNO
RODDI
GRINZANE CAVOUR
CHERASCO
DIANO D'ALBA
LA MORRA
CASTIGLIONE FALLETTO
BAROLO
SERRALUNGA D'ALBA
MONFORTE D'ALBA
NOVELLO
AROLO MGA
타 마을 포도밭
ERASCO
Mantoetto
DDI
ricco Ambrogio
NO D'ALBA
allaretto
orano
a Vigna
NOVELLO
Bergera-Pezzole
Ciocchini-Loschetto
Corini-Pallaretta
Ravera
Panerole
Cerviano-Merli
Sottocastello di Novello
GRINZANE CAVOUR
Borzone
Canova
Bablino
Raviole
La Corte
Castello
Gustava
Garretti
VERDUNO
Rodasca
Monvigliero
Campasso
S. Lorenzo di Verduno
Breri
Pisapola
Massara
Riva Rocca
Boscatto
Neirane
Rocche dell'Olmo

결국 2010년 바롤로 생산자 협회는 크뤼 개념의 MGA 시스템을 도입해, 바롤로 마을에 181개의 MGA를 인정해주었습니다. 현재 바롤로 와인은 부르고뉴 크뤼 와인과 마찬가지로 승인받은 MGA, 즉 포도밭 명칭을 함께 표기하고 있지만, 포도밭의 구획이 너무 큰 것이 염려스러운 상황입니다. 참고로 몬포르테 달바 마을의 가장 유명한 크뤼인 부씨아는 298헥타르로, 부르고뉴 지방에서 가장 크다고 여기는 끌로 드 부조 그랑 크뤼의 50.6헥타르와 비교하면 떼루아를 보여주기에는 지나치게 거대하다고 볼 수 있습니다.

바롤로 와인에 관해

DOCG 규정에 따라 바롤로는 네비올로 100%로 만들어야 합니다. 과거 일부 생산자들이 바르베라 품종을 소량 블렌딩해 생산했지만, 지금은 규정에 따라 금지되어 있습니다. 1990년대 바롤로 생산자들은 만생종인 네비올로가 재배하기 어려운 품종이란 이유로 네비올로의 사용비율을 100%에서 90%로 낮춰줄 것을 청원했는데, 결국 무산되고 말았습니다.

오늘날, 바롤로는 11곳의 마을에서 재배된 네비올로를 단일 품종으로 생산해야 합니다. 포도밭은 최소 170미터에서 최고 540미터까지 포도 재배를 허가하고 있으며, 법적 최소 알코올 도수는 13%입니다.

바롤로는 법적으로 수확 이후, 최소 38개월 동안 숙성을 거쳐야 출시가 가능하며, 이 기간 중 최소 18개월은 오크통에서 숙성시켜야 합니다. 또한 리제르바 생산도 가능합니다. 리제르바를 표기하기 위해서는 수확 이후, 최소 62개월 동안 숙성을 거쳐야 출시가 가능하며, 이 기간 중 18개월은 오크통에서 숙성시켜야 합니다.

현재 바롤로 와인은 전통적인 스타일과 현대적인 스타일이 공존하고 있습니다. 전통적인 바롤로는 적벽돌 및 오렌지 색을 띠며 장미, 타르, 말린 과일, 감초, 허브, 향신료, 가죽 등의 향을 지니고 있습니다. 맛에 있어서는 뚜렷한 타닌과 높은 신맛, 알코올 도수를 지니고 있어 어릴 때 마시는 것보다는 병 숙성을 시켜 마시는 것이 좋습니다. 보통 10년 정도 숙성시켜 마시며, 고품질 와인의 경우 20~30년 이상의 긴 수명을 자랑할 정도로 장기 숙성 능력이 뛰어납니다.

반면 현대적인 바롤로는 루비 및 석류 색을 띠고 있습니다. 향은 딸기, 민트, 허브, 장미 등의 네비올로 특유의 아로마와 함께 오크 뉘앙스의 초콜릿, 바닐라, 향신료 향들이 어우러져 있으며, 타닌 질감이 부드러워 비교적 어릴 때 소비해도 괜찮습니다. 가끔 새 오크통의 강한 바닐라 향으로 인해 네비올로의 개성적인 장미 향이 압도당하기도 하지만, 전반적으로 지금 소비자의 취향에는 더 잘 맞는 편입니다.

피에몬테 주에서는 오래된 바롤로 와인을 가지고 바롤로 끼나토Barolo Chinato를 만들어 식후주로 마시곤 합니다. 원래 바롤로 끼나토는 19세기 후반에 약사인 쥬세뻬 카펠라노Giuseppe Cappellano가 약용으로 만든 것으로, 당시에는 치료제로 사용되기도 했습니다. 바롤로 끼나토는 만드는 사람에 따라 맛이 다양한데, 일반적으로 기나 나무Cinchona 껍질을 주재료로 계피, 고수, 민트, 바닐라 등 30여가지 약용 식물을 넣고 추출한 다음 설탕을 첨가해 숙성을 거쳐 만듭니다. 매우 향기로운 바롤로 끼나토는 현재 몇몇 포도원에서 상업용으로 생산되고 있습니다.

- 바르바레스코(Barbaresco DOCG): 677헥타르

알바 마을 북동쪽, 타나로 강의 우안에 위치한 바르바레스코는 바롤로와 함께 최고의 네비올로 와인을 생산하는 마을입니다. 한때 바롤로 와인에 비해 복합성이 부족하다는 평가를 받았지만, 지금은 바롤로 와인과 견줄만한 품질을 자랑하고 있습니다. 이 마을은 1966년에 DOC 등급으로 인정된 후, 1980년에 DOCG 등급으로 승격되어 바롤로, 브루넬로 디 몬탈치노와 함께 이탈리아 최초의 DOCG 등급의 원산지 중 하나가 되었습니다. 현재, 바르바레스코 DOCG는 4개의 마을로 이루어져 있으며, 각 마을마다 개성적인 와인이 만들어지고 있지만, 지역 간의 품질 편차가 있는 편입니다.

바르바레스코 와인의 역사

바르바레스코는 역사적으로 네비올로 디 바르바레스코Nebbiolo di Barbaresco라 불리며, 우수한 품질의 네비올로 와인을 만드는 마을이었습니다. 1800년, 피에몬테 주에서 벌어진 마렝고 전투에서 오스트리아 군대를 이끄는 미하엘 폰 멜라스Michael Von Melas 장군은 나폴레옹 1세가 이끄는 프랑스 군대를 기습 공격해 승기를 잡았으며, 이때 승리를 기념하기 위하여 마신 와인이 바르바레스코였습니다. 멜라스 장군은 500리터에 해당하는 바르바레스코 와인을 주문해 전장으로 옮기도록 지시했습니다. 패색이 짙은 프랑스 군은 이튿날 루아 드제Louis Desaix 장군의 구원 하에 반격을 가해 오스트리아 군대를 이탈리아에서 몰아냈습니다.

바르바레스코 와인이 세상에 알려지게 된 것은 19세기 후반이었습니다. 이전까지 바르바레스코 지역의 농가들은 재배한 네비올로 포도의 대부분을 바롤로 생산자에게 판매해 생계를 유지했지만, 1894년에 바르바레스코 협동조합이 설립되면서 독자적으로 와인을 만들기 시작했습니다. 당시 기수 역할을 한 인물이 도미치오 카바짜Domizio Cavazza입니다. 모데나Modena 출신의 젊은 농업학자인 도미치오 카바짜는 알바 마을에 있는 왕립 와인양조 학교Royal Enological School의 초대 교장으로 임명될 정도로 유능했으며, 바르바레스코와 바롤로 마을에서 재배되

던 네비올로의 차이점을 잘 인지하고 있었습니다. 그는 바르바레스코 마을에 포도밭을 소유하고 있는 9명의 농가와 함께 지역 내 최초의 협동조합Cantina Sociale di Barbaresco을 설립하여, 자신이 소유하고 있었던 성에서 공식적으로 바르바레스코라 불리는 와인을 만들었습니다. 그러나 1915년 카바짜가 사망하고, 제1차 세계대전과 1930년에 파시스트 정당이 독재 정권을 수립하면서 경제 정책에 따라 협동조합은 폐쇄되었습니다.

이후 파시스트 당이 해산되고 1958년에 바르바레스코 교구의 돈 피오리노 마렝고Don Fiorino Marengo 신부에 의해 협동조합이 다시 설립되었습니다. 당시 소규모 농가들은 경제적으로 어려움을 겪고 있었으며, 젊은 농부들은 고향을 등지고 도시로 떠났습니다. 이를 막고자 마렝고 신부는 19명의 소규모 농가들과 함께 협동조합을 결성했는데, 이것이 프로두또리 델 바르바레스코Produttori del Barbaresco의 첫 시작이었습니다. 초창기 프로두또리 델 바르바레스코의 세 개 빈티지까지는 교회 지하에서 만들었고, 이후 협동조합의 양조장을 설립해 네 번째 빈티지부터 지금까지 생산을 이어오고 있습니다. 또한 프로두또리 델 바르바레스코는 지역 내 다른 농가에게 많은 영향을 미쳐, 바르바레스코 와인의 품질 향상에 크게 이바지했습니다. 현재 프로두또리 델 바르바레스코는 51명의 회원을 보유하고 있으며, 바르바레스코 마을에 100헥타르 이상의 포도밭을 소유하고 있습니다.

같은 시기, 브루노 쟈코사Bruno Giacosa와 안젤로 가야Angelo Gaja 등의 역동적인 젊은 생산자들 덕분에 바르바레스코는 다시 활기를 찾기 시작했습니다. 그리고 이들이 만든 와인은 1960년대 후반부터 국제적으로 판매되기 시작했고, 1980년대 들어서는 해외 시장에서 높은 평가를 받기도 했습니다. 특히 안젤로 가야는 바르바레스코의 근대화를 주도한 인물로, 와인 마케팅에도 뛰어난 재능을 보여주며 세계적으로 큰 성공을 거두었습니다. 그러나 안젤로 가야와 브루노 쟈코사 등의 고품질 생산자들의 노력에도 불구하고, 당시 바르바레스코는 여전히 바롤로의 그늘에 가려져 있었습니다.

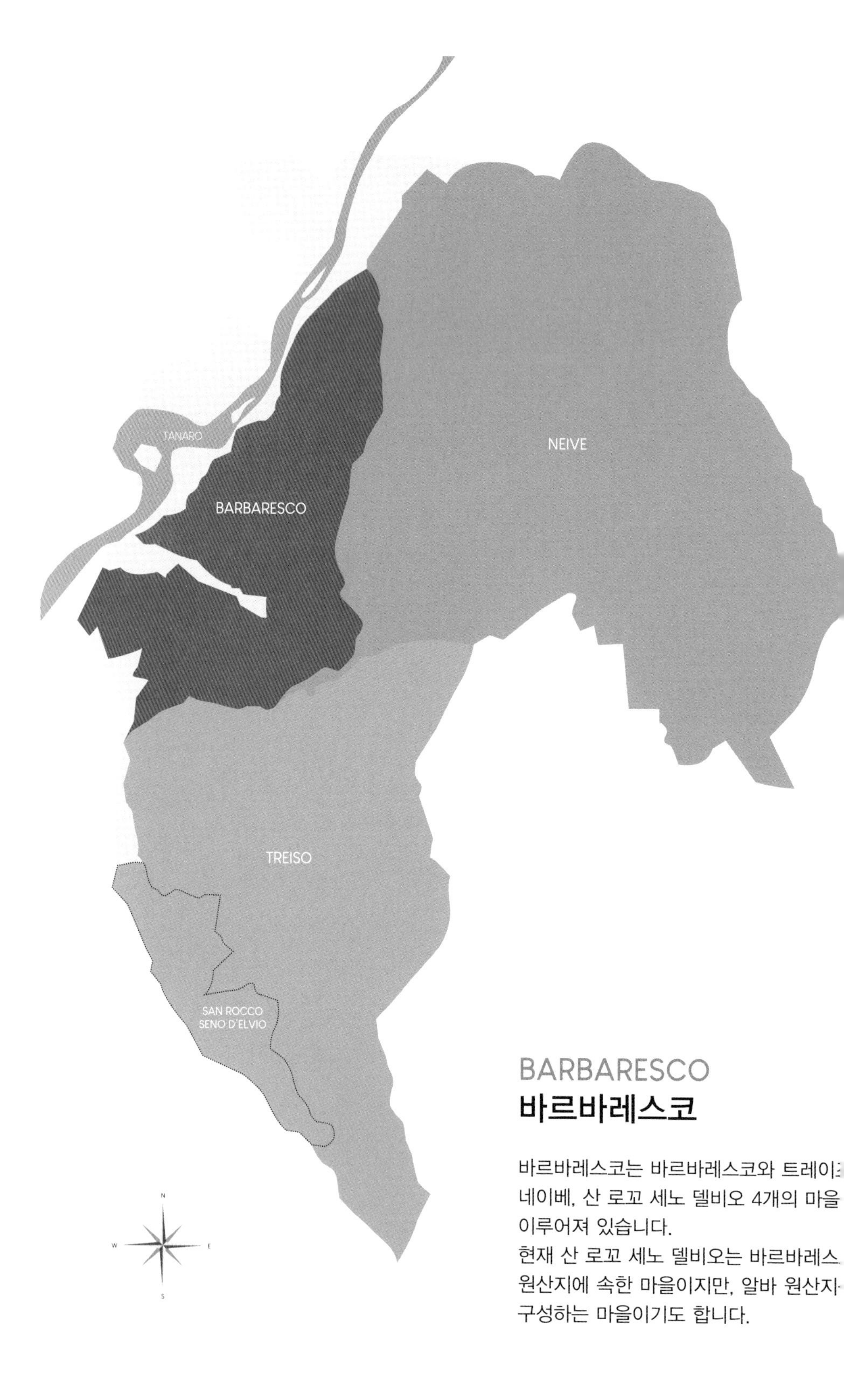

BARBARESCO
바르바레스코

바르바레스코는 바르바레스코와 트레이
네이베, 산 로꼬 세노 델비오 4개의 마을
이루어져 있습니다.
현재 산 로꼬 세노 델비오는 바르바레스
원산지에 속한 마을이지만, 알바 원산지
구성하는 마을이기도 합니다.

바르바레스코의 근대화

마르크 데 그라치아 그룹에 속하는 생산자들에 의해 바롤로의 근대화가 진행되었지만, 사실 먼저 시작한 곳은 바르바레스코입니다. 특히, 바르바레스코의 근대화에 있어 크게 영향을 끼친 인물은 누가 뭐래도 이탈리아 와인 업계의 슈퍼 스타인 안젤로 가야입니다. 1961년, 21살의 젊은 안젤로 가야는 아버지 조반니 가야Giovanni Gaja와 함께 포도원에서 일을 시작했습니다. 안젤로는 이탈리아의 알바 와인양조 협회 및 프랑스의 몽펠리에 대학에서 와인 양조를 공부한 인물로, 여러 차례 프랑스를 방문하면서 자극을 받아 프랑스의 선진 기술을 도입하고자 결심했습니다. 하지만 아버지의 반대가 심해 계속해서 논쟁을 펼쳤는데, 결국에는 아버지를 설득해 그린 하베스트, 발효 온도 관리 및 새 오크통의 도입, 단일 포도밭 명칭 와인의 창설, 그리고 샤르도네, 까베르네 쏘비뇽 등의 프랑스계 품종 재배 등을 차례로 도입했습니다. 또한 레나토 라띠와 알도 콘테르노와 같은 바롤로 보이즈 생산자들에게도 큰 영향을 주기도 했습니다.

초창기, 안젤로 가야의 와인은 지역 내 전통주의자들에게 많은 비판을 받았지만, 결과적으로 바르바레스코 와인을 세계로 알리는데 가장 큰 공헌을 했습니다. 또한 안젤로 가야는 전통적이지 않은 자신의 와인에 대한 확신이 있었는데. 1967년 첫 출시한 소리 산 로렌초Sorí San Lorenzo를 시작으로, 1970년에 소리 틸딘Sorí Tildin, 1978년에 코스타 루씨Costa Russi의 단일 포도밭 명칭의 바르바레스코 와인은 안젤로 가야를 세계적인 생산자로 만들어주었습니다.

오늘날 바르바레스코 마을에는 근대화의 상징적인 안젤로 가야 뿐만 아니라 진화된 전통주의자인 브루노 쟈코사, 그리고 프로두또리 델 바르바레스코의 협동조합 등 뛰어난 생산자들이 공존하고 있습니다. 하지만 바롤로 마을과는 달리 여전히 소규모 농가들의 포도는 대규모 네고시앙과 협동조합에 판매되고 있는 것이 현실입니다.

ANGELO GAJA

바르바레스코의 근대화에 있어 크게 영향을 끼친 인물은 누가 뭐래도 이탈리아 와인 업계의 슈퍼스타인 안젤로 가야입니다. 그는 이탈리아의 알바 와인양조 협회 및 프랑스의 몽펠리에 대학에서 양조학을 공부한 인물로, 여러 차례 프랑스를 방문하면서 자극을 받아 프랑스의 선진 양조 기술을 도입하고자 결심했습니다. 그린 하베스트, 발효 온도 관리 및 새 오크통의 도입, 단일 포도밭 명칭 와인의 창설, 그리고 프랑스계 품종 재배 등을 차례로 도입했습니다.

GAJA

ANGELO GAJA WINES
안젤로 가야 와인

- Sorì San Lorenzo
- Sorì Tildin
- Costa Russi
- Barbaresco

GAJA
SORÌ SAN LORENZO®
BARBARESCO
[illegible]

GAJA
SORÌ TILDÌN®
BARBARESCO
[illegible]

GAJA
COSTA RUSSI®
BARBARESCO
[illegible]

바르바레스코의 떼루아, 각 마을의 개성

바르바레스코 DOCG는 바르바레스코와 트레이조Treiso, 네이베Neive, 산 로꼬 세노 델비오 San Rocco Seno d'Elvio 4개의 마을로 이루어져 있습니다. 이전에는 바르바레스코, 트레이조, 네이베 이렇게 3곳의 마을로 이뤄졌는데, 네이베 마을의 일부였던 산 로꼬 세노 델비오 마을이 더해지면서 지금과 같이 4곳의 마을로 DOCG가 구성되었습니다. 현재 산 로꼬 세노 델비오는 바르바레스코 원산지에 속한 마을 중 하나이지만, 알바 원산지를 구성하는 마을이기도 합니다. 또한, 바르바레스코 생산자 협회에 의해 4곳 마을에 위치한 66개의 포도밭 구획Subzone Vineyard 이 MGA로 인정되고 있습니다.

바르바레스코는 '랑게의 젖줄'이라 일컫는 타나로 강 인근에 위치해 있습니다. 타나로 강은 피에몬테 주의 서북방향으로 흐르다가 바롤로 북서쪽 부근에서 동쪽으로 방향을 틀어 알바와 바르바레스코 마을로 흘러 들어갑니다. 특히 바르바레스코 마을은 타나로 강의 영향을 받아 약간의 해양성Maritime 기후를 띠고 있습니다. 강은 안개를 형성하고 기후를 온화하게 해주는 역할을 하고 있어 여름과 겨울은 전반적으로 온화한 편입니다. 바르바레스코는 인근의 바롤로와 비교하면 더 따뜻하고 건조합니다. 그 결과 포도가 빨리 익어 네비올로의 수확은 바롤로 마을보다 일주일 정도 빠른 편입니다. 반면 바롤로 마을은 타나로 강과 대략 15km 정도 떨어져 있어 강의 영향 덜 받으며 표고도 50미터 정도 높기 때문에 기후가 더 서늘한 편입니다.

토양은 바롤로 마을과 전반적으로 비슷합니다. 이곳은 2천 6백만 년~ 7백 만년 전의 마이오세절Miocene Epoch에 형성된 토양으로, 타나로 강에 인접한 포도밭일수록 토양의 지질 연대가 어린 것이 특징입니다. 토양은 각 마을마다 미묘한 차이가 있지만, 대체로 균일한 편입니다. 바르바레스코와 네이베 마을은 토르토나절Tortoniano에 형성된 산타가타 이회토라 불리는 푸른빛을 띠는 석회질의 이회토로 이루어져 있으며, 토양의 밀도는 촘촘합니다.

바르바레스코는 역사 및 생산의 중심 마을로 주요 포도원들이 밀집되어 있으며, 바르바레스코 와인 생산량의 45%를 차지하고 있습니다. 이 마을에는 유명한 크뤼 포도밭들의 대다수가 자리하고 있는데, 특히 남쪽과 남서쪽을 향하는 언덕에 주로 몰려 있습니다. 토양은 산타가타 이회토로, 미네랄 성분이 풍부하며 배수 및 토양의 보수성이 좋아 포도 재배에 매우 적합합니다. 또한 타나로 강의 영향으로 온화한 기후 속에 복합적인 향과 풍미와 함께 단단한 구조감과 우아함을 겸비한 와인이 생산되고 있습니다.

바르바레스코 마을을 대표하는 크뤼 포도밭으로는 아질리Asili, 카반나Cavanna, 콜레Cole, 파셋Faset, 마르티넹가Martinenga, 몬타리발디Montaribaldi, 몬테피코Montefico, 몬테스테파노Montestefano, 오벨로Ovello, 파예Pajè, 포라Pora, 라바야Rabajà, 리오 소르도Rio Sordo, 로깔리니Roccalini, 롱칼리에Roncaglie, 롱칼리에떼Roncagliette, 롱끼Ronchi, 세콘디네Secondine 등이 있으며, 이 중 아질리, 파예, 마르티넹가, 라바야, 세콘디네가 유명합니다. 특히 세콘디네 안에는 안젤로 가야의 소리 산 로렌초, 소리 틸딘, 코스타 루씨 3개의 단일 포도밭이 속해 있습니다. 또한 바롤로 마을의 우수한 생산자인 로아냐 포도원의 파예와 체레토 포도원의 아질리도 유명하며, 마르께지 디 그레지 포도원의 마르티넹가, 브루노 로까와 카쉬나 루이진Cascina Luisin 포도원의 라바야도 품질이 매우 뛰어난 단일 포도밭 명칭의 와인입니다.

바르바레스코 마을의 우수한 생산자로는 안젤로 가야, 브리꼬 아질리Bricco Asili, 카쉬나 루이진, 마르께지 디 그레지Marchesi di Gresy, 쥬세뻬 코르테제Giuseppe Cortese, 라 카노바La Ca'Nova, 모까가따Moccagatta, 알비노 로까Albino Rocca, 브루노 로까Bruno Rocca, 로께 데이 바르바리Rocche Dei Barbari, 프로두또리 델 바르바레스코 등이 있습니다.

네이베는 바르바레스코 북동쪽에 위치한 마을로, 바르바레스코 와인 생산량의 31%를 차지하고 있습니다. 이곳의 포도밭은 비교적 높은 곳에 자리잡고 있으며, 서쪽과 동쪽의 남향 언덕에서 네비올로 품종을 주로 재배하고 있습니다. 반면 북쪽과 평야 지대, 그리고 점토성 토양에서는 모스카토와 돌체또를 재배하고 있는데, 역사적으로 네이베 마을은 뛰어난 품질의 돌체또 와인으로도 유명합니다. 토양은 바르바레스코 마을과 유사한 산타가타 이회토로 높은 표고가 더해져 네비올로가 서서히 익기 때문에 강건한 타닌과 견고한 구조감, 무게감을 지닌 와인이 생산되고 있습니다. 그러나 동쪽에 위치한 포도밭은 토양에 모래 비율이 높아 와인은 타닌과 구조감이 다소 떨어지는 편입니다.

네이베 마을을 대표하는 크뤼 포도밭으로는 알베자니Albesani, 바사린Basarin, 브리꼬 디 네이베Bricco di Neive, 카노바Canova, 코따Cottà, 쿠라Currà, 파우조니Fausoni, 갈리나Gallina, 마르코리노Marcorino, 산 줄리아노San Giuliano, 산토 스테파노Santo Stefano, 세라보엘라Serraboella, 세라카펠리Serracapelli, 스타데리Starderi 등이 있으며, 이중, 브리꼬 디 네이베, 산토 스테파노, 갈리나, 스타데리가 가장 뛰어난 포도밭으로 평가 받고 있습니다. 네이베 마을의 우수한 생산자로는 브루노 쟈코사, 소띠마노Sottimano 등이 있습니다.

트레이조는 남쪽 끝에 위치한 마을로, 바르바레스코 와인 생산량의 31%를 차지하고 있습니다. 트레이조란 단어는 라틴어로 숫자 3을 의미하는데, 로마 시대, 알바 마을에서 시작되는 로마 가도의 세 번째 거점에 위치해 있었기 때문에 지명이 유래되었습니다. 포도밭은 400미터 이상의 표고에 자리잡고 있으며, 바르바레스코 마을 중에서는 가장 높은 곳에 위치해 있습니다.

트레이조와 산 로꼬 세노 델비오 마을은 토르토나절에 비해 2백만 년 전에 형성된 토양으로, 회색 빛의 단단한 이회토와 모래가 샌드위치처럼 층을 이루고 있습니다. 이곳은 타나로 강에서 멀리 떨어져 있고, 표고가 높고 계곡이 길어 끊임없이 바람이 유입되고 있습니다. 온화한 기후와 더불어 낮과 밤의 일교차로 인해 방향성이 뛰어나고 섬세함과 우아함을 겸비한 와인이 생산되고 있습니다. 또한 더운 해에도 트레이조 만의 미세 기후 덕분에 신맛을 잘 유지하는 것이 장점이기도 합니다.

트레이조 마을을 대표하는 크뤼 포도밭으로는 베르나돗Bernadot, 보르디니Bordini, 브리꼬 디 트레이조Bricco di Treiso, 카솟Casot, 카스텔리짜노Castellizzano, 만촐라Manzola, 마르카리니Marcarini, 몬테르시노Montersino, 네르보Nervo, 파요레Pajorè, 리찌Rizzi, 롬보네Rombone, 발레이라노Valeirano 등이 있으며, 이중 파요레는 전통적으로 가장 중요한 크뤼이며, 네르보, 베르나돗이 가장 뛰어난 포도밭으로 평가 받고 있습니다. 트레이조 마을의 우수한 생산자로는 피오렌초 나다Fiorenzo Nada, 리찌Rizzi, 펠리쎄로Pelissero 등이 있습니다.

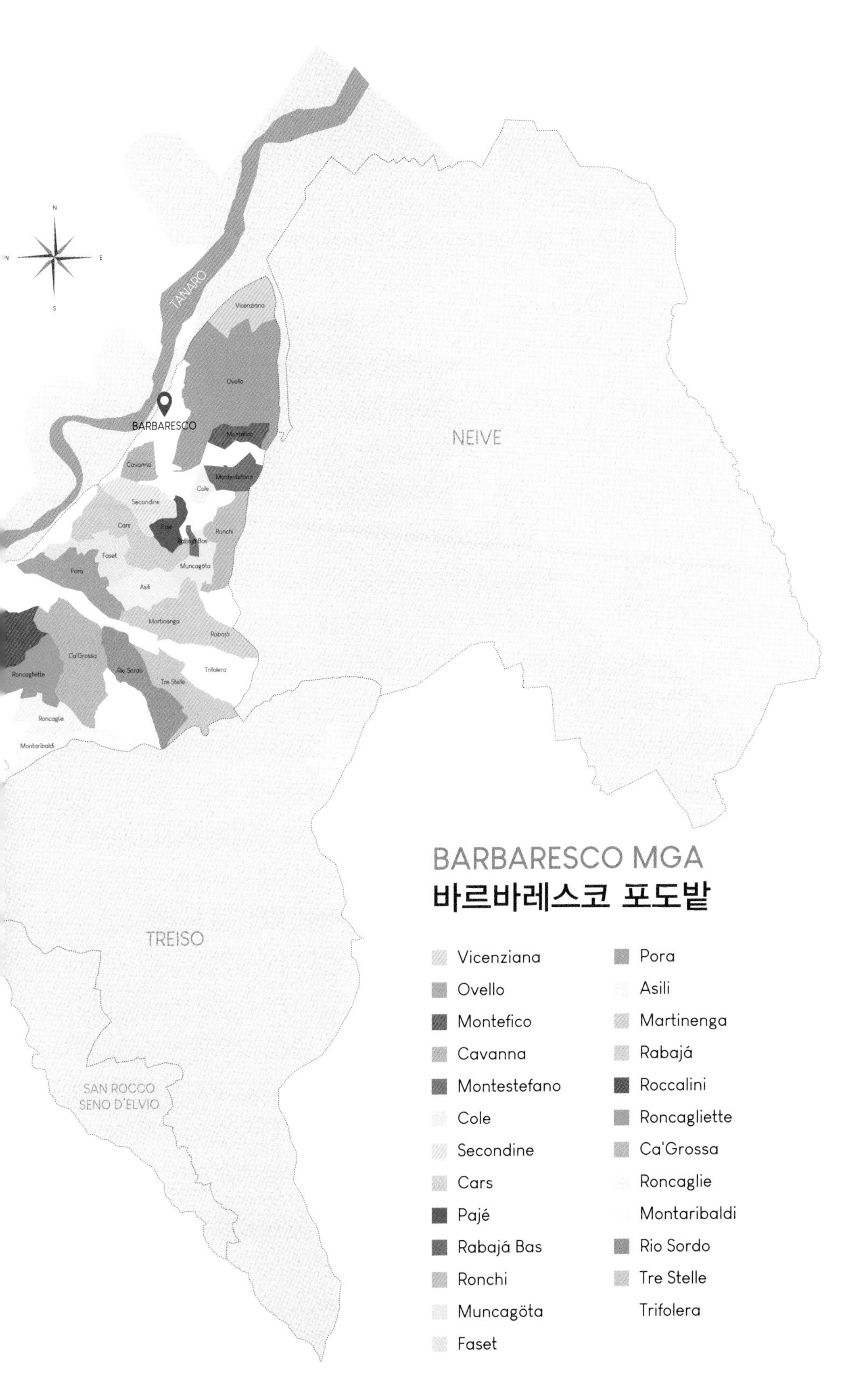
TANARO
BARBARESCO
NEIVE
TREISO
SAN ROCCO
SENO D'ELVIO
N
E
S
Vicenziana
Ovello
Cavanna
Montestefano
Cole
Secondine
Cars
Pajé
Rabajá Bas
Ronchi
Faset
Muncagöta
Pora
Asili
Martinenga
Rabajá
Ca'Grossa
Roncagliette
Rio Sordo
Tre Stelle
Trifolera
Roncaglie
Montaribaldi
BARBARESCO MGA
바르바레스코 포도밭
Vicenziana
Ovello
Montefico
Cavanna
Montestefano
Cole
Secondine
Cars
Pajé
Rabajá Bas
Ronchi
Muncagöta
Faset
Pora
Asili
Martinenga
Rabajá
Roccalini
Roncagliette
Ca'Grossa
Roncaglie
Montaribaldi
Rio Sordo
Tre Stelle
Trifolera

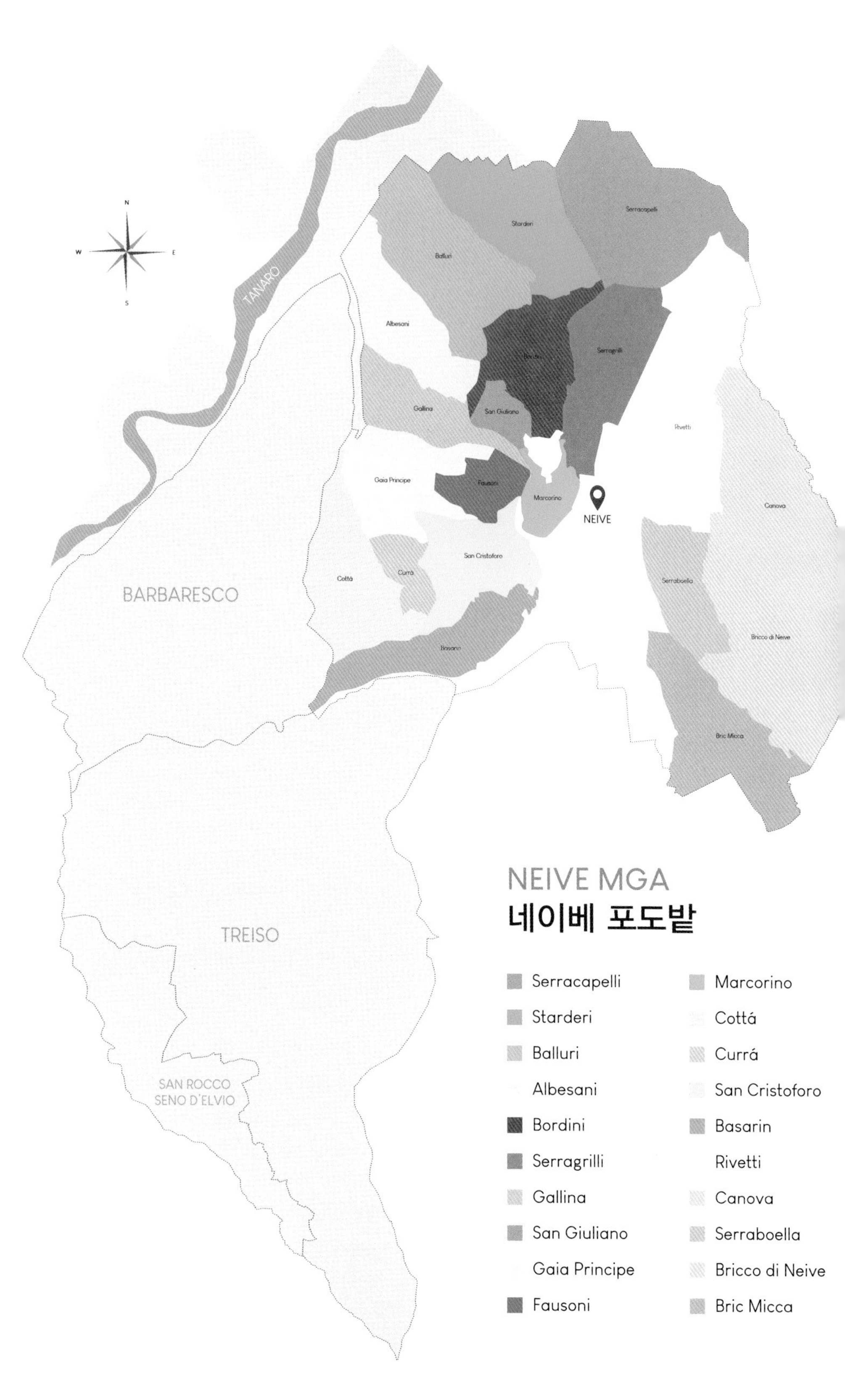
N
W
E
S
TANARO
Serracapelli
Starderi
Balluri
Albesani
Bordini
Serragrilli
Gallina
San Giuliano
Rivetti
Gaia Principe
Fausoni
Marcorino
NEIVE
Canova
San Cristoforo
Cottà
Currà
Serraboella
BARBARESCO
Bricco di Neive
Basarin
Bric Micca
TREISO
SAN ROCCO
SENO D'ELVIO
NEIVE MGA
네이베 포도밭
Serracapelli
Starderi
Balluri
Albesani
Bordini
Serragrilli
Gallina
San Giuliano
Gaia Principe
Fausoni
Marcorino
Cottá
Currá
San Cristoforo
Basarin
Rivetti
Canova
Serraboella
Bricco di Neive
Bric Micca

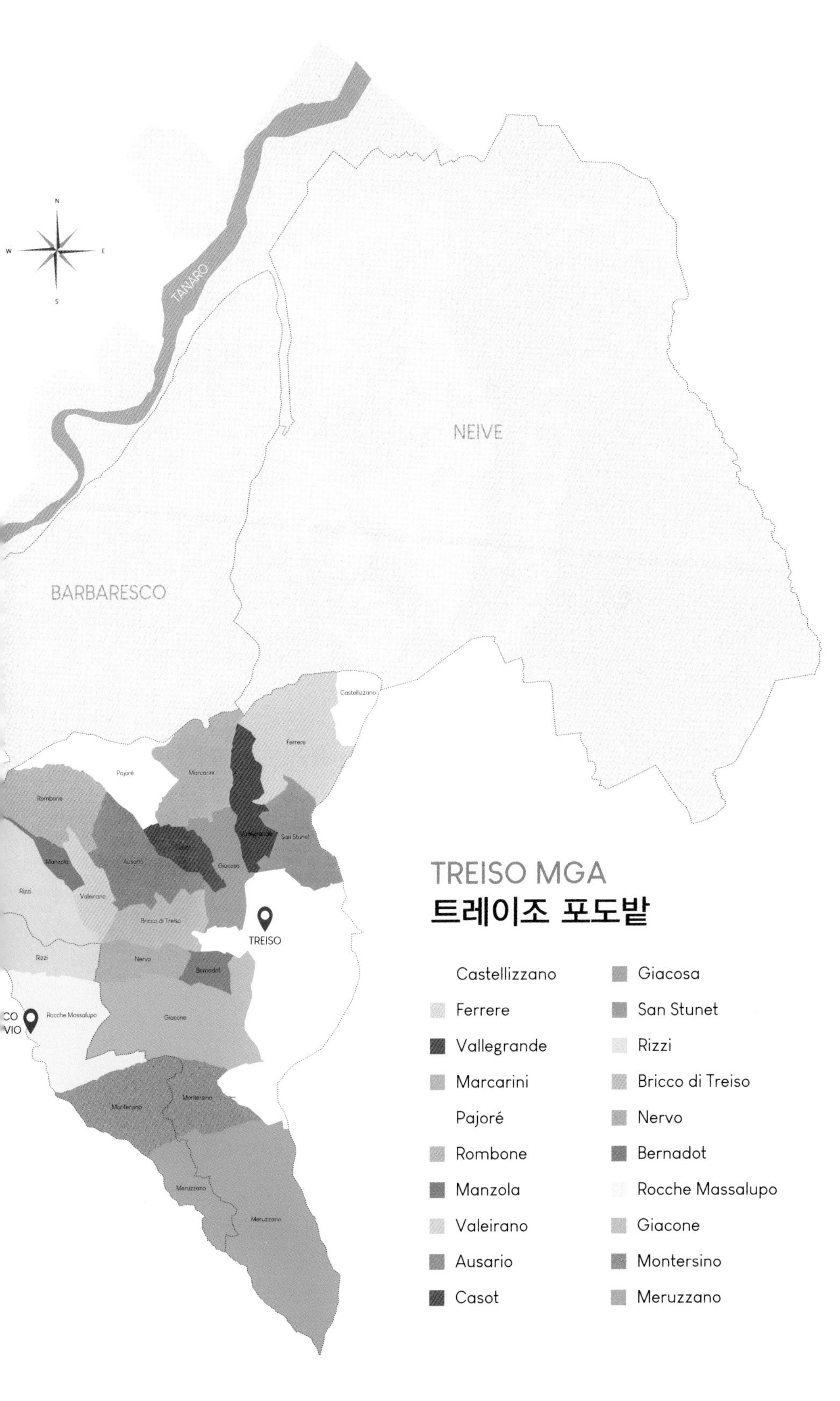

N
W
E
S
TANARO
NEIVE
BARBARESCO
Castellizzano
Ferrere
Pajoré
Marcarini
Rombone
Vallegrande
San Stunet
Casot
Manzola
Ausario
Giacosa
Rizzi
Valeirano
Bricco di Treiso
TREISO
Rizzi
Nervo
Bernadot
Rocche Massalupo
Giacone
Montersino
Montersino
Meruzzano
Meruzzano
TREISO MGA
트레이조 포도밭
Castellizzano
Ferrere
Vallegrande
Marcarini
Pajoré
Rombone
Manzola
Valeirano
Ausario
Casot
Giacosa
San Stunet
Rizzi
Bricco di Treiso
Nervo
Bernadot
Rocche Massalupo
Giacone
Montersino
Meruzzano

바르바레스코 와인에 관해

와인 애호가들 사이에서 '바롤로가 왕이라면 바르바레스코는 여왕'이라고 자주 언급하곤 합니다. 두 와인 모두 네비올로로 만들지만, 떼루아 차이로 인해 바롤로가 훨씬 타닌이 풍부하고 구조감이 견고한 반면, 바르바레스코는 부드러운 타닌의 우아함을 지니고 있습니다. 전통적인 바르바레스코 와인은 체리, 장미, 제비꽃, 감초, 송로버섯 등의 향을 느낄 수 있으며, 병 숙성을 통해 가죽, 타르, 흙 내음과 같은 야생적인 뉘앙스의 향이 강하게 느껴집니다. 일반적으로 와인의 수명은 바롤로에 비해 짧은 편으로, 5~10년 정도 숙성 가능합니다. 그러나 우수한 생산자의 단일 포도밭에서 만든 와인의 경우 20년 이상까지 긴 수명을 자랑하기도 합니다.

DOCG 규정에 따라 바르바레스코는 4개 마을에서 재배된 네비올로를 단일 품종으로 생산해야 합니다. 포도밭은 평지를 제외하고 최고 540미터까지 포도 재배를 허가하고 있으며, 법적 최소 알코올 도수는 12.5%입니다.

바르바레스코는 법적으로 수확 이후, 최소 26개월 동안 숙성을 거쳐야 출시가 가능한데, 이 기간 중 최소 9개월은 오크통에서 숙성시켜야 합니다. 또한 리제르바 생산도 가능합니다. 리제르바를 표기하기 위해서는 수확 이후, 최소 50개월 동안 숙성을 거쳐야 출시가 가능하며, 이 기간 중 9개월은 오크통에서 숙성시켜야 합니다.

바르바레스코 포도밭의 등급화

19세기 후반, 바르바레스코 마을에서는 부르고뉴 지방과 같이 포도밭을 크뤼로 분류하려는 시도가 있었습니다. 1960년대, 저명한 이탈리아 평론가인 루이지 베로넬리Luigi Veronelli를 시작으로, 1970년대에 몇몇 전문가들과 포도 재배자 사이에서 크뤼 포도밭을 분류하는 작업을 진행했습니다. 대규모 네고시앙에서도 우수한 품질의 포도가 생산되는 포도밭을 분류하였는데, 이 목록에는 바르바레스코 마을의 아질리, 마르티넹가, 몬테피코, 몬테스테파노, 라바야 포도밭과 네이베 마을의 알베자니, 산토 스테파노, 브리꼬 디 네이베, 갈리나 포도밭, 그리고 트레이조 마을의 파요레 포도밭이 포함되어 있습니다.

2007년에 바르바레스코 생산자 협회Barbaresco Consorzio는 '추가적인 지리 표기'를 의미하는 MGA 시스템을 도입했습니다. 4곳 마을의 65개 포도밭 구획을 MGA로 인정했고, 2010년에 1개를 추가하여, 현재 66개의 포도밭 구획이 MGA로 인정되고 있습니다. 바르바레스코 생산자 협회가 MGA 시스템을 통해 마을 내 포도밭의 경계선을 책정한 것은 포도밭의 과잉 확장과 지역 내 토지의 무분별한 개간을 막기 위해서입니다. 현재 이탈리아에서는 바롤로 및 바르바레스코 마을을 중심으로 MGA 시스템이 도입되어 있으며, 두 마을의 승인된 MGA에서 만든 경우, 와인 라벨에 포도밭을 뜻하는 비냐Vigna란 용어와 함께 MGA 명칭을 표기할 수 있습니다.

바롤로와 바르바레스코의 차이

바롤로와 바르바레스코 마을은 대략 16km 미만의 가까운 거리에 위치해 있습니다. 두 마을 모두 공통적으로 네비올로 단일 품종으로 레드 와인을 생산하고 있지만, 생산되는 와인은 뚜렷한 차이를 느낄 수 있습니다. 우선 떼루아에 의한 침용 기간의 차이를 들 수 있습니다. 바르바레스코 마을은 타나로 강의 영향과 함께 바롤로 마을에 비해 표고가 50미터 정도 낮기 때문에 기후가 더 따뜻하며, 네비올로가 조금 더 빨리 익습니다. 그에 따라 네비올로의 타닌 성분이 적게 생성되고, 양조 과정에서 침용 기간 역시 짧아지게 됩니다. 결과적으로 바르바레스코 와인은 떫은 맛이 강하지 않기에 DOCG 규정도 바롤로 와인에 비해 1년 정도 더 짧게 숙성시켜 출시하고 있습니다. 반면 바롤로 마을은 타나로 강의 영향을 덜 받고 표고도 높기 때문에 기후가 서늘하며, 네비올로가 더 늦게 익는 경향이 있습니다. 바르바레스코의 네비올로보다 타닌 성분이 더 많이 생성되고, 양조 과정에서 침용 기간은 상대적으로 길어지게 됩니다. 그 결과, 바롤로 와인은 떫은 맛이 강해 DOCG 규정도 바르바레스코 와인에 비해 1년 정도 더 길게 숙성시켜 출시하고 있습니다. 다만, 바롤로 마을은 바르바레스코 마을에 비해 원산지를 구성하는 마을이 훨씬 더 많기 때문에 와인 캐릭터를 단순하게 일반화시키는 것은 쉽지 않습니다. 특히 바롤로 11곳의 마을 중 바롤로, 라 모라 마을은 바르바레스코 마을과 떼루아가 비슷하기에 와인 캐릭터도 닮았다는 얘기를 많이 듣습니다.

두 와인의 또 다른 차이점은 타닌의 특성과 수명입니다. 바르바레스코 와인은 타닌이 금세 부드러워지는 경향이 있어 대체로 빨리 소비할 수 있는 반면, 바롤로 와인은 타닌이 거칠고 많아 병 숙성을 거쳐 마시는 것이 좋습니다. 일반적으로 바르바레스코 와인의 수명은 5~10년 정도로 짧은 것에 비해, 바롤로 와인은 10년 이상으로 긴 편입니다. 또한 두 와인은 최소 알코올 도수 규정도 차이가 있습니다. 법적 최소 알코올 도수는 바롤로 와인이 13%, 바르바레스코 와인이 12.5%인데, 바르바레스코 와인이 상대적으로 가볍게 느껴지는 이유 중 하나가 알코올 도수의 차이 때문입니다.

이처럼 두 와인은 차이점을 지니고 있지만, 이탈리아를 대표하는 최고의 와인인 것은 확실합니다. 연간 생산량에 있어서는 바롤로 마을이 대략 3배 정도 많이 생산하고 있으며, 시장에서도 쉽게 찾아볼 수 있습니다. 그와 상반되게 바르바레스코는 시장에서 쉽게 볼 수는 없지만, 대신 더 작은 마을에서 생산되기 때문에 와인 품질에 일관성을 지니고 있습니다.

바롤로와 바르바레스코의 차이

바르바레스코는 타나로 강의 영향과 더불어 바롤로에 비해 표고가 50미터 정도 낮기 때문에 기후가 더 따뜻하며, 네비올로가 조금 더 빨리 익습니다. 그에 따라 네비올로의 타닌 성분이 적게 생성되고, 양조 과정에서도 침용 기간 역시 짧아지게 됩니다. 결과적으로 바르바레스코 와인은 타닌이 강하지 않기에 DOCG 규정도 바롤로 와인에 비해 1년 정도 더 짧게 숙성시켜 출시하고 있습니다. 반면, 바롤로는 타나로 강의 영향을 덜 받고 표고도 높기 때문에 기후가 서늘하며, 네비올로가 더 늦게 익는 경향이 있습니다. 바르바레스코의 네비올로보다 타닌이 더 많이 생성되고, 양조 과정에서 침용 기간은 상대적으로 길어지게 됩니다. 그 결과, 바롤로 와인은 떫은 맛이 강해 DOCG 규정도 바르바레스코 와인에 비해 1년 정도 더 길게 숙성시켜 출시하고 있습니다.

LANGH
랑

피에몬테 주의 쿠네오 지방에 있는 랑게는 타나로 강의 동쪽과 알바 마을의 남쪽에 있는 생산 지구입니다. 랑게란 지명은 길고 낮은 언덕을 의미하는 지방 방언인 랑가의 복수형 단어에서 유래되었는데, 실제로 주변에는 언덕이 많이 있습니다.

알바 마을에서는 바르베라 달바 DOC, 돌체또 달바 DOC, 네비올로 달바 DOC 등의 레드 와인을 주로 생산하고 있습니다.

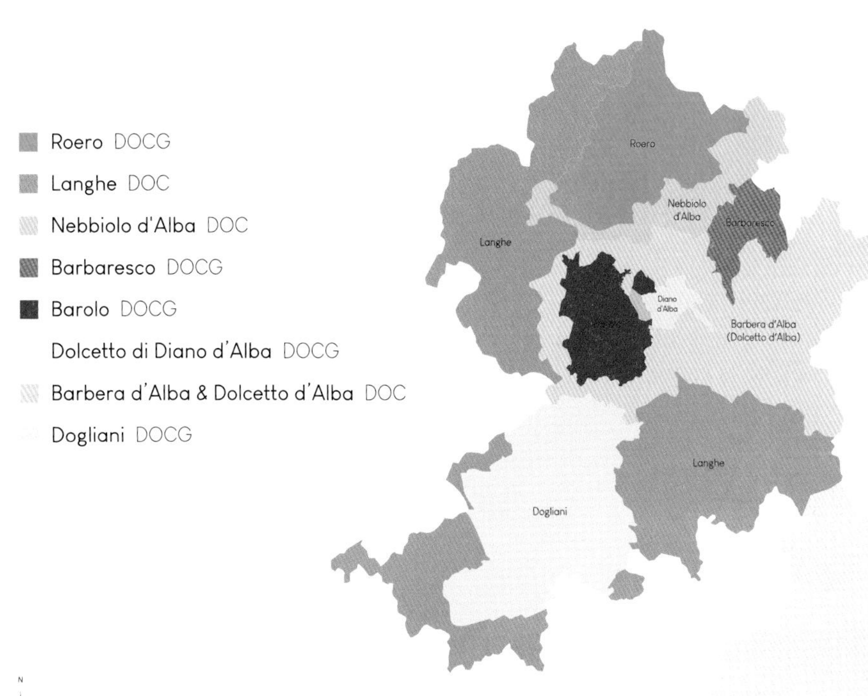

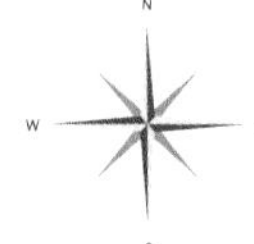

- 랑게(Langhe)

피에몬테 주의 쿠네오Cuneo 지방에 있는 랑게는 타나로 강의 동쪽과 알바 마을의 남쪽에 위치한 생산 지구입니다. 랑게란 지명은 '길고 낮은 언덕'을 뜻하는 지방 방언인 랑가Langa의 복수형 단어에서 유래되었는데, 실제로 주변에는 언덕이 많이 있습니다. 또한 2014년, 랑게 지구는 일부 문화 경관과 함께 오랜 역사를 지닌 포도 재배 및 와인 양조의 전통을 인정받아 유네스코의 세계 문화 유산으로 지정되었습니다.

랑게 지구는 유명한 바롤로, 바르바레스코 원산지를 포함하고 있으며, 바롤로와 바르바레스코 생산자들은 종종 랑게 네비올로의 지구 명칭으로 와인을 생산하기도 합니다. 이런 이유로 랑게 네비올로는 피에몬테 주에서 가격 대비 품질이 좋다는 평가를 받고 있습니다. 가장 포괄적인 원산지 명칭이 랑게Langhe DOC로, 1994년 DOC 지위를 획득했습니다. 이곳은 알바 마을의 남쪽에 위치하고, 94개의 마을로 이루어져 있습니다. 타나로 강 우안의 점토질 이회토에서 네비올로, 돌체또, 바르베라, 프레이자Freisa 적포도 품종과 아르네이스, 파보리타Favorita, 샤르도네 청포도 품종을 재배하고 있으며, 레드·화이트·로제 와인을 생산하고 있습니다.

과거, 랑게 지구는 품질 낮은 테이블 와인의 산지로 여겼으나, 지금은 외래 품종을 허가하고 있는 DOC 규정에 따라 랑게 샤르도네Langhe Chardonnay DOC와 같은 고품질 와인이 등장하기 시작했습니다. 또한 2000년, 안젤로 가야는 자신의 명성을 만들어준 소리 산 로렌초, 소리 틸딘, 코스타 루씨의 바르바레스코 와인을 랑게 DOC로 강등해서 판매했습니다. 이렇게 하면 까베르 쏘비뇽, 메를로, 씨라 등의 외래 품종을 최대 15%까지 사용할 수 있게 됩니다. 하지만 안젤로의 딸, 가이아 가야Gaia Gaja의 영향력이 커지면서 2013빈티지부터는 다시 바르바레스코 DOCG로 복귀했으며, 네비올로 100%로 생산되고 있습니다. 참고로 안젤로 가야는 3개의 단일 포도밭 명칭 와인을 1996~2011빈티지까지 네비올로 95%, 바르베라 5% 블렌딩해 생산했는데, 네비올로만을 사용해야 하는 바르바레스코 DOCG 규정에 어긋났기 때문에 랑게 DOC로 일부로 강등해 출시했습니다.

이외에 레드 와인으로는 랑게 네비올로Langhe Nebbiolo DOC, 랑게 프레이자Langhe Freisa DOC 등이 있습니다. 랑게 네비올로 DOC는 랑게 DOC와는 달리 네비올로 단일 품종으로 생산되는 와인으로, 바롤로와 바르바레스코에 비해 가격이 저렴해 접근성이 좋습니다.
랑게 프레이자 DOC는 프레이자 단일 품종으로 만든 와인입니다. 토착 품종인 프레이자는 네비올로와 유사한 높은 타닌과 산도를 지닌 품종으로, 1880년대까지 피에몬테 주에서 널리 재배되었습니다. 당시 재배업자들은 이 품종이 노균병과 곰팡이병에 저항성이 강하다는 이유로 선호했고, 양조 과정에서 높은 타닌을 완화하기 위해 잔당을 남겨 단맛을 지니게 만들었습니다. 또한 약간의 탄산가스도 지니고 있었는데 이러한 전통은 비교적 최근까지 이어졌습니다. 그러나 로버트 파커와 휴 존슨 등의 와인 평론가들이 '역겨운 와인'이라고 프레이자를 비판하면서 생산자들은 변화를 주기 시작했습니다. 지금은 전통적인 방식을 버리고 네비올로와 같이 드라이 타입으로 만들고 있으며, 딸기, 라즈베리, 제비꽃 등의 향의 산뜻한 와인으로 탈바꿈했습니다.

화이트 와으로는 랑게 아르네이스Langhe Arneis DOC, 랑게 파보리타Langhe Favorita DOC 등이 있습니다. 랑게 아르네이스 DOC는 토착 품종인 아르네이스로 만든 화이트 와인으로, 방향성이 풍부하며 이 지역의 생선 요리와 아주 잘 어울립니다. 특히 이 품종은 인근의 로에로Roero DOCG로 유명합니다.

랑게 파보리타 DOC를 만드는 파보리타는 베르멘티노Vermentino와 동일한 품종입니다. 파보리타는 이탈리아어로 '좋아하는 것'이라는 의미를 지니고 있으며, 강렬한 배 향이 인상적이지만 아르네이스보다 수명이 짧아 빨리 소비하는 것이 좋습니다.

- 알바(Alba)

흰색 송로버섯White Truffle으로 유명한 알바 마을에서는 바르베라 달바Barbera d'Alba DOC, 돌체또 달바Dolcetto d'Alba DOC, 네비올로 달바Nebbiolo d'Alba DOC 등의 레드 와인을 주로 생산하고 있습니다. 바르베라 달바 DOC는 바르베라 품종으로 만든 레드 와인으로, DOC 규정에 따라 바르베라를 최소 85% 이상 사용해야 하며, 네비올로는 최대 15%까지 사용 가능합니다. 바르베라 달바는 과실 향이 강하고 상쾌한 신맛과 함께 무게감이 느껴지는 와인입니다. 또한 하위 지역인 카스텔리날도Castellinaldo와 수페리오레 표기가 가능합니다. 카스텔리리날도는 2021년 바르베라 달바의 하위 지역으로 인정되었으며, 이곳에서 만든 바르베라 와인은 바르베라 달바와 함께 카스텔리날도 명칭을 라벨에 표기할 수 있습니다. 또한, 수페리오레 표기를 위해서는 최소 12개월 동안 숙성을 거쳐야 하며, 이 기간 중 최소 4개월은 오크통에서 숙성시켜야 합니다.

돌체또 달바 DOC는 돌체또 단일 품종으로 만든 와인으로, 1974년 DOC 지위를 획득했으며, 26개 마을로 이뤄져 있습니다. 특히 돌리아니Dogliani DOCG에서 최고의 돌체또 와인인 생산되고 있습니다. 1974년 돌체또 디 돌리아니Dolcetto di Dogliani DOC로 시작해 2005년에 DOCG 등급으로 승격되어 돌리아니 DOCG의 원산지 명칭이 되었습니다. 돌리아니 DOCG는 21개의 마을로 구성되어 있고, 현재 76개의 포도밭 구획이 MGA로 인정되고 있습니다. 돌리아니 와인은 돌체또 달바에 비해 구조감이 뛰어나며, 강렬한 검은색 과실 향과 오크 숙성을 통한 커피, 초콜릿 등의 풍미가 특징입니다.

네비올로 달바 DOC는 네비올로 단일 품종으로 만든 레드 와인으로, 품질은 랑게 네비올로에 비해 다소 떨어지는 편입니다. DOC 규정에는 스위트 와인인 돌체Dolce와 스파클링 와인인 스푸만테Spumante도 생산 가능하지만, 둘 다 거의 만들지 않습니다.

- 가비(Gavi DOCG): 1,570헥타르

정식 명칭은 코르테제 디 가비Cortese di Gavi DOCG로, 리구리아 주 바로 북쪽, 피에몬테 주의 알레싼드리아 지방에 위치해 있는 화이트 와인 산지입니다. 1974년 DOC 지위를 획득해 1998년 DOCG 등급으로 승격되었으며, 원산지는 가비 마을을 포함해 11개 마을로 이루어져 있습니다.

가비 DOCG는 코르테제 단일 품종으로 만든 드라이 화이트 와인입니다. 17세기, 가비 마을은 코르테제 와인을 만들었는데, 지금과 같이 드라이 타입으로 만들기 시작한 것은 1876년부터입니다. 코르테제는 산도가 높은 품종으로, 신선한 맛을 잘 느낄 수 있으며, 부싯돌과 유사한 풍미를 지니고 있습니다. 오늘날 코르테제는 피에몬테 주에서 가장 높은 평가를 받는 품종이기도 합니다.

DOCG 규정에 따라 가비는 리제르바와 가비 디 가비Gavi di Gavi로 표기할 수 있습니다. 리제르바를 표기하기 위해서는 최소 12개월 동안 숙성을 거쳐야 하며, 이 기간 중 최소 6개월은 병에서 숙성시켜야 합니다. 또한 11개 마을 중 가비 단일 마을에서 생산된 와인은 가비 디 가비로 표기할 수 있습니다.

DOCG 규정에는 드라이 화이트 와인뿐만 아니라 스푸만테 생산도 가능합니다. 가비 스푸만테는 코르테제 단일 품종으로 만들어야 하며, 샤르마Charmat 방식 및 메토도 클라씨코Metodo Classico라 하는 전통 방식을 선택하여 생산할 수 있습니다. 대형 가압 탱크에서 탄산가스 발효를 진행하는 샤르마 방식으로 만들 경우, 최소 6개월 효모 숙성을 거쳐야하며, 병 내 2차 탄산가스 발효를 진행하는 전통 방식으로 만들 경우, 최소 9개월 효모 숙성을 거쳐야 합니다. 또한 리제르바를 표기할 수 있는데, 이를 위해서는 반드시 메토도 클라씨코 방식으로만 생산해야 합니다. 그리고 최소 24개월 동안 숙성을 거쳐야 하며, 이 기간 중 최소 18개월은 효모 숙성을 시켜야 합니다. 이처럼 가비는 스푸만테 생산도 허가하고 있지만, 대부분의 생산자들은 드라이 화이트 와인으로 생산하고 있습니다.

- 로에로(Roero DOCG): 843헥타르

로에로는 바롤로 마을의 북서쪽, 타나로 강의 반대편에 위치한 와인 산지로, 중세 시대 이곳을 지배했던 은행가이자 무역상이었던 로에로 가문의 이름에서 지명이 유래되었습니다. 현재 화이트·레드·스푸만테 생산이 가능한데, 이 중에서 화이트 와인이 가장 인지도가 높고, 품질 또한 우수합니다. 로에로는 1985년에 DOC 지위를 획득해, 2004년 DOCG 등급으로 승격되었으며, 원산지는 19개 마을로 이루어져 있습니다. 그러나 승격 과정에서 레드 와인은 네비올로에 소량의 아르네이스를 블렌딩하는 것을 허가해줘 논쟁이 일기도 했습니다. 아르네이스를 허가해 준 이유는 네비올로의 강한 타닌을 부드럽게 해주는 역할을 담당했기 때문입니다.

로에로 아르네이스Roero Arneis DOCG는 아르네이스를 최소 95% 이상 사용해야 하며, 나머지는 피에몬테 주의 청포도 품종을 블렌딩할 수 있습니다. 전통적으로 아르네이스는 달콤한 와인으로 만들었지만, 오늘날에는 드라이 타입으로 생산되고 있습니다. 이 품종은 오랫동안 잊혀졌던 존재였으나, 1970년대 브루노 쟈코사, 비에띠Vietti 2명의 생산자에 의해 부활의 신호탄을 알렸습니다. 또한, 토리노 농업 대학교에서의 연구 성과가 농가에게 전해지면서 뛰어난 포도나무 묘목이 심어지게 되었고, 1980년대 피에몬테 주의 화이트 와인이 르네상스를 맞이하면서 아르네이스의 재배 면적도 크게 증가하기 시작했습니다.

아르네이스는 산도가 낮은 품종으로, 9월 이후에 수확하면 너무 익는 경향이 있어 재배가 무척 까다롭습니다. 또한 흰가루병에 쉽게 걸리고 산화도 잘 되어 재배자들이 기피했으나, 브루노 쟈코사, 비에띠와 같은 생산자들의 노력에 의해 마침내 우수한 와인이 생산되게 되었습니다. 현재 로에로 지역의 백악질의 모래 토양에서는 높은 신맛의 구조감이 좋은 와인이 생산되고 있는 반면, 모래, 점토 토양에서는 이국적인 향의 우아한 와인이 생산되고 있습니다. 로에로 아르네이스 DOCG는 배, 살구, 복숭아, 아몬도, 풀내음, 꽃 등 방향성이 화려하고 바디감이 있는 편이지만, 오크 숙성을 거치게 되면 바디감은 더욱 묵직해집니다.

로에로 로쏘Roero Rosso DOCG는 네비올로를 최소 95% 이상 사용해야 하며, 나머지는 아르네이스 및 적포도 품종의 블렌딩을 허가하고 있습니다. 네비올로는 로에로 언덕의 모래 토양에서 재배되고 있고, 편하게 마실 수 있는 와인을 생산하고 있습니다.

AS
아스

Barbera d'Asti DOC

Nizza DOCG

Asti DOCG

Dolcetto d'Asti DOC

Dolcetto di Ovada DOC

Gavi DOCG

- 아스티(Asti DOCG): 8,236헥타르

아스티와 알바 마을을 중심으로 피에몬테 주 남동부 전역에서 생산되고 있는 원산지 명칭입니다. 아스티 남쪽에 위치한 지역에서 생산량의 90%를 차지하고 있으며, 알바 마을과 바롤로의 몬포르테 달바 마을, 그리고 바르바레스코의 네이베, 트레이조 마을에서도 일부 생산되고 있습니다. 이탈리아의 최대 원산지로, 1967년 DOC 지위를 획득해 1993년 DOCG 등급으로 승격되었으며, 거의 대부분 스파클링 와인을 생산하고 있지만, 소량의 디저트 와인도 생산 가능합니다.

스파클링 와인으로는 모스카토 다스티Moscato d'Asti DOCG와 아스티Asti DOCG가 있습니다. 가장 유명한 모스카토 다스티 DOCG는 스파클링 와인 생산량의 41%를 차지하고 있습니다. DOCG 규정에 따라 모스카토 비안코를 최소 97% 사용해야 하며, 나머지는 허가된 품종의 블렌딩이 가능합니다.

모스카토 다스티는 아스티 스푸만테에 비해 탄산가스 압력이 낮은 프리짠테Frizzante라는 세미-스파클링 와인으로, 가압 탱크에서 탄산가스 발효를 진행해 만들어야 합니다. 이러한 방식을 샤르마 또는 마르티노띠Martinotti 방식이라 하는데, 1895년 이탈리아의 페데리코 마르티노띠Federico Martinotti에 의해 최초로 개발되어 특허를 받은 기술입니다. 그러나 1907년 프랑스 발명가인 위젠 샤르마Eugène Charmat가 더 발전된 기술을 선보이면서 새롭게 특허를 받아 현재 샤르마 방식으로 잘 알려져 있습니다.

모스카토 다스티의 제조 과정을 좀 더 자세히 살펴보면, 우선 스테인리스 스틸의 가압 탱크에 베이스 와인을 넣고 설탕과 효모를 첨가합니다. 이후 폐쇄된 가압 탱크에서 저온으로 2차 탄산가스 발효를 진행하는데, 이때 생성된 이산화탄소는 대기로 빠져나가지 못하고 가압 탱크 안에서 와인에 용해되게 됩니다. 탄산가스 발효가 끝나게 되면, 효모는 여과 작업을 거쳐 제거한 뒤, 이산화탄소가 용해된 와인을 병입하게 됩니다. 특히 이 과정에서 탄산가스 발효 기간은 품질에 큰 영향을 미칩니다. 탄산가스 발효 기간을 길게 하면 와인의 아로마를 더 잘 보존할 수 있고, 더 미세하고 지속력이 좋은 탄산가스를 얻을 수 있게 됩니다.

샹빠뉴 지방의 전통 방식과 비교하면 아주 저렴한 비용으로 와인을 생산할 수 있는 장점도 가지고 있지만, 대신 탄산가스의 압력이 낮은 것이 단점입니다. 따라서 DOC 규정상, 모스카토 다스티의 탄산가스 압력은 2.5기압을 초과해서는 안됩니다. 법적 알코올 도수는 최소 4.5~최대 6.5%로 규정하고 있으며, 잔여 당분은 리터당 약 80g 정도를 지니고 있습니다.

모스카토 다스티 DOCG 와인은 과실, 꽃 향 등 방향성이 화려하고 달콤한 맛과 함께 향긋한 풍미가 특징입니다. 모스카토 다스티의 우수한 생산자로는 파올로 사라꼬Paolo Saracco, 간치아Gancia, 브루노 쟈코사, 라 스피네따La Spinetta, 체레또, 브루노 로까, 콘트라또Contratto, 등이 있으며, 이중 파올로 사라꼬는 뛰어난 숙성 잠재력을 지닌 최고의 생산자로 평가 받고 있습니다.

모스카토 다스티 중 벤뎀미아 타르디바Moscato d'Asti Vendemmia Tardiva DOCG도 일부 생산되는데, 늦게 수확한 포도로 만든 와인입니다. DOCG 규정에 따라 모스카토 비안코를 최소 97% 사용해야 하며, 나머지는 허가된 품종의 블렌딩이 가능합니다.

또 다른 하나인 아스티 DOCG는 스파클링 와인 생산량의 59%를 차지하고 있습니다. 아스티 지역에서 최초로 스파클링 와인이 생산된 것은 1870년경으로, 샹빠뉴 지방의 전통 방식을 연구한 카를로 간치아Carlo Gancia에 의해 처음 생산되었다고 알려져 있습니다. 당시 간치아가 카넬리Canelli 마을에서 만든 와인은 인기가 꽤 높았는데, 그 명성을 반영하듯, 현재 DOCG 규정으로 카넬리 마을에서 생산된 모스카토 다스티는 라벨에 카넬리 마을 명칭을 표기할 수 있습니다.

이후에도 아스티의 인기는 여전히 지속되었고, 제2차 세계 대전이 끝난 후, 전쟁에 참여한 미군들이 본국으로 돌아가면서 이 지역 가볍고 달콤한 와인을 가져갔던 것이 폭발적인 수요로 이어지게 되었습니다. 아스티 생산자들은 급격하게 증가한 수요를 맞추고자 많은 양의 와인을 만들어야 했고, 병 내 2차 탄산가스 발효를 행하는 전통 방식 대신 샤르마 방식의 대량 생산 체계로 전환하게 되었습니다.

미국과 영국 시장을 강타한 아스티 스푸만테는 와인 애호가들 사이에서 '가난한 자의 샴페인'이라 불리기도 했습니다. 이러한 이미지는 20세기 전반에 걸쳐 이어졌고, 아스티 생산자들은 새로운 이미지를 위해 원산지의 이름을 변경했습니다. 1967년 DOC 등급이었을 때만 해도 아스티 스푸만테로 원산지 명칭을 사용했지만, 1993년 DOCG 등급으로 승격되면서 스푸만테란 단어를 버리고 아스티로 원산지 명칭을 바꾸었습니다.

또한 스타일의 변화도 주었습니다. 2017년 이전까지 아스티는 모두 달콤한 돌체 타입이었는데, 2020년 DOCG 규정을 개정하면서 샹빠뉴처럼 드라이부터 스위트까지 모든 타입의 생산이 가능해졌습니다. 현재 아스티는 DOCG 규정에 따라 모스카토 비안코를 최소 97% 사용해야 하며, 나머지는 허가된 품종의 블렌딩이 가능합니다. 아스티는 샤르마 방식으로 생산 가능하며, 가압 탱크에서 최소 1개월 동안 숙성을 거쳐야 합니다. 다만, 아스티 메토도 클라씨코Asti Metodo Classico라 표기된 경우에는 전통 방식에 따라 병 내 2차 탄산가스 발효를 거쳐 만들어야 하며, 최소 9개월 효모 숙성을 거쳐야 합니다.

METODO CHARMA
샤르마 양조 방식

포도 수확

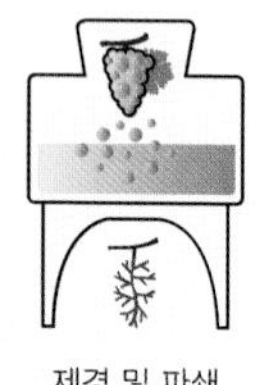

제경 및 파쇄

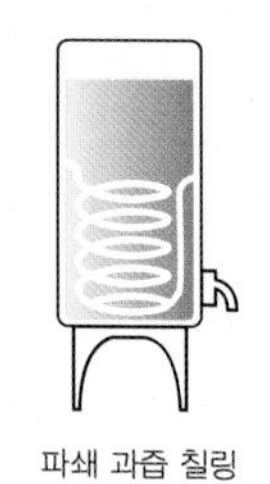

파쇄 과즙 칠링

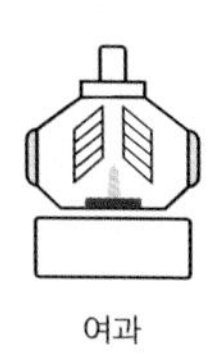

여과

알코올 발효

압착

2차 탄산가스 발효

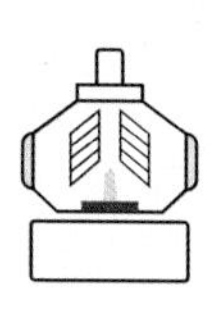

저온 여과

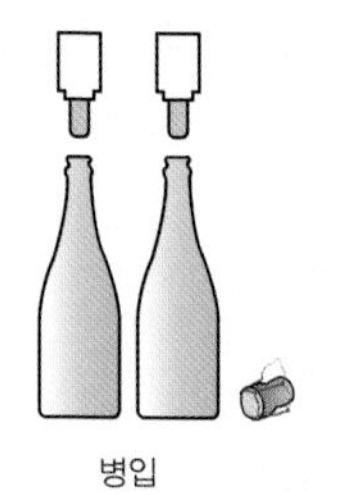

병입

모스카토 다스티는 스테인리스 스틸의 가압 탱크에 베이스 와인을 넣고 설탕과 효모를 첨가한 이후 폐쇄된 가압 탱크에서 저온으로 2차 탄산가스 발효를 진행합니다. 이렇게 생성된 CO_2는 대기로 빠져나가지 못하고 가압 탱크 안에서 와인에 용해되게 됩니다. 탄산가스 발효가 끝나게 되면, 효모는 여과 작업을 거쳐 제거한 뒤, 이산화탄소가 용해된 와인을 병입하게 됩니다. 특히 이 과정에서 탄산가스 발효 기간은 품질에 큰 영향을 미칩니다.

ALTO PIEMONTE
알토 피에몬테

피에몬테 주의 북쪽에 위치한 알토 피에몬테는 네비올로 품종을 기반으로 우아한 스타일의 레드 와인을 생산하고 있으며, 대표적인 원산지로는 가티나라 DOCG, 겜메 DOCG, 레쏘나 DOC 등이 있습니다.

- Valli Ossolane DOC
- Lessona DOC
- Bramaterra DOC
- Gattinara DOCG
- Ghemme DOCG
- Sizzano DOC
- Fara DOC
- Boca DOCG

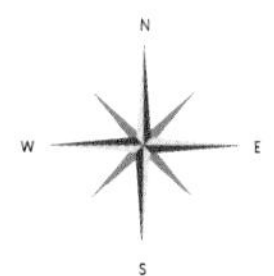

알토 피에몬테(Alto Piemonte)

알토 피에몬테는 피에몬테 주의 북쪽에 위치한 와인 산지로, 과거 바롤로와 바르바레스코 마을보다 유명했으나, 필록세라 피해에 의해 쇠퇴했다가 지금 다시 부활하기 시작했습니다. 이 지역은 전반적으로 위도가 높고 서늘한 대륙성 기후를 띠고 있으며, 최근 들어 지구 온난화가 가속화됨에 따라 각광받는 산지가 되었습니다. 네비올로 품종을 기반으로 우아한 스타일의 레드 와인을 만들고 있으며, 대표적인 원산지로는 가티나라 DOCG, 겜메 DOCG, 레쏘나 DOC 등이 있습니다.

가티나라Gattinara DOCG는 피에몬테 주의 북부에 위치한 작은 마을로, 재배 면적도 93헥타르 정도로 규모가 작습니다. 고대 암포라와 포도 수확에 관한 규정이 기록된 문서 등이 발견됨에 따라 고대 로마 시대부터 포도 재배와 와인 양조를 시작했던 것으로 추측하고 있습니다. 이곳의 와인은 1800년대 이탈리아 최고의 레드 와인으로 여겼고, 전성기에는 바롤로 와인과 대등한 품질로 평가 받기도 했지만 점차적으로 품질이 떨어지면서 침체기를 맞이하게 되었습니다.

생산자들은 예전의 명성을 찾기 위해 조금씩 노력한 끝에 1967년 DOC 지위를 획득했습니다. 그리고 1990년 DOCG 등급으로 승격된 이후 포도 재배 및 와인 양조에 변화를 주면서 과거의 영광을 회복하기 시작했습니다. 현재 가티나라의 최대 수확량은 바롤로, 바르바레스코에 비해 적으며, 양조 설비도 최신식으로 교체를 진행하고 있습니다. 또한 침용 기간을 단축시킨 것도 긍정적인 효과를 가져다 주었습니다. 전통적인 가티나라 와인은 강건한 걸로 유명했지만, 아주 높은 신맛 때문에 산성 폭탄이라 불렸습니다. 그러나 말로-락틱 발효가 도입되면서 산성 폭탄 같은 신맛은 점차 사라지게 되었고, 와인은 반짝이는 석류 색의 산딸기 향과 병 숙성을 통해 부드러운 타닌 질감과 제비꽃, 아몬드 등의 풍미를 가지게 되었습니다.

현재 가티나라는 레드 와인만 생산 가능합니다. DOCG 규정에 따라 네비올로는 최소 90% 이상 사용해야 하며, 토착 품종인 우바 라라Uva Rara 최대 10%, 베스폴리나Vespolina 최대 4%까지 블렌딩할 수 있습니다. 현지에서는 네비올로를 스판나Spanna로 부르고 있는데, 포도밭의 표고는 최저 250미터, 최고 550미터 사이로 규정하고 있습니다. 가티나라는 최소 35개월 동안 숙성을 거쳐야 하며, 이 기간 중 24개월은 오크통에서 숙성시켜야 합니다. 리제르바는 최소 47개월 동안 숙성을 거쳐야 하며, 이 기간 중 36개월은 오크통에서 숙성시켜야 합니다.

가티나라 와인에 관해서는 여러 가지 의견들이 존재합니다. 바롤로, 바르바레스코처럼 네비올로 100%를 사용하면 품질이 더 좋아질 것이라는 의견이 있고, 가티나라 와인 품질에 비해 숙성 기준이 너무 길다는 의견도 있습니다. 또한 세지아Sesia 강 서쪽에 위치한 베르첼리Vercelli 언덕과 노바라Novara 언덕에서 생산되는 와인은 바롤로와 바르바레스코 와인과 견줄만한 수준이라 주장하는 전문가도 있습니다. 아직까지 어떤 의견이 정답이라 말할 수는 없지만, 확실한 사실은 네르비Nervi, 안토니올로Antoniolo, 트라발리니Travaglini와 같은 생산자들이 최고의 가티나라 와인을 만들고 있다는 것입니다.

겜메Ghemme DOCG는 가티나라 동쪽에 위치한 작은 마을로, 재배 면적은 51헥타르에 불과하며, 가티나라 마을보다 더 규모가 작습니다. 이 마을은 1969년 DOC 지위를 획득해 1997년 DOCG 등급으로 승격되었는데, 전반적으로 가티나라보다 늦게 인정된 것은 품질 수준이 조금 더 낮다고 인식했기 때문입니다.

현재 겜메는 레드 와인만 생산 가능합니다. DOCG 규정에 따라 네비올로는 최소 85% 이상 사용해야 하며, 우바 라라 또는 베스폴리나를 최대 15%까지 블렌딩할 수 있습니다. 현지에서는 네비올로를 스판나로 부르고 있는데, 포도밭의 표고는 최저 220미터, 최고 400미터 사이로 규정하고 있습니다. 겜메는 최소 34개월 동안 숙성을 거쳐야 하며, 이 기간 중 18개월은 오크통에서, 6개월은 병에서 숙성을 시켜야 합니다. 리제르바는 최소 46개월 동안 숙성을 거쳐야 하며, 이 기간 중 24개월은 오크통에서, 6개월은 병에서 숙성을 시켜야 합니다. 겜메 와인은 가티나라와 캐릭터가 비슷하지만 스파이시한 뉘앙스가 있는 것이 특징입니다. 겜메 마을의 우수한 생산자로는 비안끼Bianchi, 칸타루포Cantalupo, 로렌초 차네따Lorenzo Zanetta 등이 있습니다.

레쏘나Lessona DOC는 가티나라의 서쪽에 위치한 아주 작은 마을로, 재배 면적은 23헥타르 밖에 되지 않습니다. 1976년 DOC 지위를 획득했으며, 피에몬테 주에서 가장 작은 DOC 중 하나입니다. 이 마을의 토지 대부분은 주택이나 숲이 우거진 언덕이 차지하고 있어 포도밭이 들어설 공간이 거의 없습니다. 그럼에도 불구하고 큰 잠재력을 지녔으며, 일부 생산자들에 의해 상당히 세련된 와인이 만들어지고 있습니다.

현재 레쏘나는 레드 와인만 생산 가능합니다. DOCG 규정에 따라 네비올로는 최소 85% 이상 사용해야 하며, 우바 라라 또는 베스폴리나를 최대 15%까지 블렌딩할 수 있습니다. 현지에서는 네비올로를 스판나로 부르고 있는데, 포도밭의 표고는 최저 200미터, 최고 500미터 사이로 규정하고 있습니다. 레쏘나는 최소 22개월 동안 숙성을 거쳐야 하며, 이 기간 중 12개월은 오크통에서 숙성을 시켜야 합니다. 리제르바는 최소 46개월 동안 숙성을 거쳐야 하며, 이 기간 중 30개월은 오크통에서 숙성을 시켜야 합니다. 레쏘나 와인은 오렌지 빛의 루비 색상을 띠고 있으며, 풍부한 과실 향과 제비꽃 향이 특징입니다. 6~8년 정도 병 숙성이 필요할 정도로 수명이 길고, 병 숙성을 통해 복합적인 향과 풍미를 가지게 됩니다. 맛에 있어서는 드라이 타입의 높은 신맛과 함께 여운이 좋습니다.

레쏘나 마을의 우수한 생산자로는 프로프리에타 스페리노Proprietà Sperino, 라 바디나La Badina, 빌라 구엘파Villa Guelpa, 콜롬베라 가렐라Colombera & Garella 등이 있으며, 특히 프로프리에타 스페리노가 뛰어납니다. 토스카나 주의 이졸레 에 올레나Isole e Olena 포도원을 소유한 파올로 데 마르끼Paolo de Marchi는 고향인 레쏘나 마을로 돌아와 프로프리에타 스페리노 포도원을 인수했으며, 현재 뛰어난 품질의 레쏘나 와인을 만들고 있습니다. 또한 파올로는 토스카나 주의 이졸레 에 올레나에서 산지오베제 100%로 만든 체빠렐로Cepparello 와인의 성공으로 유명하며, 몬테베르티네Montevertine의 레 페르골레 토르테Le Pergole Torte와 함께 최고의 산지오베제 와인으로 평가 받고 있습니다.

VALLE D'AOSTA
발레 다오스타

1
DOC

● PETIT ROUGE ● NEBBIOLO ● PINOT NERO

● PRIÉ BLANC

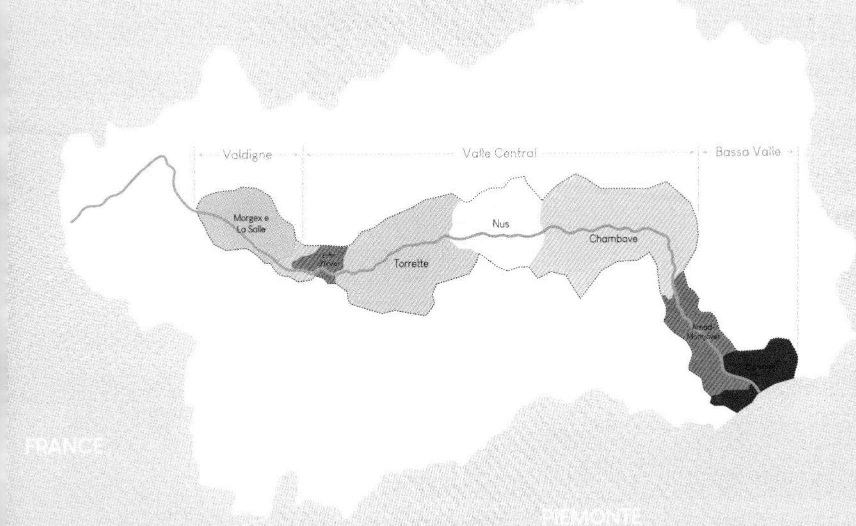

VALLE D'AOSTA DOC SUB-ZONES

- Morgex e La Salle
- Enfer d'Arvier
- Torrette
- Nus
- Chambave
- Arnad-Montjovet
- Donnas
- Valle d'Aosta DOC

N E S

·인 산지는 크게 계곡 상류의 발디네, 중앙 계곡, 계곡 하류 세 지역으로 나뉘며, 이 지역 안에는
르젝스 에 라 살레, 엔페르 다르비에르, 톨레떼, 누스, 깜바베, 아르나드-몬티오베트, 돈나스의
개 하위 구역이 존재하고 있습니다.

발레 다오스타(Valle d'Aosta): 472헥타르

이탈리아 북서부 끝자락에 위치한 발레 다오스타 주는 이탈리아에서 가장 작고 인구도 가장 적은 지역입니다. 발레 다오스타 주의 대부분은 알프스 산맥에 둘러싸여 있으며, 북쪽으로 스위스, 북서쪽으로 프랑스 국경을 접하고 있습니다. 이 주는 1947년에 이탈리아의 자치 주로 인정받을 때까지 프랑스, 스위스와 긴밀한 관계를 유지했는데, 이로 인해 이탈리아어와 프랑스어를 공식 언어로 사용하고 있습니다.

주요 산지는 도라 발테아Dora Baltea 강의 동쪽 기슭을 따라 아오스타 계곡에 자리잡고 있고, 주도인 아오스타Aosta가 와인 생산의 중심지입니다. 발레 다오스타 주는 알프스 산맥의 산기슭에 위치한 홀쭉한 계곡 산지로, 도라 발테아 강을 따라 깎아지는 경사지에 계단식 형태로 포도밭이 자리잡고 있습니다. 또한 유럽에서 가장 높은 곳에 포도밭이 있는 것으로도 유명합니다.

발레 다오스타 주는 북유럽과 남유럽을 연결하는 곳에 위치하고 있어 실로 다양한 포도 품종들이 재배되고 있습니다. 이탈리아 토착 품종 외에도 프랑스, 독일, 스위스 등의 다국적 품종이 재배되고 있으며, 주요 포도 품종으로는 쁘띠 루즈Petit Rouge 20%, 네비올로 12%, 피노 네로 8%, 프리에 블랑Prié Blanc 8%, 푸민Fumin 7% 등이 습니다. 현재, 발레 다오스타 주는 1개의 DOC가 유일하며, DOCG 및 IGT는 없습니다. 대략 1/6 정도가 DOC 와인으로 생산되며, 전체 생산량의 60%가 레드 와인입니다.

- 발레 다오스타(Valle d'Aosta DOC): 198헥타르

발레 다오스타는 이 주의 유일한 DOC 와인으로, 1986년 DOC 지위를 획득했습니다. 현재 와인 생산량의 3/4정도가 협동조합에서 생산되고 있으며, 대부분 지역 내에서 소비되고 있습니다. 발레 다오스타 DOC는 산악 지대의 특성을 지닌 와인들이 다 모여있는 파노라마를 보여주고 있습니다.

발레 다오스타는 대륙성 기후를 띠고 있습니다. 그러나 알프스 산맥의 고산 지대에 위치함에도 불구하고 서부 알프스 산이 보호하고 있어 비 그늘 효과가 두드러지게 나타나기 때문에 여름은 덥고 건조합니다. 또한 높은 표고로 인해 일교차가 큰 편이며, 수확은 보통 9월 초반에 이뤄지고 있습니다. 특히 야간의 추운 기온에 포도 나무가 땅의 열을 골고루 받을 수 있게 페르골라Pergola라 불리는 선반 형태로 포도 나무의 수형을 관리하고 있으며, 포도밭은 600~1,300미터 표고의 가파른 경사지에 위치해 있어 기계 사용이 불가능합니다. 토양은 표고에 따라 차이가 있는데, 표고가 높은 곳은 주로 모래로 구성되어 있고 계곡 아래로 갈수록 점토와 자갈이 퇴적된 충적토로 이루어져 있습니다.

와인 산지는 크게 계곡 상류의 발디네Valdigne, 중앙 계곡Valle Central, 계곡 하류Bassa Valle 세 지역으로 나뉘며, 이 지역 안에는 7개 하위 구역이 존재하고 있습니다.

모르젝스 에 라 살레Morgex e La Salle는 발레 다오스타 주 북서쪽, 계곡 상류의 발디네 지역에 위치한 하위 구역으로 유럽에서 가장 높은 1,200미터 표고에 포도밭이 자리잡고 있습니다. 현지에서 블랑 드 모르젝스Blanc de Morgex라고 불리는 프리에 블랑 100%로 블랑 드 모르젝스 에 드 라 살Blanc de Morgex et de La Salle DOC 명칭의 화이트 와인과 블랑 드 모르젝스 에 드 라 살 스푸만테Blanc de Morgex et de La Salle Spumante DOC 명칭의 스파클링 와인을 생산하고 있으며, 라 까브 뒤 뱅 블랑 드 모르젝스 에 드 라 살La Cave du Vin Blanc de Morgex et de la Salle 협동조합이 생산을 주도하고 있습니다.

중앙 계곡에는 엔페르 다르비에르Enfer d'Arvier, 톨레떼Torrette, 누스Nus, 깜바베Chambave 4개의 하위 구역이 존재합니다. 엔페르 다르비에르는 레드 와인만 생산 가능한 하위 구역으로 아르비에르 마을 주변에서 생산되고 있습니다. 이전에는 엔페르 다르비에르 DOC라는 독자적인 원산지 명칭을 갖고 있었지만, 이후 발레 다오스타 DOC에 통합되어 하위 구역으로 지정되었습니다.

DOC 규정에 따라 쁘띠 루즈를 최소 85% 사용해야 하며, 돌체또, 가메, 피노 네로 등의 허가된 품종을 블렌딩할 수 있습니다.

주도 아오스타 주변의 톨레떼 하위 구역 역시 레드 와인만 생산 가능합니다. DOC 규정에 따라 쁘띠 루즈를 최소 70% 사용해야 하며, 돌체또, 푸민, 가메, 피노 네로 등의 허가된 품종을 블렌딩할 수 있습니다. 톨레떼에서 만든 레드 와인은 엔페르 다르비에르에 비해 훨씬 드라이한 것이 특징입니다.

주도 아오스타의 동쪽에 위치한 누스와 깜바베 하위 구역에서는 화이트·레드 와인과 함께 파씨토Passito도 생산되고 있습니다. 화이트 와인의 경우, 누스는 피노 그리지오를 단일 품종으로, 깜바베는 모스카토 비안코를 단일 품종으로 만들며, 레드 와인은 모두 쁘띠 루즈를 주품종으로 사용해 만들고 있습니다. 특히 포도를 건조시켜 만든 파씨토가 유명하지만, 생산량이 너무 적습니다.

계곡 하류에는 아르나드-몬티오베트Arnad-Montjovet, 돈나스Donnas 2개의 하위 구역이 존재하며, 네비올로 주품종으로 레드 와인을 생산하고 있습니다. 발레 다오스타 주의 동남쪽에 위치한 아르나드-몬티오베트 하위 구역은 레드 와인만 생산 가능한데, DOC 규정에 따라 네비올로는 최소 70% 사용해야 하며, 돌체또, 프레이자, 피노 네로 등의 허가된 품종을 블렌딩할 수 있습니다.

돈나스는 이탈리아에서 가장 작은 산지로, 레드 와인만 생산 가능한 하위 구역입니다. DOC 규정에 따라 네비올로는 최소 85% 사용해야 하며, 프레이자, 피노 네로 등의 허가된 품종을 블렌딩할 수 있습니다. 고산 지대인 돈나스의 네비올로 와인은 표고가 낮은 곳에서 생산되는 네비올로에 비해 색이 옅고 타닌이 강하지 않지만, 특유의 섬세함을 지니고 있는 것이 특징입니다. 과거, 돈나스는 엔페르 다르비에르와 같이 독자적인 DOC 명칭을 갖고 있었지만, 지금은 발레 다오스타 DOC에 통합되어 하위 구역으로 지정되었습니다.

발레 다오스타의 우수한 생산자로는 레 크레뜨Les Crêtes, 오띤Ottin, 메종 앙셀메Maison Anselmet, 그로장Grosjean 등이 있습니다.

LIGURIA
리구리아

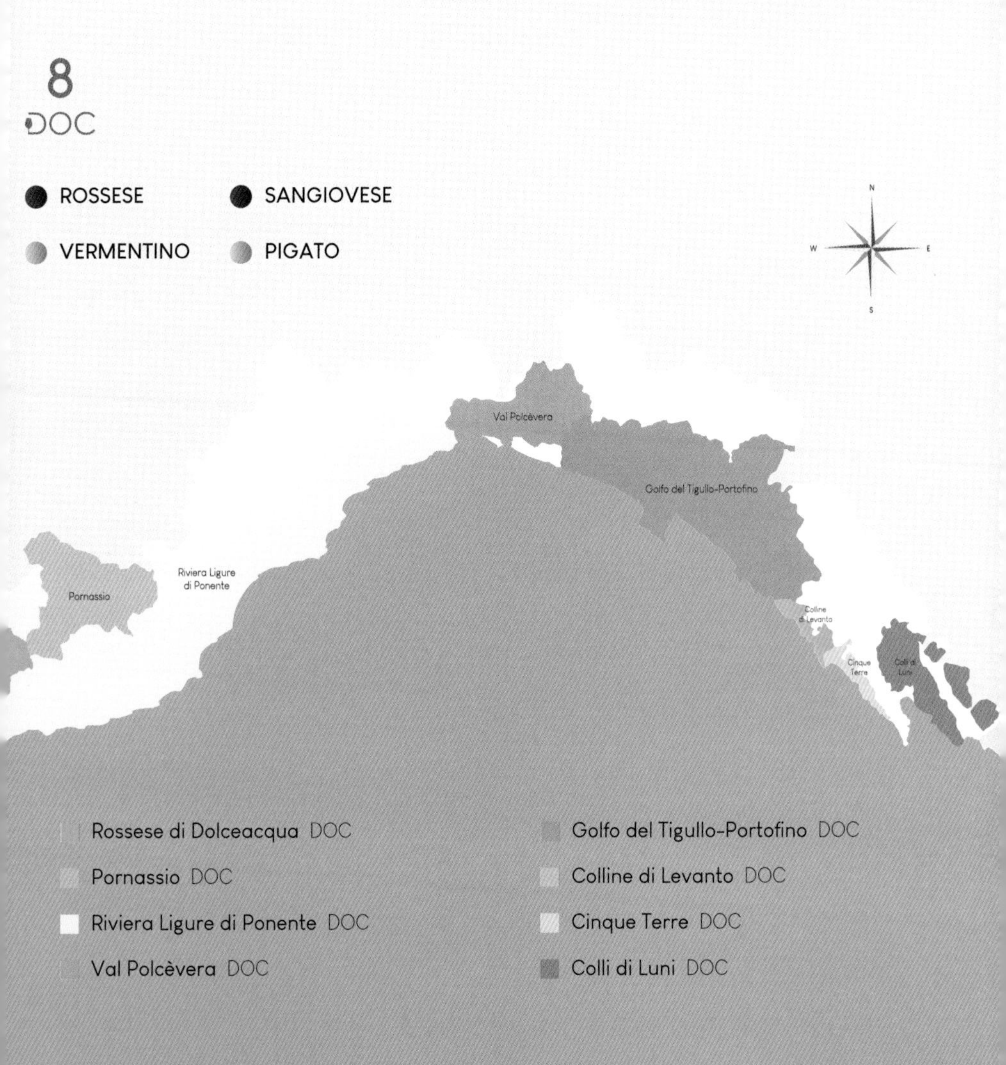

리구리아 주는 이탈리아에서 가장 험준한 지역 중 하나로, 따뜻한 지중해성 기후를 띠며, 토양은 미네랄 성분이 풍부한 석회암과 모래, 그리고 일부 해양 점토로 구성되어 있습니다. 와인 산지는 바다와 산 사이의 좁은 지역에 위치하고, 포도밭은 해안가의 가파른 경사지에 펼쳐져 있습니다. 리구리아 와인은 이탈리아 전체 와인 생산량의 1% 미만에 불과하지만, 개성이 강하고 대부분은 관광지에서 소비되고 있습니다.

리구리아(Liguria): 1,626헥타르

이탈리아 북서부에 위치한 리구리아 주는 서쪽의 티레니아해를 따라 동쪽으로 활처럼 가늘고 길게 펼쳐진 작은 산지입니다. 주도인 제노바Genova를 끼고 프랑스 국경에서 토스카나 주에 이르는 아찔한 해안선을 따라 있으며, 특히 제노바는 이탈리아 최대의 항구 도시이자 휴양지로 매우 유명합니다.

리구리아 주는 이탈리아에서 가장 험준한 지역 중 하나로, 따뜻한 지중해성 기후를 띠며, 토양은 미네랄 성분이 풍부한 석회암과 모래, 그리고 일부 해양 점토로 구성되어 있습니다. 와인 산지는 바다와 산 사이의 좁은 지역에 위치하고, 포도밭은 해안가의 가파른 경사지에 펼쳐져 있습니다. 이 지역 와인은 이탈리아 전체 와인 생산량의 1% 미만에 불과하지만, 개성이 강하고 대부분은 관광지에서 소비되고 있습니다. 주요 품종으로는 베르멘티노Vermentino 27%, 피가토Pigato 15%, 로쎄제Rossese 12% 등이 있으며, 전체 생산량의 대략 70% 정도가 화이트 와인이 차지하고 있습니다.

현재, 리구리아 주에는 8개의 DOC와 8개의 IGT가 존재하며, DOCG는 없습니다. 주 내에서 생산되는 DOC 와인의 비율은 8% 정도이고, 이탈리아 전체 DOC 와인에서는 0.2% 밖에 되지 않습니다. 가장 대표적인 와인은 친퀘 테레 DOC, 콜리 디 루니 DOC, 로쎄제 디 돌체아쿠아 DOC가 있습니다.

- 친퀘 테레(Cinque Terre DOC): 150헥타르

리구리아 주 동남쪽 끝에 위치한 친퀘 테레는 항구 도시인 라 스페치아La Spezia 서쪽의 해안 지역에 자리잡고 있습니다. 이곳은 리구리아 주를 대표하는 화이트 와인 산지로, 1973년에 DOC 지위를 획득했습니다. 친퀘 테레는 이탈리아어로 '5개의 땅'을 의미하며, DOC 원산지는 몬테로쏘 알 마레Monterosso al Mare, 베르나짜Vernazza, 코르닐리아Corniglia, 마나롤라Manarola, 리오마찌오레Riomaggiore 5개의 마을로 이루어져 있습니다. 또한 이곳은 유네스코가 세계 문화 유산으로 지정한 곳이기도 합니다.

포도밭은 해안가 절벽의 가파른 경사지에 계단식으로 경작하고 있는데, 일부는 760미터 표고에 자리잡고 있습니다. 친퀘 테레 DOC의 대부분은 드라이 타입의 화이트 와인으로 생산되고 있지만, 파씨토 방식의 친퀘 테레 쉬아께트라Cinque Terre Sciacchetrà DOC 스위트 와인도 소량 생산되고 있습니다. 포도를 건조시켜 만든 친퀘 테레 쉬아께트라는 최소 12개월 동안 숙성을 시켜야 하며, 리제르바 경우, 최소 36개월 동안 숙성을 시켜야 합니다. 단, 리제르바 표기는 친퀘 테레 쉬아께트라 DOC만 가능합니다.

DOC 규정에 따라 친퀘 테레는 토착 품종인 알바롤라Albarola, 보스코Bosco를 최소 80% 사용해야 하며, 베르멘티노는 최대 20%까지 블렌딩할 수 있습니다. 또한 친퀘 테레는 코스타 다 포자Costa da Posa, 코스타 데 캄푸Costa de Campu, 코스타 데 세라Costa de Sera 3개의 하위 구역이 존재하는데, 이곳에서 생산된 와인은 라벨에 하위 구역 명칭을 표기할 수 있습니다.

친퀘 테레의 화이트 와인은 풋사과, 시트러스, 건초 등 방향성이 풍부하고 종종 바다에서 유래하는 미네랄 풍미를 느낄 수 있습니다. 입안에서는 상쾌한 신맛과 드라이한 맛이 특징으로, 이 지역의 해산물 요리와 잘 어울립니다.

- 콜리 디 루니(Colli di Luni DOC): 25헥타르

리구리아 주의 동부 끝자락에 위치한 콜리 디 루니는 라 스페치아와 마싸Massa 마을 주변의 해안 언덕에서 생산되는 와인입니다. 1989년 DOC 지위를 획득했으며, DOC산지는 리구리아 주의 남동부 마을뿐만 아니라 토스카나 주의 북서부에 있는 일부 마을도 포함하고 있습니다. 이곳은 알바롤라와 베르멘티노 주체의 화이트 와인과 산지오베제 주체의 레드 와인을 생산하고 있는데, 레드 와인은 '리틀 끼안티'라고 불리고 있습니다. 또한 콜리 디 루니는 지형과 포도 품종, 그리고 와인 스타일에 있어서 리구리아에서 토스카나로 전환되는 것을 보여주고 있습니다.

DOC 규정상 콜리 디 루니 비안코Colli di Luni Bianco DOC는 베르멘티노를 최소 35% 사용해야 하며, 트레비아노는 25~40%, 토착 품종은 최대 30% 블렌딩할 수 있습니다. 반면, 콜리 디 루니 알바롤라Colli di Luni Albarola DOC는 알바롤라를 최소 85% 사용해 만든 화이트 와인입니다. 콜리 디 루니 베르멘티노Colli di Luni Vermentino DOC의 경우, 베르멘티노를 최소 90% 사용

해 만들며, 수페리오레 표기도 가능합니다. 콜리 디 루니 로쏘Colli di Luni Rosso DOC는 산지오베제를 최소 50% 사용해 만들며, 최소 12개월 동안 숙성을 거치면 리제르바 표기도 가능합니다.

- 로쎄제 디 돌체아쿠아(Rossese di Dolceacqua DOC): 51헥타르

로쎄제 디 돌체아쿠아는 리구리아 주의 가장 서쪽 끝에 위치하며, 프랑스와 국경을 맞대고 있습니다. 이곳은 리구리아 주를 대표하는 레드 와인 산지로, 1972년 DOC 지위를 획득했습니다. 초창기 DOC 원산지는 서쪽 가장자리에 위치한 돌체아쿠아와 벤티밀리아Ventimiglia 마을로 한정했지만, 이후 36개 마을이 추가되었습니다.

DOC 규정에 따라 로쎄제 디 돌체아쿠아는 로쎄제 품종을 최소 95% 사용해야 하며, 최소 12개월 정도 숙성을 거치면 수페리오레 표기가 가능합니다. 주요 품종인 로쎄제는 500미터 표고에서도 잘 자라기 때문에 포도밭의 표고는 최대 600미터까지 제한하고 있습니다. 특히 돌체아쿠아 마을은 대부분의 포도밭이 남향에 자리잡고 있어 햇볕이 잘 들고 있으며, 높은 표고로 인한 큰 일교차는 로쎄제 품종의 자연 산도를 유지하는데 도움을 주고 있습니다. 토양은 석회암의 비율이 높고 모래와 점토가 혼합되어 있어 배수가 잘 될 뿐만 아니라 지중해성 기후의 더위를 식혀주고 있습니다. 이곳에서 만든 레드 와인은 일부 전문가 사이에서 종종 부르고뉴 와인과 견줄만한 품질이라는 평가를 받고 있습니다. 현재 로쎄제 디 돌체아쿠아 DOC는 38개 마을을 모두 하위 구역으로 인정되어 라벨에 마을 명칭을 함께 표기하고 있습니다.

CINQUE TERRE
친퀘 테레

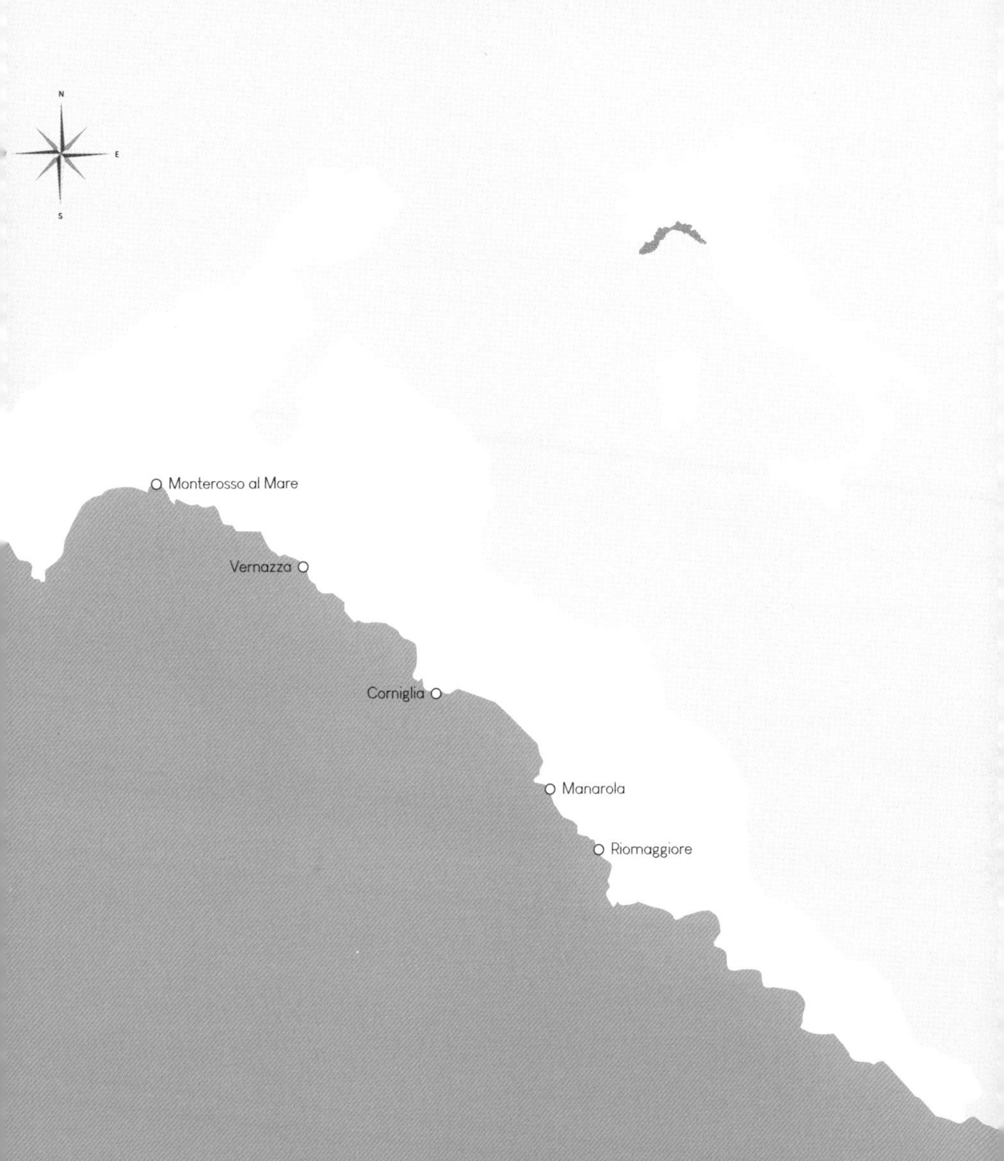

친퀘 테레 원산지는 몬테로쏘 알 마레, 베르나짜, 코르닐리아, 마나롤라, 리오마찌오레 5개 마을로 이루어져 있습니다. 포도밭은 해안가 절벽의 가파른 경사지에 계단식으로 경작하고 있는데, 일부는 760미터 표고에 자리잡고 있습니다.
친퀘 테레의 대부분은 드라이 화이트 와인으로 생산되고 있지만, 파씨토 방식의 친퀘 테레 쉬아께트라 스위트 와인도 소량 생산되고 있습니다.

LOMBARDI
롬바르디

5 DOCG

21 DOC

- CROATINA
- PINOT NERO
- BARBERA
- CHARDONNAY

- Valtellina Rosso DOC
- Valcalepio DOC
- Scanzo DOCG
- Franciacorta DOCG
- Cellatica DOC
- Botticino DOC
- Capriano del Colle DOC
- Garda DOC
- San Martino della Battaglia DOC
- Garda Colli Mantovani DO
- Lambrusco Mantovano DC
- San Colombano al Lambro
- Oltrepò Pavese DOC

롬바르디아(Lombardia): 24,705헥타르

이탈리아 북부 중앙에 위치한 롬바르디아 주는 이탈리아 경제에 가장 중요한 지역으로, 스위스와 국경을 맞대고 있습니다. 주도인 밀라노는 상업 도시로, 인구 밀도가 두 번째로 높은 도시이자 가장 부유한 도시로 유명합니다. 현재 롬바르디아 주의 대략 1/3정도가 DOCG 및 DOC 와인으로 생산되고 있고, 5개의 DOCG, 21개의 DOC 및 15개의 IGT가 존재합니다.

롬바르디아 주의 와인 역사는 고대 로마 시대 이전으로 거슬러 올라갑니다. 기원전 8세기경, 포 강을 따라 정착한 고대 그리스인에 의해 포도 재배와 와인 양조를 시작했으며, 중세 시대에 들어서 밀라노는 상업 도시로 크게 발전하게 되었습니다. 특히 이 지역에 흐르는 포 강 덕분에 교통의 편리성이 제공되어 밀라노는 와인 거래의 중심지 역할을 담당하기도 했습니다. 이후 롬바르디아의 와인 생산은 수도원들이 주도하며, 우수한 품질의 와인을 만들었습니다. 19세기, 이탈리아 작가인 체를레띠C.B Cerletti의 저서에 따르면 '발텔리나 마을에서는 여전히 그리스 스타일로 와인을 만들고 있고, 올트레포 파베제 와인은 밀라노 사람들이 선호했다.'라고 언급했습니다. 오늘날 롬바르디아 주는 역사적인 산지임에도 불구하고 피에몬테와 베네토 주의 그늘에 가려져 있었으나, 20세기 후반에 시작된 프란차코르타의 성공과 함께 이 지역의 다른 와인들도 관심을 불러일으키기 시작했습니다.

롬바르디아 주는 다양한 지형에 의해 기후가 다채롭지만, 전반적으로는 서늘한 대륙성 기후를 띠고 있습니다. 특히 산지의 미세 기후는 표고와 토양, 그리고 지형에 의해 큰 영향을 받으며, 강과 호수는 기후를 완화시켜주는데 도움을 주고 있습니다. 포도밭의 대부분은 이제오Iseo와 가르다Garda 호수 근처에 자리잡고 있는데, 가르다 호수 주위는 지중해성 기후를 띠고 있습니다.

이곳의 주요 포도 품종으로는 크로아티나Croatina 17%, 피노 네로Pinot Nero 14%, 샤르도네 13%, 바르베라 12% 등이 있으며, 대표적인 산지로는 프란차코르타 DOCG, 발텔리나 DOC, 올트레포 파베제 DOC 등이 있습니다.

- 프란차코르타(Franciacorta DOCG): 2,958헥타르

프란차코르타는 이탈리아를 대표하는 스파클링 와인 산지로, 이제오 호수 남쪽에 위치하고 있습니다. 이곳의 원산지 명칭은 샹빠뉴 지방과 마찬가지로 스파클링 와인을 대변하고 있으며, 전통 양조 방식을 사용해 만드는 것도 샹빠뉴 지방과 동일합니다. 1967년 DOC 지위를 획득해 1995년 DOCG 등급으로 승격되었으며, DOCG 원산지는 19개 마을로 이루어져 있습니다.

프란차코르타는 극심한 대륙성 기후입니다. 그러나 북쪽의 이제오 호수와 남쪽의 오르파노 산Monte Orfano이 기후를 완화해주는 역할을 하고 있습니다. 이곳의 대부분은 구릉 지대로, 포도밭은 이제오 호수 기슭을 따라 자리잡고 있습니다. 토양은 석회암 기반의 빙하에 의해 침식·운반·퇴적된 자갈 및 모래의 빙퇴석Moraine으로 이루어져 있어, 배수가 좋고 미네랄 성분이 풍부합니다.

이 지역은 대 플리니우스의 '박물지'에 기록되어 있을 정도로 역사가 오래된 산지입니다. 그러나 당시 생산되던 와인은 지금과는 달리 탄산가스가 없었습니다. 또한 1277년에 브레쉬아Brescia 시의회 문서에서 프란차쿠르타Franzacurta란 지명이 처음 기록되기도 했는데, 중세 시대 이곳은 작은 수도원의 공동체 도시Curtes로, 수도사들은 토지를 개간해 농사를 짓고 사실상 지역 경제를 주도한 덕분에 세금을 면제Francae받았습니다. 이러한 이유로 면세 공동체Francae Curtes란 단어에서 지명이 유래된 것으로 보입니다.

오랫동안 이곳의 와인은 프란차쿠르타로 불리었고, 베를루끼Berlucchi 포도원에서 피노 디 프란차코르타Pinot di Franciacorta란 이름의 스파클링 와인을 출시하면서 지금과 같은 프란차코르타 명칭을 사용하기 시작했습니다. 베를루끼 포도원에서 근무하던 젊은 양조가인 프란코 칠리아니Franco Ziliani는 소유주인 귀도 베를루끼Guido Berlucchi에게 스파클링 와인 생산을 제안했고, 1961년 샹빠뉴 지방의 전통 양조 방식을 모방해 3,000병의 피노 디 프란차코르타 스파클링 와인을 처음 생산하게 되었습니다. 첫 출시된 피노 디 프란차코르타는 뛰어난 품질 덕분에 시장에서 입 소문을 타기 시작했습니다. 이듬해 생산량을 20,000병으로 늘릴 정도로 큰 인기를 얻었으며, 이를 지켜본 밀라노와 브레쉬아의 몇몇 기업가들은 프란차코르타 지역에 포도원을 설립해 본격적으로 스파클링 와인을 생산하기 시작했습니다. 그에 따라 프란차코르타는

1967년에 DOC 지위를 획득했으며, 국제적인 명성까지 얻게 되었습니다.

프란차코르타는 DOC로 인정되면서 메토도 클라씨코Metodo Classico 방식만으로 생산할 것을 의무화했습니다. 이 방식은 병 내 2차 탄산가스 발효를 진행하는 전통 방식으로, 샹빠뉴 지방에서는 메또드 샹쁘누아즈Méthode Champenoise라고 칭하고 있습니다.

또한, 1990년에 프란차코르타 생산자 협회가 설립되면서 품질을 위해 점진적으로 수확량을 줄였으며, 이전까지 허가했던 피노 그리지오의 사용을 금하기도 했습니다.

1995년 DOCG 등급으로 승격됨에 따라 샤르도네 또는 피노 네로를 최소 50% 사용해야 하며, 피노 비안코Pinot Bianco는 최대 50%, 에르바마트Erbamat는 최대 10%까지 블렌딩할 수 있습니다. 이후 2003년 8월 1일부터 프란차코르타는 샹빠뉴 지방과 같이 라벨에 DOCG 표기를 의무화하지 않고 단독으로 원산지 명칭을 사용할 수 있게 되었습니다..

프란차코르타의 법적 숙성 기간은 빈티지를 표기하지 않을 경우, 최소 18개월 효모 숙성을 거쳐야 하며, 로제는 최소 24개월 효모 숙성을 거쳐야 합니다. 빈티지를 표기하는 밀레지마토Millesimato의 경우, 최소 30개월 효모 숙성을 거쳐야 하며, 리제르바는 최소 60개월 효모 숙성을 거쳐야 합니다.

당도 표기 용어는 샹빠뉴 지방과 같습니다. 도자찌오 제로Dosaggio Zero는 리터당 잔당 3g 미만, 엑스트라 브루트Extra Brut는 리터당 잔당 6g 미만, 브루트Brut는 리터당 잔당 12g 미만, 엑스트라 세꼬Extra Secco/Extra Dry는 리터당 잔당 12~17g 미만, 세꼬Secco/Sec는 리터당 잔당 17~32g 미만, 아보까토Abboccato/Demi-Sec는 리터당 잔당32~50g 미만, 돌체Dolce는 리터당 잔당 50g 이상으로, 대부분은 브루트 타입으로 생산되고 있습니다. 또한 젊은 생산자들에 의해 도자주 작업을 하지 않은 도자찌오 제로 타입의 프란차코르타 생산도 조금씩 증가하고 있습니다. 이들은 샹빠뉴 지방의 RMRécoltant-Manipulant 생산자와 같이 떼루아를 표현하고자 노력하고 있습니다.

프란차코르타는 샹빠뉴와 비교하면 신맛이 약간 적고 더 달콤한 과실 풍미를 지니고 있는데, 이는 프란차코르타의 기후가 더 따뜻하기 때문입니다. 프란차코르타의 우수한 생산자로는 베를루끼, 카델 보스코Ca'del Bosco, 벨라 비스타Bella Vista 등이 있습니다.

더불어 프란차코르타 지역에는 프랑스의 크레망Crémant과 유사한 프란차코르타 사텡Franciacorta Satèn DOCG도 생산되고 있습니다. 사텡은 샤르도네를 최소 50% 사용해야 하며, 피노 비안코는 최대 50%까지 블렌딩이 가능하지만, 탄산가스 압력이 5기압을 초과해서는 안됩니다. 또한 일반적인 레드·화이트 와인도 생산이 가능합니다. DOCG 승격과 함께 테레 디 프란차코르타Terre di Franciacorta DOC란 명칭으로 판매되었으나, 소비자의 혼란이 야기된다는 이유로 2008년부터 쿠르테프란카Curtefranca DOC 명칭으로 바뀌었습니다.

Guido Berlucchi & Franco Ziliani

ERLUCCHI

를루끼 포도원에서 피노 디 프란차코르타란 이름의 스파클링 와인을 출시하면서 지금과 같은 란차코르타 명칭을 사용하기 시작했습니다. 베를루끼 포도원의 양조가인 프란코 칠리아니는 유주인 귀도 베를루끼에게 스파클링 와인 생산을 제안했고, 1961년 샹빠뉴 지방의 전통 양조 식을 모방해 3,000병의 피노 디 프란차코르타 스파클링 와인을 처음 생산하게 되었습니다.
음 출시된 피노 디 프란차코르타는 뛰어난 품질 덕분에 시장에서 입 소문을 타기 시작했으며 를 지켜본 밀라노와 브레쉬아의 기업가들은 프란차코르타 지역에 포도원을 설립해 본격적으로 파클링 와인을 생산하기 시작했습니다.

METODO CLASSIC
프란차코르타 양조 방

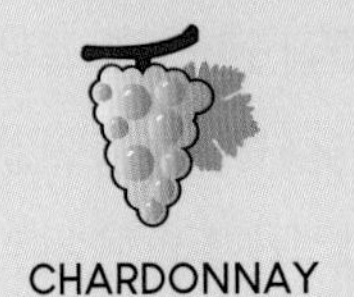
CHARDONNAY

PINOT BIANCO

PINOT NERO

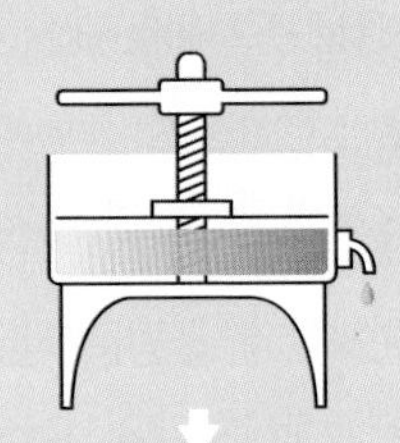

LA PRESSATURA / PRESSING

반드시 손 수확을 해야 하며, 수확은 8월 10일~9월10일까지 진행합니다. 최대 수확량은 헥타르당 12톤으로 규정합니다.

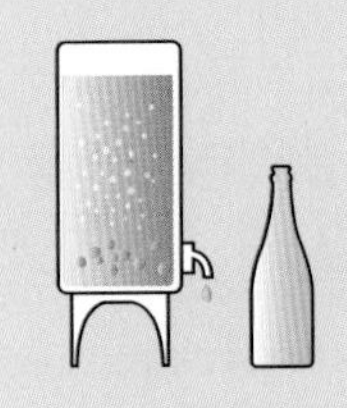

PRIMA FERMENTAZIONE / FERMENTATION

각각의 품종에서 얻은 과즙을 따로따로 알코올 발효를 진행해 베이스 와인을 만듭니다.

LA MISCELAZIONE / BLENDING

베이스 와인을 혼합해 스파클링 와인의 원료를 제조합니다. 프란차코르타에서는 보통 3가지 와인을 혼합합니다.

IL TIRAGGIO / TIRAGE

병마다 일일이 효모와 당분 혼합액을 첨가해 마개를 닫습니다. 저온에서 몇 주에 걸쳐서 2차 탄산가스 발효를 진행합니다.

METODO CLASSICO
프란차코르타 양조 방식

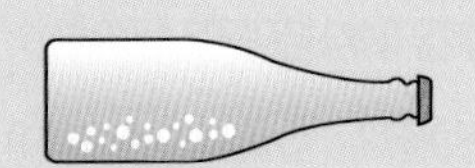

L'AFFINAMENTO / AGING

2차 발효가 끝나면 효모는 병 아래에 침전물로 남게 됩니다. 효모를 바로 제거하지 않고 와인과 함께 숙성시킵니다.

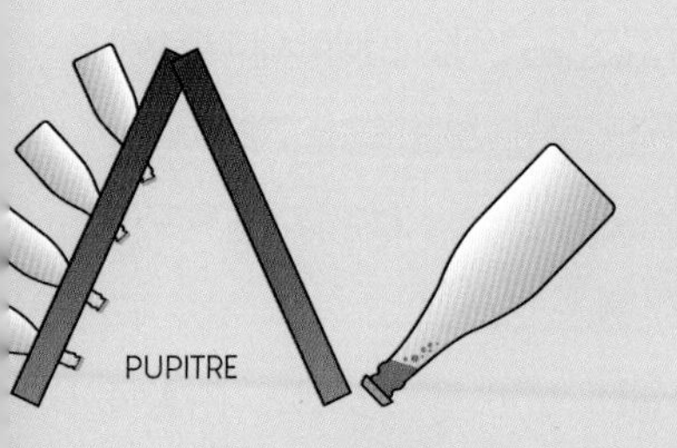

LA SCUOTITURA / RIDDLING

숙성이 끝난 와인은 침전물을 제거하기 위한 작업을 합니다. 퓌피트르를 이용해 침전물을 와인 병목에 모이게 합니다.

LA SBOCCATURA / DISGORGING

르뮈아주 작업을 통해 병목으로 모인 침전물을 염화칼슘용액에 와인 병목만 담가 얼립니다. 마개를 열면 탄산가스 압력에 의해 얼린 침전물과 소량의 와인이 밖으로 배출됩니다.

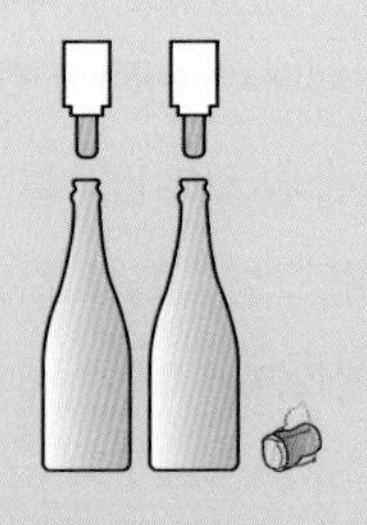

IL DOSAGGIO / DOSING

침전물을 제거하는 작업에서 유출된 소량의 와인을 보충합니다. 생산자의 의도에 따라 당분의 양이 결정됩니다.

특수한 형태의 코르크 마개와 와이어를 사용해 병입합니다.

프란차코르타의 당도 표기

GIO ZERO
[미만/리터당]

EXTRA BRUT
[잔당 6그램 미만/리터당]

BRUT
[잔당 12그램 미만/리터당]

EXTRA SECO
[잔당 12~17그램/리터당]

SECO
[잔당 17~32그램/리터당]

ABBOCCATO
[잔당 32~50그램/리터당]

DOLCE
[잔당 50그램 이상/리터당]

프란차코르타 당도 레벨

- 도자찌오 제로(Dosaggio Zero/Pas Dosé): 리터당 잔당 3g 미만
- 엑스트라 브루트(Extra Brut): 리터당 잔당 6g 미만
- 브루트(Brut): 리터당 잔당 12g 미만
- 엑스트라 세꼬(Extra Secco/Extra Dry): 리터당 잔당 12~17g 미만
- 세꼬(Secco/Sec): 리터당 잔당 17~32g 미만
- 아보까토(Abboccato/Demi-Sec): 리터당 잔당32~50g 미만
- 돌체(Dolce): 리터당 잔당 50g 이상

- 발텔리나(Valtellina)

밀라노에서 북동쪽으로 100km 정도 떨어져 있는 발텔리나는 롬바르디아 주의 최북단에 위치한 와인 산지입니다. 이곳은 알프스 산맥에 자리잡고 있는 전형적인 산악 지대로, 스위스 국경과 맞닿아 있어 오랫동안 스위스와의 관계도 밀접했습니다. DOC 지위는 1968년에 획득했으며, 1998년 발텔리나 수페리오레와 2003년에 스포르차토 디 발텔리나 2개가 분리되어 각각 독자적인 DOCG 명칭을 얻게 되었습니다.

발텔리나의 와인 역사는 2,000년 이상으로 거슬러 올라가며, 고대 로마 시대보다 앞서있습니다. 레오나르도 다 빈치Leonardo da Vinci의 아주 유명한 원고인 코디체 아틀란티코Codice Atlantico에 '아주 높고 험한 산으로 둘러싸인 계곡이지만, 발텔리나는 정말 힘있고 강건한 와인을 만든다.'라고 기록하기도 했습니다.

16~18세기까지 발텔리나는 스위스에서 독립한 상호 방위 협정 지역으로, 지리적으로나 경제적으로 이탈리아보다는 오랜 관계를 맺었던 스위스와 연관성이 많습니다. 또한 전통적으로 발텔리나 와인의 대부분은 스위스로 수출되었고, 스위스에서는 자국 와인으로 간주되기도 했습니다. 당시 와인 호수Wine Lake라 표현할 정도로 발텔리나 와인은 과잉 생산되었으며, 품질 또한 떨어졌습니다. 그럼에도 불구하고 이탈리아와 스위스 간에 맺은 무역 협정에 따라 1980년까지 스위스로 수출되는 발텔리나 와인은 관세 면제 혜택을 받았으며, 스위스 와인 수입상들은 최소량의 발텔리나 와인을 의무적으로 구매해야 했습니다. 그러나 1980년대에 무역 협정이 종료되면서 이 지역 와인 산업은 큰 혼란에 빠지게 되었습니다. 많은 재배업자들은 포도 재배를 포기하고 사과 농장으로 업종을 전환했고, 결국 포도밭의 80% 정도가 사라졌습니다. 이후 침체기를 맞이한 발텔리나의 와인 산업은 일부 생산자들에 의해 활기를 찾기 시작했습니다. 대표적인 생산자가 니노 네그리Nino Negri로, 1971년에 카지미로 마우레Casimiro Maure가 양조 책임자로 합류하면서 현대적인 양조 방식을 도입했으며, 그 결과, 투박하고 거친 타닌을 지녔던 발텔리나 와인은 짧은 침용 및 오크통 숙성을 통해 섬세하고 우아한 스타일로 탈바꿈하게 되었습니다. 또한, 1956년에 카지미로 마우레는 바롤로 와인의 농축미를 표방하기 위해 건조된 포도로 스포르차토 디 발텔리나를 처음 생산하기도 했습니다.

VALTELLIN
발텔리나 와

발텔리나의 와인 역사는 2,000년 이상으로 거슬러 올라가며, 고대 로마 시대보다 앞서있습니다
레오나르도 다 빈치의 아주 유명한 원고인 코디체 아틀란티에 아주 높고 험한 산으로 둘러싸
계곡이지만, 발텔리나는 정말 힘있고 강건한 와인을 만든다.라고 기록하기도 했습니다.

오늘날 발텔리나는 니노 네그리, 알도 라이놀디Aldo Rainoldi의 현대적인 와인과 바르바카를로Barbacarlo, 아르페페Ar.Pe.Pe 등의 전통적인 와인이 공존하고 있는데, 피에몬테 주의 네비올로 와인과는 다른 개성을 선사하고 있습니다.

발텔리나는 길고 구불구불한 고산 계곡으로, 수천 년에 걸쳐 단단한 화강암을 통과하여 길을 만든 아따Adda 강을 따라 완벽하게 동서방향으로 이어지고 있습니다. 포도밭은 230~765미터 표고의 험준한 산악 지대에 자리잡고 있어 대부분 인력에 의해 경작되고 있으며, 세계에서 포도를 재배하기 가장 힘든 곳 중 하나입니다. 전통적으로 수확 철에는 포르티니Portini라는 작은 바구니를 등에 지고 가파른 산길과 끝이 없는 계단을 가로질러 포도를 운반했습니다. 소규모 농가들은 여전히 플라스틱 바구니를 등에 지고 수확한 포도를 운반하고 있지만 몇몇 대규모 생산자들은 공중 도르래 기계를 설치해 포도를 운반하고 있습니다.

테라스 형태의 계단식 포도밭은 무레띠Muretti라는 돌 옹벽으로 유지되며, 일부는 중세 시대에 만들어진 것도 있습니다. 이곳은 이탈리아에서 가장 큰 계단식 포도밭으로 무레띠는 유네스코 세계 문화 유산으로 지정될 만큼 고유성을 갖고 있습니다. 오늘날 석공이 부족해 무레띠가 무너지면 다시 복구하는 것이 너무 어렵기 때문에 포도원은 무레띠를 유지하기 위해 노력하고 있습니다.

발텔리나의 기후는 지형과 독특하게 조합을 이루고 있습니다. 이탈리아의 최북단에 위치하며 포도밭은 높은 표고에 자리하고 있어 서늘한 기후를 띠고 있지만, 계곡의 북쪽과 남쪽에 위치한 알프스 산맥이 차가운 북풍과 바람을 차단하고 있어 서늘함이 한풀 꺾이고 있습니다. 또한 남쪽의 코모Como 호수에서 불어오는 따뜻하고 건조한 바람인 브레바Breva 덕분에 수분이 건조되어 곰팡이 질병을 줄이는데 도움을 주고 있습니다. 이곳의 온화한 봄 날씨에 의해 포도나무는 일찍 발아하는데, 피에몬테 주의 랑게 지구보다 2주 정도 빠릅니다. 그러나 7월 여름 더위가 심해 포도 나무의 성장이 일시적으로 중단되기 때문에 수확은 피에몬테 주에 비해 2주 정도 늦으며, 11월 중순까지 진행됩니다. 이곳의 내리쬐는 햇빛은 시칠리아 섬의 판텔레리아Pantelleria 섬과 비슷할 정도로 강합니다. 게다가 포도밭 전체가 동서방향으로 뻗어 있고 강의 북쪽 비탈에 포도 나무가 심어져 있어서 하루 종일 햇빛을 직접적으로 받고 있습니다. 여름의 뜨거운 태양 아래 다른 포도 품종은 타버릴 수 있지만, 만생종인 네비올로는 이러한 기후 속에서도 잘 적응할 수 있는 몇 안 되는 품종이기 때문에 오랜 기간 발텔리나에서 재배되고 있습니다.

토양은 충적토로, 점토와 양토, 그리고 모래 및 자갈 등이 다양하게 혼합되어 있습니다. 전반적으로 토양의 깊이는 얕지만 배수가 잘되고 실리카Silica 성분이 풍부한 것이 특징입니다. 특히, 토양은 열기를 잘 유지할 수 있으며 자갈과 돌이 많아 봄 서리를 예방하고 일교차를 조절해주고 있습니다. 포도밭의 방향은 남동쪽에서 남서쪽으로 다양하지만, 남서쪽 포도밭이 네비올로가 잘 익을 수 있는 조건을 갖추고 있으며, 높은 표고로 인한 큰 일교차는 포도의 자연 산도를 촉진시켜주고 있습니다. 그러나 경사가 가파르기 때문에 겨울에 비가 내리면 토양 침식이 일어나 쓸려 내려간 토양을 바구니에 담아 운반해야 하는 힘든 작업을 필요로 합니다.

1968년 DOC 지위를 획득한 발텔리나 로쏘Valtellina Rosso DOC 또는 로쏘 디 발텔리나Rosso di Valtellina DOC는 아따 강의 오른편 산악 지대에 위치한 아르덴노Ardenno, 티라노Tirano, 피아테다Piateda, 폰테 인 발텔리나Ponte in Valtellina, 빌라 디 티라노Villa di Tirano, 알보자짜Albosaggia 6개 마을에서 생산되는 레드 와인으로, 네비올로를 최소 90% 사용해야 하며, 로쏠라 네라Rossola Nera 등의 기타 품종을 최대 10%까지 블렌딩할 수 있습니다.

이곳에선 네비올로를 끼아벤나스카Chiavennasca라 부르고 있는데, 인근에 위치한 끼아벤나Chiavenna 도시에서 유래되었다는 설과 '극단적인 포도주'를 의미하는 지역 방언인 치우 빈나스카Ciù Vinasca에서 유래되었다는 설이 존재합니다. 또한 로쏠라 네라와 피뇰라Pignola, 브루뇰라Brugnola도 재배되고 있으며, 모두 네비올로와 유전적으로 연결되어 있는 품종입니다. 발텔리나 로쏘의 법적 최저 알코올 도수는 11%로, 최소 6개월 동안 숙성을 거쳐야 하며, 바롤로와 바르바레스코 와인에 비해 무게감과 힘이 약한 것이 특징입니다.

1998년 발텔리나 로쏘 DOC에서 분리되어 독자적인 DOCG 명칭을 얻게 된 것이 발텔리나 수페리오레Valtellina Superiore DOCG입니다. 아따 강 가장자리의 경사지에 위치한 마로찌아

Maroggia, 사쎌라Sassella, 그루멜로Grumello, 인페르노Inferno, 발젤라Valgella 5개의 하위 구역Sub-Zone에서 생산된 레드 와인으로, 네비올로를 최소 90% 사용해야 하며, 로쏠라 네라 등의 기타 품종을 최대 10%까지 블렌딩할 수 있습니다.

발텔리나 수페리오레의 법적 최저 알코올 도수는 12%로, 최소 24개월 동안 숙성을 거쳐야 하며, 이 기간 중 12개월은 오크통에서 숙성시켜야 합니다. 리제르바는 최소 36개월 동안 숙성을 거쳐야 하며, 이 기간 중 12개월은 오크통에서 숙성시켜야 합니다. 발텔리나 수페리오레는 5개 하위 구역의 명칭을 라벨에 표기할 수 있으며, 발텔리나 로쏘에 비해 품질이 훨씬 뛰어납니다.

손드리오Sondrio 마을 바로 서쪽에 위치한 사쎌라는 하위 구역 중 가장 유명합니다. 재배 면적은 131헥타르로, 발젤라 다음으로 규모가 크며, 5개의 하위 구역 중 가장 돌이 많고 험한 곳으로 알려져 있습니다. 이곳은 이탈리아어로 '돌'을 뜻하는 사쏘Sasso란 단어에서 이름이 유래되었는데, 경사 또한 대단히 가파릅니다. 포도밭은 270~600미터 표고에 위치하며 대부분은 남향에 자리잡고 있어 햇볕이 잘 듭니다. 또한 토양 덕분에 배수도 좋지만 한 여름 강렬한 햇볕 때문에 포도 나무가 말라 죽는 경우도 발생합니다. 사쎌라에서는 농익은 체리, 블랙베리, 장미, 잼을 연상케 하는 농축된 향과 힘있는 와인이 생산되고 있습니다.

그루멜로는 손드리오 마을의 북동쪽에 위치한 하위 구획으로, 13세기 계곡 위에 건축된 그루멜로 성Grumello Castle에서 이름이 유래되었습니다. 재배 면적은 80헥타르로, 포도밭은 350~600미터 표고에 위치해 있고 경사는 그나마 덜 가파른 편입니다. 토양은 깊고 점토가 풍부해 과실 향이 바로 드러나는 와인이 생산되고 있습니다. 그루멜로 와인은 붉은 과실, 향신료, 타르, 가죽 등의 향과 함께 타닌이 부드러워 빨리 숙성되는 경향이 있습니다.

인페르노는 손드리오와 트레지비오Tresivio 마을 사이에 위치한 하위 구역입니다. 재배 면적은 56헥타르로, 마로찌아가 지정되기 전까지 규모가 가장 작았습니다. 5개 하위 구역 중 가장 바위가 많고 가파르며, 특히 지형이 고르지 않아 포도 재배에 큰 어려움을 겪고 있습니다. 인페르노Inferno는 이탈리아어로 '지옥'을 의미하는데, 이곳은 여름이 되면 바윗돌이 햇볕의 열기를 그대로 흡수해 말 그대로 지옥 같은 곳이 되어버린다고 해서 이름이 유래되었습니다. 포도밭은 300~500미터 표고의 경사지에 위치하며, 하루 종일 햇볕이 들기 때문에 하위 구역 중 가장 색이 진하고 힘있는 와인이 생산되고 있습니다.

발젤라는 가장 동쪽에 위치한 하위 구역입니다. 재배 면적은 137헥타르로, 하위 구역 중 가장 규모가 큽니다. 이곳은 가장 높은 표고에 포도밭이 위치해 있어 하위 구역 중 포도가 가장 늦게 익는데, 사셀라와 비교하면 2주 정도 늦습니다. 따라서 5개 하위 구역 중 가장 뛰어난 방향성과 섬세하고 산뜻한 와인이 생산되고 있습니다.

마로찌아는 가장 최근에 지정된 하위 구역으로 손드리오 마을에서 서쪽으로 15km 떨어진 거리에 위치해 있습니다. 재배 면적 24헥타르로, 5개의 하위 구역 중 가장 규모가 작으며, 포도밭의 대부분은 경사지에 자리잡고 있습니다. 이곳에서 생산되는 와인은 체리, 블랙베리, 장미, 제비꽃 등 네비올로의 전형적인 아로마를 지니고 있고 부드러운 타닌과 균형 잡힌 산도, 그리고 무게감이 가벼운 것이 특징입니다.

2003년, 발텔리나 로쏘 DOC에서 분리되어 독자적인 DOCG 명칭을 얻게 된 것이 스포르차토 디 발텔리나Sforzato di Valtellina DOCG 또는 스푸르자트 디 발텔리나Sfursàt di Valtellina DOCG 입니다. 포도를 건조시켜 만든 레드 와인으로, 발텔리나 와인 중 최고로 여기고 있습니다. 발텔리나 로쏘와 동일한 6개 마을의 네비올로를 최소 90% 사용해야 하며, 로쏠라 네라 등의 기타 품종을 최대 10%까지 블렌딩할 수 있습니다.

스포르차토 디 발텔리나는 엄선된 포도만을 사용합니다. 수확은 발텔리나 로쏘에 비해 일반적으로 1주일 정도 빨리 행하며, 이후 수확한 포도는 아빠씨멘토Appassimento라는 건조 과정을 거치게 됩니다. 건조는 보통 30~100일 사이의 기간 동안 진행하는데, 규정에 따라 12월 1일까지 양조를 행해서는 안됩니다. 이 기간 동안 포도는 수분이 증발해 부피가 20~40% 감소되는 반면 과즙 속 당분은 농축되게 됩니다. 또한 건조 과정을 통해 포도의 주석산도 감소되므로 더 많은 산도를 유지하기 위해 더 일찍 포도를 수확하고 있습니다. 그러나 최근 들어, 이 지역 생산자들은 포도를 더 늦게 수확해 30~60일 정도로 짧게 건조시키는 경향이 있습니다. 이렇게 하면 과실 및 꽃 향이 훨씬 더 풍부한 와인을 만들 수 있습니다. 법적 최저 알코올 도수는 14%로, 양조가 끝난 후 최소 20개월 동안 숙성을 거쳐야 하며, 이 기간 중 12개월은 오크통에서 숙성시켜야 합니다.

스포르차토 디 발텔리나는 베네토 주의 아마로네 델라 발폴리첼라Amarone della Valpolicella DOCG에 비해 7년 정도 앞서 DOCG 지위를 획득했지만, 인지도나 명성은 그에 비해 다소 떨어지는 편입니다. 이 와인은 1956년에 니노 네그리 포도원에서 처음 만들었는데, 당시 양조 책임자인 카지미로 마우레는 발텔리나 와인이 바롤로와 바르바레스코에 비해 가벼운 맛을 지니고 있었기 때문에 바롤로처럼 진하게 만들기 위해서 건조한 포도를 사용했다고 전해지고 있습니다.

발텔리나 마을의 우수한 생산자로는 바르바카를로, 아르페페, 니노 네그리, 산드로 파이Sandro Fay, 알도 라이놀디 등이 있으며, 특히 바르바카를로와 아르페페는 전통주의자로 유명합니다.

- 올트레포 파베제(Oltrepò Pavese)

올트레포 파베제는 롬바르디아 주의 전체 와인 생산량의 절반 가량을 차지하고 있는 산지로 와인 산업의 중심지입니다. 피에몬테 주의 험준한 산과 동쪽의 롬바르디아 평야가 만나는 곳으로 지형이 완만하며, 포도밭은 포 강 기슭에 자리잡고 있습니다. 특히 포 강에 의한 기후 이점과 함께 토양은 점토와 석회질, 이회토가 풍부해 배수가 잘 됩니다. 대표적인 산지로는 올트레포 파베제Oltrepò Pavese DOC와 올트레포 파베제 메토도 클라씨코Oltrepò Pavese Metodo Classico DOCG가 있습니다.

올트레포 파베제는 롬바르디아 주의 최대 DOC 산지로, 롬바르디아 주 DOC 와인의 2/3 정도를 차지하고 있습니다. '포 강 건너편의 파비아Pavia'를 의미하며, 1970년 DOC 지위를 획득했습니다. 청포도 품종은 코르테제, 말바지아Malvasia, 모스카토, 샤르도네, 쏘비뇽 블랑, 리슬링 등을 사용하며, 적포도 품종은 바르베라, 크로아티나, 피노 네로, 까베르네 쏘비뇽 등을 사용해 가벼운 스타일의 화이트·레드·로제 와인을 생산하고 있습니다.

2007년 DOCG로 승격된 것이 올트레포 파베제 메토도 클라씨코입니다. 샹빠뉴 지방과 동일한 전통 방식을 사용해 만든 스파클링 와인으로 피노 네로를 최소 70% 사용해야 하며, 샤르도네, 피노 비안코, 피노 그리지오를 최대 30% 블렌딩할 수 있습니다. 올트레포 파베제 지역은 온화한 기후로 인해 포도가 너무 빨리 익을 수 있기 때문에 피노 네로는 조기에 수확을 행하고 있습니다.

올트레포 파베제 메토도 클라씨코의 법적 숙성 기간은 빈티지를 표기하지 않을 경우, 최소 15개월 효모 숙성을 거쳐야 하며, 빈티지를 표기하는 밀레지마토Millesimato는 최소 24개월 효모 숙성을 거쳐야 합니다.

VALTELLINA
발텔리나

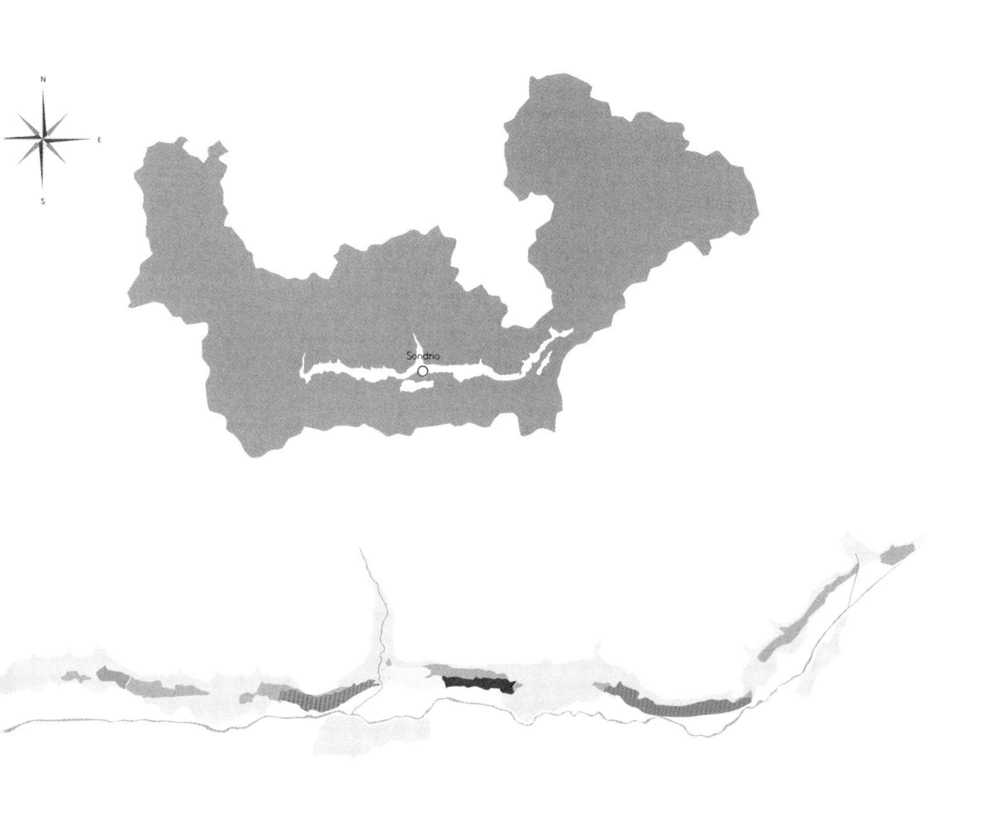

VALTELLINA SUPERIORE DOCG SUB-ZONES

Maroggia Sassella Grumello Inferno Valgella

Valtellina Superiore DOCG Valtellina Rosso DOC

1998년 발텔리나 로쏘 DOC에서 분리되어 독자적인 DOCG 명칭을 얻게 된 것이 발텔리나 수페리오레로 아따 강 가장자리의 경사지에 위치한 마로찌아, 사쎌라, 그루멜로, 인페르노, 발젤라 5개의 하위 구역에서 생산된 레드 와인입니다.

발텔리나 수페리오레는 네비올로를 최소 90% 사용해야 하며, 로쏠라 네라 등의 기타 품종을 최대 10%까지 블렌딩할 수 있습니다. 또한 발텔리나 수페리오레는 5개 하위 구역의 명칭을 라벨에 표기할 수 있으며, 발텔리나 로쏘에 비해 품질이 훨씬 뛰어납니다.

NEBBIOLO STYL
네비올로 스타일

VENICE

북동부 지역

Trentino-
Alto Adige
Friuli-Venezia
Giulia
Veneto
Emilia-Romagna
N
W
S

VENETO
베네토

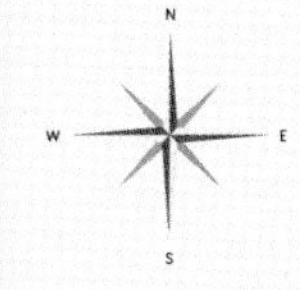

- Bardolino DOC
- Custoza DOC
- Valpolicella DOC
- Soave DOC
- Gambellara DOC
- Colli Berici DOC
- Colli Euganei Fior d'Arancio DOCG
- Bagnoli Friularo DOCG
- Breganze DOC
- Montello Rosso DOCG
- Asolo Prosecco DOCG
- Conegliano Valdobbiadene Prosecco DOCG
- Piave Malanotte DOCG
- Lison DOCG

4 DOCG

29 DOC

CORVINA · MERLOT · RONDINELLA

GLERA · GARGANEGA · PINOT GRIGIO

이탈리아 북동부
베네토(Veneto): 94,572헥타르

이탈리아의 와인 공장인 베네토 주는 북동부에 위치한 와인 산지로, 돌로미테Dolomite 산맥에서 아드리아해Adriatico까지 뻗어 있습니다. 베로나Verona 시를 중심으로 많은 양의 와인이 생산되고 있으며, 베네치아Venice 수상 도시가 있는 곳으로도 매우 유명합니다. 주도인 베네치아는 120여 개의 섬으로 이루어진 바다 위의 도시로, '물의 수도'라 불리며 지명도가 매우 높습니다. 또한 와인 생산의 중심 도시인 베로나 시는 로미오와 줄리엣의 발코니를 보기 위해 해마다 수많은 관광객들이 방문하고 있습니다.

베네토 주는 아드리아해와 가르다Garda 호수 인근의 따뜻한 해양성 기후와 내륙 지역의 대륙성 기후까지 다양하며, 포도 재배에 적합한 환경을 지니고 있습니다. 알프스 산맥이 보호하고 있어 전반적으로 겨울은 춥지 않고, 여름은 더우며, 강우량은 보통입니다.

포도밭은 가르다 호수의 돌로미테 산기슭으로부터 베네치아 북쪽에 위치한 피아베Piave 강까지 이어져 있고, 베로나 시 주변에 가장 많이 밀집되어 있습니다. 포도밭의 대부분은 비교적 낮은 평야 지대에 자리잡고 있지만, 고품질 와인은 고지대에서 생산되고 있습니다.

베네토 주는 이탈리아에서 가장 많은 양의 와인을 생산하는 지역입니다. 전체 생산량의 80% 이상이 화이트 와인으로, 프로세꼬와 델레 베네치에Delle Venezie DOC가 대부분을 차지하고 있습니다. 또한 이곳에서는 포도를 건조시켜 만드는 와인이 번성하고 있는데, 소아베나 발폴리첼라 지역에서 생산되는 레치오토Recioto라는 스위트 와인과 발폴리첼라의 아마로네Amarone라는 드라이 레드 와인이 매우 유명합니다. 레치오토, 아마로네 모두 건포도 타입으로 와인을 만들지만 아마로네는 스위트 타입이 아닌 드라이 타입으로 만들어지며, 진한 과실 향과 독특한 건포도 풍미, 그리고 높은 알코올 도수와 쓴맛을 갖춘 파워풀한 와인입니다.

현재 베네토 주는 DOCG 및 DOC 와인이 1/4 정도 차지하고 있으며, 14개의 DOCG, 29개의 DOC 및 10개의 IGT가 존재합니다. 대표적인 산지로는 소아베 DOC, 발폴리첼라 DOC, 바르돌리노 DOC, 코넬리아노 발도비아데네 프로세꼬 DOCG가 있습니다.

- 소아베(Soave): 4,055헥타르

소아베는 베로나 시의 동쪽에 위치한 작은 마을로 화이트 와인 산지로 잘 알려져 있습니다. 이곳의 가르가네가Garganega 주체로 만든 소아베는 이탈리아에서 가장 유명한 화이트 와인으로 큰 사랑을 받고 있습니다. 소아베는 6세기경, 랑고바르드 왕국 시절에 지금의 소아베 지역에 도시를 건설한 게르만 부족의 이름인 슈바베Schwabe에서 지명이 유래되었다고 전해지고 있습니다. 그러나 베로나의 여행 가이드들은 셰익스피어의 희곡인 로미오와 줄리엣의 이야기를 자주 언급하는데, 로미오와 줄리엣이 사랑에 빠진 뒤 와인을 마셨을 때, 와인 잔을 가져온 집사에게 '소아베Soave, 부드러운'라고 외쳤다고 해서 지명이 유래되었다고 믿고 있습니다. 지명에 관해서는 여러 가지 설이 존재하지만, 공통적으로 '부드러운'을 의미하는 라틴어, 수아베Suáve란 단어에서 파생되었다고 알려져 있습니다.

소아베는 가르다 호수에서 멀리 떨어져 있는 내륙 지역으로, 대륙성 기후를 띠고 있습니다. 특히 포 강에 의한 냉각 효과로 안개가 자주 형성되기 때문에 가을철 우박과 곰팡이병 등의 피해를 입을 수 있습니다. 이곳의 주요 품종인 가르가네가는 만생종으로 껍질이 두꺼워 곰팡이병에 강한 것이 특징입니다.

지형은 평야 지대와 언덕 지대로 구분하며, 표고가 높은 언덕 지대의 포도밭에서 균형 잡힌 신맛의 품질이 뛰어난 와인이 생산되고 있습니다. 토양은 화산 활동에 의해 형성된 비옥한 화산성 토양으로, 전반적으로 어둡고 돌이 많으며 미네랄 성분이 풍부합니다. 특히 소아베 클라씨코 마을은 현무암과 석회질 점토가 섞여 있는 척박한 토양으로, 배수가 좋고 미네랄 성분도 풍부해 향이 풍부한 와인을 생산하기에 이상적입니다.

1968년, 소아베는 DOC 지위를 획득했으며, 원산지는 소아베Soave 마을을 중심으로 몬테포르테 달포네Monteforte d'Alpone, 산 마르티노 부온 알베르고San Martino Buon Albergo, 메짜네 디 소또Mezzane di Sotto, 론카Ronca, 몬테끼아 디 크로자라Montecchia di Crosara, 산 조반니 일라리오네San Giovanni Ilarione, 산 보니파치오San Bonifacio, 카짜노 디 트라미나Cazzano di Tramigna, 콜로뇰라 아이 콜리Colognola ai Colli, 칼디에로Caldiero, 일라지Illasi, 라바뇨Lavagno 13개 마을로 이루어져 있습니다.

1927년 베네토 당국에 의해 최초로 지정된 소아베 원산지는 베로나 시의 동쪽에 있는 소아베 마을과 몬테포르테 달포네 마을 사이의 언덕에 위치한 포도밭에 한정했습니다. 당시 재배 면적은 1,100헥타르 정도였지만, DOC 등급으로 제정되면서 산지를 크게 확장해줘 현재는 4배 정도 재배 면적이 증가하게 되었습니다. 또한 법적 최대 수확량도 헥타르당 105헥토리터로 높여줌에 따라 와인 품질이 떨어지는 결과를 초래했습니다. 참고로 프랑스 부르고뉴 지방의 경우 헥타르당 45헥토리터를 초과하면 심각한 품질 저하가 일어나버립니다. 그럼에도 불구하고 수확량을 늘려준 것은 협동조합이 소아베의 와인 생산을 지배하고 있었기 때문입니다. 제2차 세계대전 이후, 미국에 가장 먼저 수출을 시작한 소아베 와인은 미국 시장에서 이탈리아 와인 붐을 일으키며 최고의 인기를 얻었습니다. 볼라Bolla와 같은 대규모 생산자와 협동조합은 늘어난 수요를 맞추기 위해 다량의 와인을 생산했습니다. 1990년대 중반까지 협동조합은 소아베 와인의 80% 정도를 생산하며 품질보다는 양을 우선시했고, 이로 인해 소아베 와인의 명성은 흠집이 나기 시작했습니다.

반면, 소아베 클라씨코Soave Classico DOC는 원조 격에 해당하는 마을에서 만든 와인입니다. 소아베와 몬테포르테 달포네 마을의 150~350미터 언덕에 위치한 포도밭에서 생산되고 있으며, 최대 수확량은 헥타르당 98헥토리터로 규정하고 있습니다. 특히, 소아베 마을의 서쪽 포도밭에서는 토양에 석회암의 비율이 높아 방향성이 풍부한 와인이 생산되고 있으며, 몬테포르테 달포네 마을의 동쪽 포도밭에서는 부서진 화산성 토양에서 견고한 구조감을 지닌 와인이 생산되고 있는데, 영국의 와인 평론가인 잰시스 로빈슨은 '강철 와인'이라 표현하고 있습니다. 또한 지정된 하위 구역에서 만든 소아베 콜리 스칼리제리Soave Colli Scaligeri DOC도 있습니다. 이 와인은 소아베 클라씨코로 지정된 마을 밖의 언덕에 위치한 포도밭에서 만들며, 소아베 마을의 북동쪽과 레씨니 산맥Monti Lessini의 동쪽 끝이 중심부입니다.

1998년 소아베 DOC에서 DOCG 승격된 것이 레치오토 디 소아베Recioto di Soave DOCG입니다. 수확한 포도를 건조시켜 만든 스위트 와인으로 소아베 클라씨코와 동일한 소아베, 몬테포르테 달포네 마을의 언덕에 위치한 포도밭에서 생산되고 있습니다. 건조 기간은 몇 주에서 몇 달 동안 진행되며, 전통적으로 포도원의 가장 따뜻한 장소에서 볏짚 매트에 널어 건조시켰지만 지금은 온도 조절이 가능한 공간에서 건조시키고 있습니다. 레치오토 디 소아베의 법적 최저 알코올 도수는 12%로, 리터당 잔당은 최소 70g 이상 되어야 하며, 최소 숙성 기간은 대략 10개월로 규정하고 있습니다.

소아베 수페리오레Soave Superiore DOCG는 소아베 DOC에서 2001년에 DOCG로 승격된 원산지 명칭으로, 재배 면적은 65헥타르에 불과합니다. 소아베 클라씨코로 지정된 마을과 함께 일부 마을의 언덕에 위치한 포도밭에서 생산되고 있으며, 소아베 클라씨코 DOC와 비교하면 법적 최저 알코올 도수와 최대 수확량, 숙성 기간에 차이가 있습니다.

소아베 클라씨코의 경우 최저 알코올 도수는 10.5%, 최대 수확량은 헥타르당 98헥토리터, 최소 숙성 기간은 대략 4개월이지만, 소아베 수페리오레는 최저 알코올 도수는 12%, 최대 수확량은 헥타르당 70헥토리터, 최소 숙성 기간은 대략 6개월로 규정하고 있습니다. 또한 소아베 수페리오레는 리제르바 표기도 가능한데, 최저 알코올 도수는 12.5%, 최소 숙성 기간은 대략 12~13개월로 규정하고 있습니다. 현재 소아베 와인 중 소아베 수페리오레의 비율은 1% 미만으로 존재감이 거의 없으며, 2018년부터 DOCG 폐지와 관련해 논의 중에 있습니다.

소아베는 DOC 및 DOCG 규정에 따라 가르가네가를 최소 70% 사용해야 하며, 트레비아노 디 소아베Trebbiano di Soave는 최대 30%, 그리고 샤르도네는 최대 5%까지 블렌딩할 수 있습니다. 특히 가르가네가는 평야 지대의 비옥한 토양에서 재배하면 수확량이 지나치게 많아 향이 부족하고 밋밋한 와인이 생산될 수 있습니다. 반면 언덕 지대의 척박한 토양에서는 방향성이 풍부하고 장기 숙성 능력이 탁월한 와인이 생산되고 있습니다. 보조 품종인 트레비아노 디 소아베는 이탈리아 중부에 위치한 마르케Marche 주에서 주로 재배되고 있는 베르디끼오Verdicchio와 동일한 품종입니다.

소아베의 우수한 생산자로는 피에로판Pieropan, 안셀미Anselmi, 이나마Inama, 수아비아Suavia, 지니Gini, 카루가테Ca' Rugate, 아고스티노 비첸티니Agostino Vicentini 등이 있습니다. 특히 피에로판과 안셀미는 아몬드, 레몬 향이 어우러진 최고의 소아베 와인을 만들고 있으며, 포도밭의 개성을 표현하기 위해 다양한 단일 포도밭Single Vineyard 명칭 와인도 선보이고 있습니다. 피에로판의 소아베 클라씨코 라 로까Soave Classico La Rocca DOC와 소아베 클라씨코 칼바리노Soave Classico Calvarino, 그리고 안셀미의 베네토 IGT 와인인 카피텔 포스카리노Capitel Foscarino가 대표적입니다. 또한 그라치아노 프라Graziano Prà와 같은 몇몇 생산자들은 오크통에서 숙성시킨 새로운 스타일의 소아베 와인을 만들고 있기도 합니다.

SOAVE
소아베

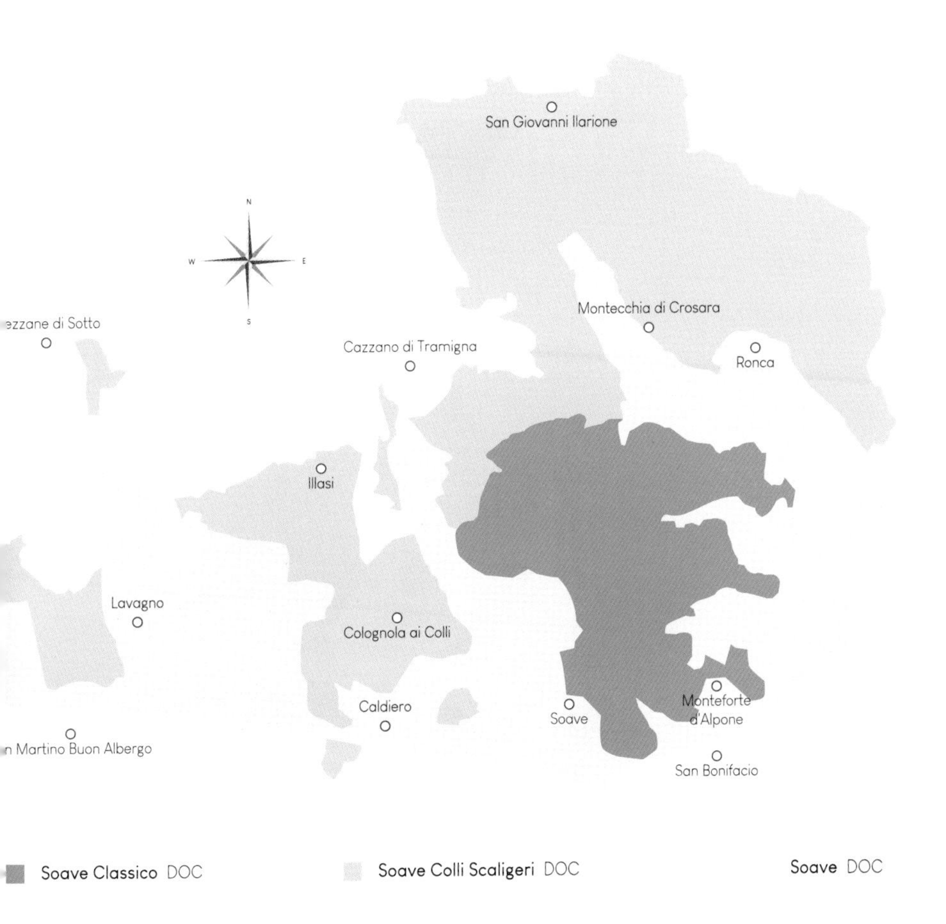

아베 원산지는 소아베 마을을 중심으로 몬테포르테 달포네, 산 마르티노 부온 알베르고, 메짜네 소또, 론카, 몬테끼아 디 크로자라, 산 조반니 일라리오네, 산 보니파치오, 카짜노 디 트라미냐, 로뇰라 아이 콜리, 칼디에로, 일라지, 라바뇨 13개 마을로 이루어져 있습니다.

아베 클라씨코는 소아베와 몬테포르테 달포네 마을의 150~350미터 언덕에 위치한 포도밭에서 산되고 있으며, 최대 수확량은 헥타르당 98헥토리터로 규정하고 있습니다. 또한 하위 구역에서 든 소아베 콜리 스칼리제리도 있습니다. 이 와인은 소아베 클라씨코로 지정된 마을 밖의 언덕에 치한 포도밭에서 만들며, 소아베 마을의 북동쪽과 레씨니 산맥의 동쪽 끝이 중심부입니다.

SOAVE SOIL
소아베의 토양

소아베 지역은 화산 활동에 의해 형성된 비옥한 화산성 토양으로, 전반적으로 어둡고 돌이 많으며 미네랄 성분이 풍부합니다. 특히 소아베 클라씨코 지역은 현무암과 석회질 점토가 혼합된 척박한 토양으로, 배수가 좋고 미네랄 성분도 풍부해 향이 풍부한 와인을 생산하기에 이상적입니다.

- 발폴리첼라(Valpolicella): 8,189헥타르

발폴리첼라는 가르다 호수의 동쪽, 레씨니 산맥의 산기슭에 위치한 마을로, 베네토 주에서 가장 유명한 레드 와인 산지입니다. 이곳은 베로나 시의 북서쪽에 위치한 산탐브로지오 Sant'Ambrogio 마을로부터 동쪽의 카짜노 디 트라미냐Cazzano Di Tramigna 마을까지 이어져 있고, 북쪽에서 남쪽으로는 계곡이 줄지어 자리잡고 있습니다. 지명에 관해서는 많은 사람들이 '포도원이 많은 계곡Vallis Polys Cellae'을 의미하는 라틴어에서 유래되었다고 주장하고 있습니다. 그러나 일부는 '충적 퇴적물의 계곡Vallis Pulicellae'을 의미하는 라틴어에서 파생되었다고 주장하고 있는데, 라틴어로 풀루스Pullus는 '거무스름한'을 뜻하며, 이곳의 모래와 자갈로 채워진 충적토를 나타냅니다.

발폴리첼라는 대륙성 기후로 분류될 수 있지만, 서쪽의 가르다 호수와 북쪽에 위치한 레씨니 산맥에 의해 다양한 미세 기후를 형성하고 있습니다. 거대한 가르다 호수 주변은 거의 지중해성 기후와 가까울 정도로 따뜻하지만, 레씨니 산맥의 산기슭에 위치한 곳은 알프스 산맥에서 남쪽으로 차가운 바람이 불어와 서늘한 기후를 띠고 있습니다. 특히, 발폴리첼라 동쪽의 클라씨코로 지정된 마을들은 따뜻한 기후와 서늘한 기후가 공존해 포도 재배에 이상적인 환경을 갖추고 있습니다. 반면 남쪽과 동쪽으로 갈수록 기후는 따뜻해집니다.

과거 화산 활동이 활발했던 발폴리첼라는 화산성 토양이 주를 이루고 있습니다. 또한 빙하와 강의 이동에 의해 퇴적된 토양과 함께 석회암이 더해져 토양은 매우 비옥합니다. 따라서 와인 품질을 위해서는 포도 나무의 수세와 수확량을 조절하는 것이 중요합니다.

포도밭은 베로나 시 북쪽의 경사지에 길게 자리잡고 있는데, 1990년대부터 고품질 와인 생산을 위해 가파른 경사지에 계단식 포도밭을 조성했습니다. 특히, 레씨니 산맥의 산기슭에 있는 발폴리첼라 클라씨코 지역, 150~460미터 사이의 포도밭에서 품질이 뛰어난 와인이 생산되고 있습니다.

발폴리첼라의 대표적인 와인으로는 발폴리첼라 DOC, 발폴리첼라 리파쏘 DOC, 아마로네 델라 발폴리첼라 DOCG, 레치오토 델라 발폴리첼라 DOCG가 있습니다. 1968년 지위를 획득

한 발폴리첼라Valpolicella DOC는 레드 와인으로, 14개 마을로 이루어져 있습니다. 과거 발폴리첼라 원산지는 레씨니 산맥의 산기슭에 위치한 마을을 중심으로 지정되었지만, DOC 등급이 되면서 동쪽의 소아베 인근과 남쪽의 포 강 주변, 그리고 아디제 강의 지류인 평야 지대까지 확장되었습니다. 그 결과, 와인의 품질은 떨어지게 되었고, 여전히 과잉 생산되며 좋은 평판을 얻지 못하고 있습니다.

발폴리첼라는 발폴리첼라 수페리오레와 발폴리첼라 클라씨코를 포함하고 있습니다. 발폴리첼라와 발폴리첼라 수페리오레는 같은 마을에서 생산되는 레드 와인으로, 법적 최저 알코올 도수와 숙성 기간에 차이가 있습니다. 발폴리첼라의 법적 최저 알코올 도수는 11%로, 리터당 잔당은 최대 7g을 초과해서는 안됩니다. 반면, 발폴리첼라 수페리오레는 법적 최저 알코올 도수는 12%이고, 최소 12개월 오크통에서 숙성을 시켜야 합니다.

우수한 품질의 발폴리첼라와 발폴리첼라 수페리오레는 옅은 색상을 띠며 체리, 잘 익은 과일 향과 풍미, 신선한 산도와 쌉쌀한 맛을 지니고 있습니다. 단, 대규모 포도원에서 만드는 와인들은 그러한 특징을 잘 나타내지 못하고 있으며, 여전히 많은 와인들이 비옥한 포 평야의 뜨거운 포도밭에서 대량 생산되고 있습니다. 반면, 발폴리첼라 클라씨코Valpolicella Classico DOC는 우수한 품질의 레드 와인 입니다. 레씨니 산맥의 산기슭에 위치한 산탐브로지오Sant'Ambrogio, 푸마네Fumane, 마라노Marano, 산 피에트로 인 카리아노San Pietro in Cariano, 네그라르Negrar 5개 마을에서 생산되고 있으며, 원조 격에 해당합니다. 또한 하위 구역으로 지정된 발폴리첼라 발판테나Valpolicella Valpantena DOC도 있습니다. 현재 베르타니Bertani와 협동조합이 소유하고 있으며, 점차 품질이 좋아지고 있습니다.

발폴리첼라에서 2010년에 발폴리첼라 리파쏘 DOC, 아마로네 델라 발폴리첼라 DOCG, 레치오토 델라 발폴리첼라 DOCG가 분리되어 독립적인 원산지 명칭을 갖게 되었습니다. 발폴리첼라 리파쏘Valpolicella Ripasso DOC는 20세기 후반에 새롭게 등장한 레드 와인입니다. 이탈리아어로 '다시 시작'을 뜻하는 리파쏘는 수세기에 걸쳐 사용했던 고대 양조 기술로, 아마로네와 레치오토를 만들고 남은 껍질을 발폴리첼라 와인에 혼합해 다시 알코올 발효 및 침용 과정을 진행합니다. 2차 발효라 일컫는 알코올 발효는 규정에 따라 최소 3일 동안 지속해야 합니다.

VALPOLICELLA
발폴리첼라

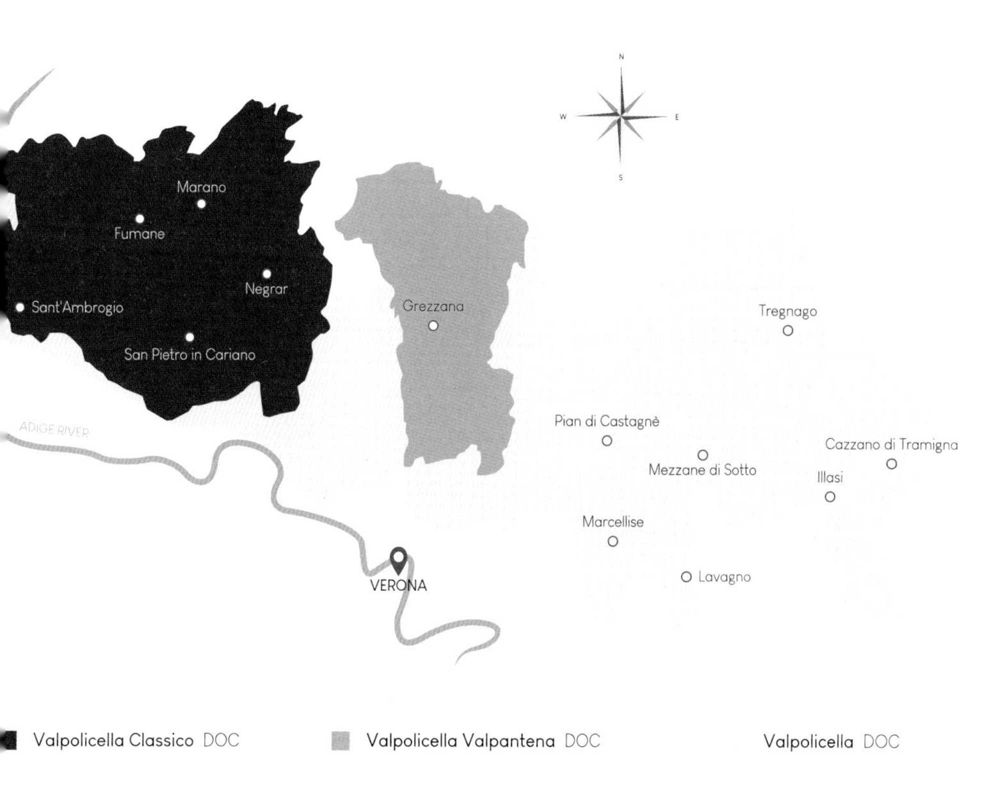

폴리첼라는 14개 마을에서 생산되며, 발폴리첼라 수페리오레, 발폴리첼라 클라씨코를 포함하고 습니다. 발폴리첼라와 발폴리첼라 수페리오레는 동일한 마을에서 생산되는 레드 와인으로, 법적 저 알코올 도수와 숙성 기간에 차이가 있습니다.

폴리첼라 클라씨코는 우수한 품질의 레드 와인으로, 산맥의 산기슭에 있는 산탐브로지오, 푸마네, 라노, 산 피에트로 인 카리아노, 네그라르 5개 마을에서 생산되고 있습니다. 또한 하위 구역으로 정된 발폴리첼라 발판테나도 있는데 점차 품질이 좋아지고 있습니다.

발폴리첼라 리파쏘는 주로 코르비나Corvina 품종을 사용하고 있으며, 아마로네와 레치오토를 만들고 남은 껍질에는 여전히 향 성분과 타닌이 남아 있어 와인의 향과 풍미에 복합성을 제공하는 동시에 알코올 도수와 무게감을 높여주게 됩니다. 또한 색과 타닌, 글리세린 및 페놀 화합물을 추출하는데도 도움을 주고 있습니다.

다른 방법으로 리파쏘를 만드는 경우도 있는데 아마로네와 레치오토를 만들고 남은 껍질을 사용하지 않고 부분적으로 말린 포도를 사용해 발폴리첼라 와인에 혼합해 만드는 것입니다. 이때 포도는 대략 1달 정도 건조하며, 아마로네와 레치오토에 비해 건조 기간이 짧은 것이 특징입니다.

1980년대 초반, 마지Masi 포도원에서 상업적인 리파쏘 와인을 최초로 출시했습니다. 그러나 20세기 후반까지 라벨에 표기되지 못한 채, 와인 병 뒷면에 붙이는 백 라벨Back Label에 설명으로 대처했는데, 2010년 발폴리첼라 리파쏘 DOC 지위를 얻으면서 지금은 라벨에 표기되고 있습니다. 21세기 들어, 아마로네 와인의 인기와 생산량이 증가함에 따라 자연스럽게 리파쏘의 생산량도 증가했으며, 아마로네 생산자의 대부분이 세컨드 와인 개념으로 리파쏘를 생산하고 있습니다. 발폴리첼라 리파쏘는 발폴리첼라와 아마로네 델라 발폴리첼라의 중간 정도의 캐릭터로, 와인 애호가들 사이에서 종종 '베이비 아마로네' 또는 '가난한 자의 아마로네'로 불리며 인기가 높습니다. 발폴리첼라 리파쏘의 법적 최저 알코올 도수는 12.5%로, 리터당 잔당은 최대 10g을 초과해서는 안됩니다. 다만, 발폴리첼라 수페리오레 리파쏘의 경우, 법적 최저 알코올 도수는 13%이고, 최소 12개월 오크통에서 숙성을 시켜야 합니다.

아마로네 델라 발폴리첼라Amarone della Valpolicella DOCG는 포도를 건조시켜 만든 드라이 레드 와인으로, 발폴리첼라 레드 와인 중 최고의 품질을 자랑합니다. 수세기에 걸쳐 이 지역에는 건조한 포도로 만든 와인이 존재했지만, 지금과 같은 드라이 타입으로 만들어진 경우는 거의 없었습니다. 전통적으로 발폴리첼라 생산자의 대다수는 포도를 건조시켜 스위트 타입의 레치오토를 만들었는데, 이 과정에서 의도치 않게 과즙이 완전히 발효되어 잔당이 없는 드라이 타입의 아마로네가 탄생하게 된 것입니다.

이후 양조 기술의 발달과 함께 현대적인 개념의 아마로네가 등장했고, 1950년대 초반, 이 지역 생산자들은 높은 당분을 지닌 포도 과즙을 완전히 알코올로 발효시킬 수 있는 효모균을 사용해 본격적으로 생산하기 시작했습니다. 처음으로 상업적인 드라이 타입의 아마로네를 출시한 것은 볼라Bolla와 베르타니Bertani 포도원입니다. 1953년, 볼라 포도원의 아마로네 볼라 리제르바 델 논노 1950Amarone Bolla Riserva del Nonno를 시작으로, 1959년 베르타니 포도원에서 레치오또 세꼬 아마로네 1959Reciotto Secco Amarone란 드라이 타입의 아마로네가 출시되었습니다. 볼라와 베르타니가 1960년대에 널리 유행시킨 뒤로 대량 생산이 가능해진 아마로네는 알코올과 약간의 당분을 좋아하는 사람들에게 큰 호응을 얻게 되었습니다. 그 결과, 2010년에 아마로네 델라 발폴리첼라는 DOCG 지위를 얻게 되었고, 이 과정에서 발폴리첼라 생산자 협회는 아마로네에 관한 품질 관리 규정을 수립했습니다.

아마로네의 원료가 되는 포도는 가장 늦게 수확을 진행합니다. 생산자들은 포도가 많은 양의 당분을 축적할 수 있도록 곰팡이와 부패가 시작되기 직전까지 최대한 익히고 있는데, 발폴리첼라는 서늘한 기후가 공존하고 있어 포도의 자연 산도가 유지되면서 당분이 더 천천히 축적되고 있습니다. 단, 아마로네 생산자들은 다른 스위트 와인과는 달리 보트리티스 균Botrytis Cinerea이 생성되는 것을 원치 않습니다. 귀부 와인을 만드는 보트리티스 균은 양조 과정에서 글리세린 성분을 만들기 위해 포도의 주석산을 소비하기 때문에 와인이 지나칠 정도로 글리세린이 풍부해지는 경향이 있습니다. 또한 이 균에 의한 특유의 곰팡이 향과 스모키한 풍미가 아마로네의 캐릭터를 저해할 수 있다고 판단해 생산자들은 포도를 최대한 건조하게 유지해 균이 생성되지 않게 포도밭에서 세심한 주의를 기울이고 있습니다.

이후 수확한 포도는 건조실로 옮겨 3~4개월 정도 건조시키는데, 이 과정을 아빠씨멘토Appassimento라고 합니다. 건조 기간 동안에 포도의 수분은 1/3 이상 증발해 건포도 모양으로 쪼그라들고 과즙은 농축되게 됩니다. 규정에 따라 12월 1일까지 양조를 행해서는 안되며, 대부분의 생산자들은 1월 또는 2월까지 포도를 건조시키고 있습니다.

아빠씨멘토 과정이 끝난 포도는 보통 1월 말이나 2월 초에 양조를 시작하게 됩니다. 알코올 발효 및 침용 과정은 대략 45~50일 동안 진행하고, 이후 대용량의 슬로베니아 중고 오크통에서 숙성 과정을 거치게 됩니다. 전통적으로 아마로네는 오크 향과 풍미, 나무의 타닌이 많이 전달되지 않도록 중립적인 중고 오크통을 사용했지만, 21세기 초반에 들어 많은 생산자들이 와인에 더 많은 오크 풍미를 제공하기 위해 작은 용량의 프랑스 새 오크통의 사용을 시도하고 있습니다.

아마로네 델라 발폴리첼라의 법적 최저 알코올 도수는 14%로, 리터당 잔당은 최대 9g을 초과해서는 안됩니다. 단, 알코올 도수를 14% 초과할 경우, 리터당 잔당은 최대 12g까지 허용되고 있습니다. 숙성 기간은 최소 24개월이며, 리제르바는 최소 48개월 숙성을 시켜야 합니다. 또한 클라씨코와 발판테나 하위 구역에서도 생산 가능합니다.

이탈리아어로 '쓴맛'을 의미하는 아마로Amaro에서 유래된 아마로네는 모카, 초콜릿, 건포도, 말린 무화과, 미네랄 등의 향과 더불어 높은 알코올 도수와 타닌을 지닌 농축되고 풀-바디한 레드 와인입니다. 종종 포트 와인을 연상케 하는 풍미가 있어 기름진 고기 요리와도 잘 어울리며, 숙성 잠재력 또한 뛰어납니다. 일반적으로 10년 정도 병 숙성이 필요하며, 20년 이상 발전 가능성이 있다고 알려져 있습니다.

레치오토 델라 발폴리첼라Recioto della Valpolicella DOCG는 스위트 타입의 레드 와인으로, 2010년 DOCG 지위를 획득했습니다. 레치오토는 이탈리아 방언으로 '귀'를 뜻하는 레치아Recia에서 파생되었는데, 말린 포도 알갱이 모양이 귀를 닮았다고 해서 붙여진 명칭입니다. 레치오토의 기원은 고대 그리스의 양조 기술로 추측되며, 역사적으로 햇볕을 받아 가장 잘 익은 포도 알갱이만을 따로 수확해 만들었지만, 오늘날에는 포도 송이 전체를 사용하는 것으로 발전했습니다.

레치오토의 원료가 되는 포도는 아마로네와 마찬가지로 가장 늦게 수확을 진행합니다. 그러나 아마로네와는 다르게 레치오토는 보트리티스 균의 생성이 도움을 주고 있으며, 이 균에 의해 복합적인 향과 풍미를 얻게 됩니다. 이후 수확한 포도는 건조실로 옮겨져, 이듬해 3월에서 4월까지 건조 과정을 거치게 됩니다. 특히 포도를 건조하는 과정에서 가장 중요한 것이 위생입니다. 베네토 주에서는 전통적으로 프로따이Fruttai라고 불리는 자연 환기가 되는 창고에서 건조를 시켰지만, 지금은 위생 때문에 온도와 습도가 자동으로 조절되는 현대식 건조실에서 건조시키고 있습니다. 이곳의 따뜻한 온도와 낮은 습도에서 건조 과정을 거친 포도는 수분이 증발해 과즙 안의 당분과 풍미는 농축되게 됩니다.

ᄀPASSIMENTO

ㅏ로네 델라 발폴리첼라는 포도를 건조시켜 만든 드라이 레드 와인으로, 수확한 포도는 건조실로
ㅓ 3~4개월 정도 건조시키는데, 이 과정을 아빠씨멘토라고 합니다. 건조 과정을 거치면서 포도의
분은 1/3 이상 증발해 건포도 모양으로 쪼그라들고 과즙은 농축되게 됩니다.
CG 규정에 따라 12월 1일까지 양조를 행해서는 안되며, 대부분의 생산자들은 1월 또는 2월까지
E를 건조시키고 있습니다.

레치오토와 아마로네 모두 말린 포도를 사용하지만, 양조 과정에 큰 차이가 있습니다. 레치오토는 알코올 발효 도중에 자연적 또는 의도적으로 발효를 멈춰 잔당이 남아있는 스위트 레드 와인으로 생산되는 반면, 아마로네는 알코올 발효를 거의 끝까지 진행해 잔당이 없는 드라이 레드 와인으로 생산됩니다. 현재 베네토 주에서는 발폴리첼라 뿐만 아니라 소아베, 감벨라라Gambellara 지역에서도 레치오토가 생산되고 있으며, 특히 언덕에 위치한 포도밭에서 품질이 뛰어난 와인이 나오고 있습니다.

레치오토 델라 발폴리첼라의 법적 최저 알코올 도수는 12%로, 리터당 잔당은 최소 50g이상 되어야 합니다. 최소 숙성 기간에 관한 규정은 없으며, 클라씨코와 발판테나 하위 구역에서도 생산 가능합니다. 또한 DOC 법에 따라 베네토 주에서만 레치오토 명칭을 사용할 수 있고, 다른 주에서 같은 방식으로 만든 와인에는 파씨토Passito 명칭을 사용해야 합니다.

DOC 및 DOCG 규정에 따라 발폴리첼라는 코르비나 또는 코르비노네Corvinone는 45~95%, 론디넬라Rondinella는 5~30% 허용하며, 몰리나라Molinara, 로씨뇰라Rossignola, 네그라라Negrara 등의 기타 품종을 최대 25%까지 블렌딩할 수 있습니다. 만생종인 코르비나는 고품질 발폴리첼라 와인의 핵심 품종으로 와인에 무게감을 제공하고 있고, 중성적인 맛을 지닌 론디넬라와 비교적 신맛이 강한 몰리나라를 주로 블렌딩해 생산하고 있습니다.

발폴리첼라의 우수한 생산자로는 볼라, 베르타니, 쥬세뻬 퀸타렐리Giuseppe Quintarelli, 달 포르노 로마노Dal Forno Romano, 보스카이니Boscaini, 산티Santi, 테데스끼Tedeschi, 트라부끼Trabucchi, 코르테 산탈다Corte Sant'Alda, 알레그리니Allegrini, 체나토Zenato, 카라 비온다Ca' La Bionda, 몬테 달오라Monte dall'Ora, 몬테 데이 라니Monte dei Ragni, 마지 등이 있으며, 특히 쥬세뻬 퀸타렐리는 많은 생산자들에게 큰 영향을 끼친 인물로 최고의 생산자로 여기고 있습니다.

TIP!

아빠시멘토(Appassimento)에 관해

아빠씨멘토는 고대의 전통적인 기술로, 스위트 와인 생산에 주로 사용되었습니다. 이 방식으로 만든 와인은 높은 당분을 가지고 있어 오랫동안 보관이 가능했기 때문에 당시에는 높은 평가를 받았습니다. 역사적으로 아빠씨멘토 기술을 사용한 대표적인 와인은 '비니 디 팔리아Vini di Pàglia로, 볏짚 와인'을 뜻하는 스위트 와인입니다. 비니 디 팔리아는 볏짚 매트 위에서 몇 달 동안 포도를 건조해 만드는데, 이탈리아 북부 지역에서 주로 생산되었습니다.
또한 시간이 지나면서 생산자들은 알코올에 내성이 강하고 과즙 내 당분을 모두 알코올 발효할 수 있는 토착 효모를 발견함에 따라 드라이 타입의 농후한 와인을 만드는 것도 가능해졌습니다. 스포르차토, 아마로네, 레치오토와 같이 잘 알려진 와인 외에도 이탈리아의 레드 와인은 10~20% 정도가 건조된 포도를 사용해 만들고 있습니다.

WINE COMPOSITION
포도 품종의 규정

Corvina or Corvinone

DOC 규정에 따라 발폴리첼라는 코르비나 또는 코르비노네는 45~95%, 론디넬라는 5~30% 허용하며, 몰리나라, 로씨놀라, 네그라라 등 기타 품종을 최대 25%까지 블렌딩이 가능합니다. 코르비나는 고품질 발폴리첼라 와인의 핵심 포도 품종으로 와인에 무게감을 제공하고 있으며, 중성적인 맛의 론디넬라와 비교적 신맛이 강한 몰리나라를 주로 블렌딩하고 있습니다.

Giuseppe Quintarelli

최고의 아마로네 생산자, 쥬세뻬 퀸타렐리

[1927~2012. 1. 15]

BARDOLINO
바르돌리노

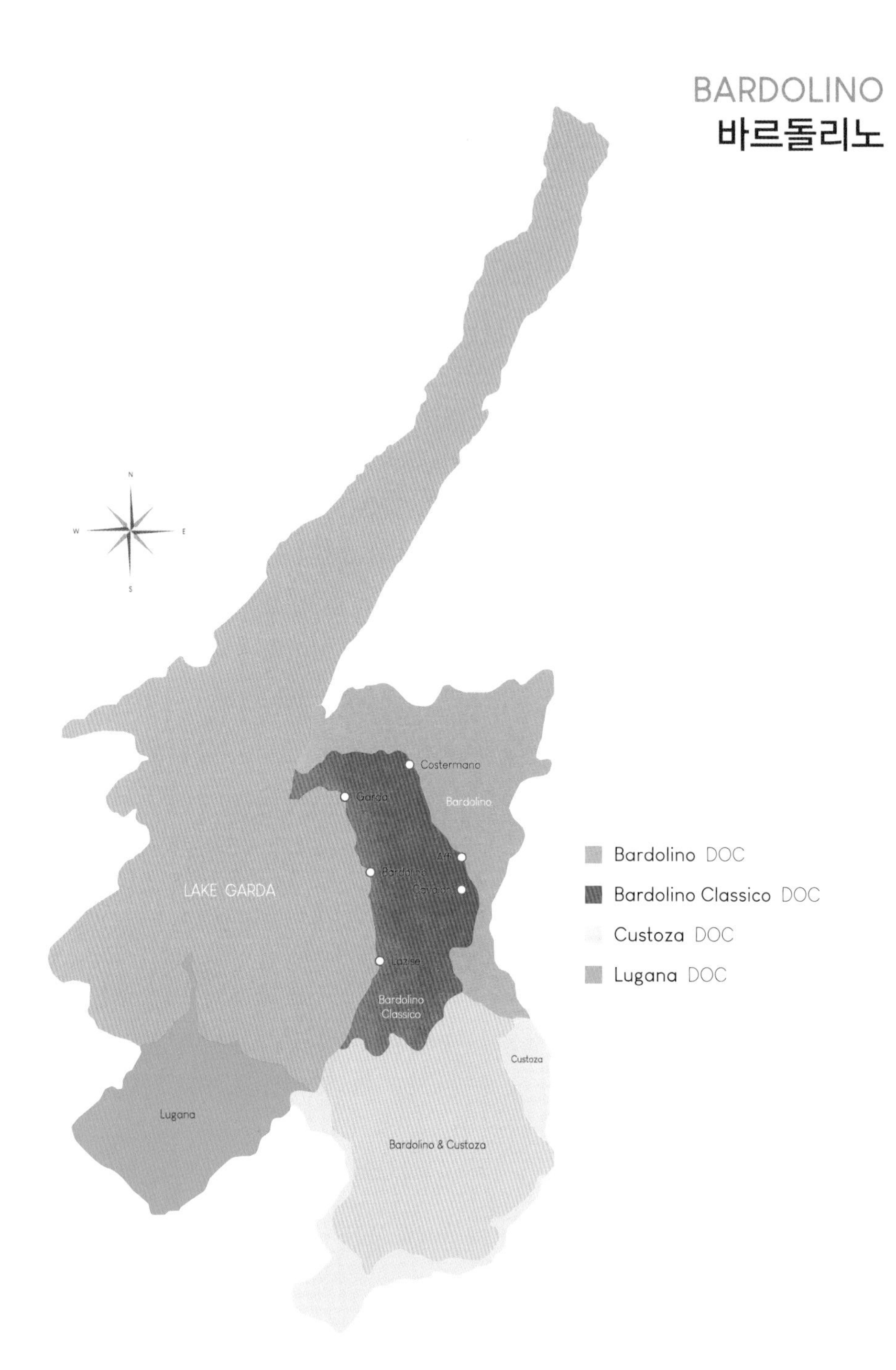

바르돌리노 클라씨코는 가르다 호수의 남동쪽 언덕에서 생산되며, 아삐, 바르돌리노, 카바이온, 코스테르마노, 가르다, 라치제 6개 마을로 이루어져 있습니다. 원조 격에 해당하는 바르돌리노 클라씨코는 전체 생산량의 약 45% 차지하고 있습니다.

- 바르돌리노(Bardolino): 2,635헥타르

바르돌리노는 이탈리아에서 가장 큰 가르다 호수 동쪽 연안에 위치한 산지로, 코르비나 주체의 레드 와인을 주로 생산하고 있습니다. 1968년 DOC 지위를 획득해 2001년에 바르돌리노 수페리오레가 분리되어 독자적인 DOCG 명칭을 갖게 되었습니다.

바르돌리노Bardolino DOC는 클라씨코 지역 너머 남쪽의 비옥한 평야 지대에서 생산되는 와인으로, 원산지는 베로나 시와 가르다 호수 사이의 16개 마을로 이루어져 있습니다. 기후는 가르다 호수와 인접해 있어 온난하며, 빙퇴석 토양에서 발폴리첼라와 유사한 성격의 레드 와인을 만들고 있습니다. 또한 1980년대 후반, 보졸레 누보를 모방해 처음 선보인 탄산가스 침용 방식으로 만든 바르돌리노 노벨로Bardolino Novello DOC와 끼아레또 디 바르돌리노Chiaretto di Bardolino DOC의 로제 와인, 그리고 스푸만테도 일부 생산되고 있는데, 특히 끼아레또 디 바르돌리노 DOC는 이탈리아 최고의 로제 와인으로 평가 받고 있습니다.

DOC 규정에 따라 바르돌리노 로쏘 및 로자토는 코르비나는 40~95%, 코르비노네는 최대 20%, 론디넬라는 5~40% 허용하며, 기타 품종을 최대 25%까지 블렌딩할 수 있습니다. 그리고 2020년 빈티지부터 가르다 호수를 따라 서쪽에 위치한 라 로까La Rocca와 DOC 경계선의 북동쪽의 몬테발도Montebaldo 및 남동쪽의 손마캄파냐Sommacampagna 3개의 하위 구역이 추가되어 라벨에 표기가 가능합니다.

바르돌리노 DOC는 바르돌리노 클라씨코Bardolino Classico DOC를 포함하고 있습니다. 바르돌리노 클라씨코는 가르다 호수의 남동쪽 언덕에서 생산되며, 아삐Affi, 바르돌리노Bardolino, 카바이온Cavaion, 코스테르마노Costermano, 가르다Garda, 라치제Lazise 6개 마을로 이루어져 있습니다. 원조 격에 해당하는 바르돌리노 클라씨코는 전체 생산량의 약 45% 차지하고 있지만, 바르돌리노 DOC와 비교해 품질 차이는 거의 없습니다. 실제로 소아베 클라씨코와 발폴리첼라 클라씨코처럼 떼루아로 인한 품질 차이가 나타나지 않는다는 평가를 받고 있지만, 코르테 가르도니Corte Gardoni, 레 프라게Le Fraghe, 라 프렌디나La Prendina, 몬테 델 프라Monte del Frà 등의 포도원에서는 우수한 품질의 와인이 생산되고 있습니다.

바르돌리노, 바르돌리노 클라씨코, 끼아레또 디 바르돌리노의 법적 최저 알코올 도수는 모두

10.5%이고, 최소 숙성 기간은 대략 3개월로 규정하고 있습니다. 바르돌리노 노벨로와 3개 하위 구역에서 생산되는 경우, 법적 최저 알코올 도수는 11%이고, 최소 숙성 기간은 대략 12개월로 규정하고 있습니다. 잔당 규정은 끼아레또 디 바르돌리노의 경우, 리터당 최대 9g까지 허용되고, 바르돌리노 노벨로는 최대 10g까지 허용되고 있습니다.

바르돌리노는 베네토 주의 다른 지역과 마찬가지로 DOC 등급으로 인정되면서 포도밭의 입지 조건이 떨어지는 마을까지 산지를 확장해주었습니다. 또한 법적 최대 수확량도 높여줌에 따라 평범하고 품질이 낮은 와인이 대량으로 생산되는 결과를 초래했습니다. 하지만, 2001년 승격된 바르돌리노 수페리오레Bardolino Superiore DOCG는 그에 비해 품질이 뛰어난 레드 와인으로, 지역은 클라씨코로 지정된 6개 마을에서만 생산 가능하며, 법적 최대 수확량도 보다 적습니다. DOCG 규정에 따라 코르비나는 35~80%, 코르비노네는 최대 20%, 론디넬라는 10~40%, 몰리나라는 최대 15%까지 허용하며, 허가된 품종을 최대 25%까지 블렌딩할 수 있습니다. 바르돌리노 수페리오레의 법적 최저 알코올 도수는 12%로, 숙성 기간은 최소 12개월로 규정하고 있습니다.

바르돌리노 수페리오레의 우수한 생산자로는 체니Zeni, 구에르리에리 리짜르디Guerrieri Rizzardi, 사르토리Sartori 등이 있습니다.

- 프로세꼬(Prosecco): 31,050헥타르

프로세꼬는 베네토와 프리울리-베네치아 줄리아 주에서 생산되는 스파클링 와인과 화이트 와인의 원산지 명칭으로, 2009년에 DOC 지위를 획득했습니다. 프로세꼬의 대부분은 스파클링 와인인 스푸만테와 세미-스파클링 와인인 프리짠테로 생산되고 있지만, 화이트 와인도 아주 소량 생산되고 있습니다. 특히 프로세꼬 스푸만테 및 프리짠테는 이탈리아에서 가장 인기 있고, 전 세계 여성들에게 큰 사랑을 받고 있기도 합니다. 이처럼 프로세꼬의 수요가 세계적으로 급증하게 되자, 2009년 이탈리아 정부는 베네토와 프리울리-베네치아 줄리아 주에 속한 9개 지방까지 산지를 확장해주었습니다. 또한 포도 품종의 명칭도 프로세꼬에서 글레라Glera로 변경했는데, 이전까지 포도 품종의 이름으로 사용되었던 프로세꼬는 지금 원산지 명칭으로 등록되어 해당 산지에만 사용할 수 있게 되었습니다.

현재, 프로세꼬는 베네토 주의 벨루노Belluno, 파두아Padua, 트레비조Treviso, 베니체Venice, 비첸자Vicenza 5개 지방과 프리울리-베네치아 줄리아 주의 고리치아Gorizia, 포르데노네Pordenone, 트리에스테Trieste, 우디네Udine 4개 지방을 포함해 총 9개 지방에서 생산되고 있습니다. 이중, 트레비조와 트리에스테 지방은 하위 구역으로 지정되어 있어 라벨에 표기가 가능합니다.

프로세꼬Prosecco DOC의 스푸만테 및 프리잔떼는 샹빠뉴, 프란차코르타 DOCG와는 달리 병 안에서 탄산가스 발효를 하지 않고 대형 가압 탱크에서 탄산가스 발효를 진행하는 샤르마 또는 마르티노띠 방식으로 만듭니다. 이로 인해 비교적 저렴한 원가로 생산이 가능하고, 대부분 저렴한 가격에 판매되고 있습니다.

DOC 규정에 따라 프로세꼬는 글레라를 최소 85% 사용해야 하며, 비안께따 트레비자나Bianchetta Trevigiana, 샤르도네, 피노 비안코, 피노 그리지오, 피노 네로 등의 기타 품종을 최대 15%까지 블렌딩할 수 있습니다. 법적 최저 알코올 도수는 11%로, 가압 탱크에서 최소 30일 동안 탄산가스 발효를 거쳐야 합니다. 단, 프로세꼬 로자토 스푸만테의 경우, 글레라는 85~90%, 피노 네로는 10~15% 사용을 허가하고 있습니다. 이 와인의 법적 최저 알코올 도수는 11%로, 가압 탱크에서 최소 60일 동안 탄산가스 발효를 거쳐야 합니다.

프로세꼬의 당도 표기 용어는 다음과 같습니다. 도자찌오 제로Dosaggio Zero는 리터당 잔당 3g 미만, 엑스트라 브루트Extra Brut는 리터당 잔당 6g 미만, 브루트Brut는 리터당 잔당 12g 미만, 엑스트라 세꼬Extra Secco/Extra Dry는 리터당 잔당 12~17g 미만, 세꼬Secco/Sec는 리터당 잔당 17~32g 미만, 아보까토Abboccato/Demi-Sec는 리터당 잔당32~50g 미만으로, 거의 대부분이 엑스트라 세꼬 타입으로 생산되었지만, 지금은 브루트 타입의 생산이 증가하고 있는 추세입니다.

프로세꼬는 탄산가스가 없는 화이트 와인인 프로세꼬 트란쿠일로Prosecco Tranquillo DOC도 생산 가능합니다. 포도 품종의 규정은 프로세꼬와 동일하며, 법적 최저 알코올 도수는 10.5%입니다. 그러나 전체 생산량의 5% 미만에 불과하고, 현지 내에서만 소비되기 때문에 해외 시장에서는 찾아볼 수가 없습니다.

베네토 주의 트레비조 지방에는 피아베 강을 사이에 두고 수페리오레를 표기할 수 있는 두 개의 DOCG가 존재합니다. 코넬리아노 발도비아데네 프로세꼬 DOCG와 아졸로 프로세꼬 DOCG가 주인공으로, 우수한 품질의 프로세꼬는 모두 이곳에서 생산되고 있습니다.

코넬리아노 발도비아데네 프로세꼬Conegliano Valdobbiadene Prosecco DOCG는 베네치아 시의 북동쪽의 위치한 코넬리아노와 발도비아데네 마을 사이의 가파른 석회암 언덕에서 생산되고 있으며, 원산지는 15개 마을로 이루어져 있습니다. 1969년 DOC 지위를 획득해 2009년에 DOCG로 승격되었으며, 재배 면적은 9,562헥타르에 달합니다. 이곳의 주요 와인인 스푸만테는 수페리오레 표기가 가능한데 엑스트라 브루트, 브루트, 엑스트라 세꼬, 세꼬 타입이 주를 이루고 있습니다. 특히 북쪽에 위치한 발도비아데네 마을은 표고가 높고 기온이 낮기 때문에 대부분 드라이 타입으로 생산되고 있지만, 최근 들어, 이 마을의 생산자들은 코넬리아노 명칭을 빼고 발도비아데네 프로세꼬 수페리오레Valdobbiadene Prosecco Superiore DOCG로 표기하고 있는 추세입니다.

코넬리아노 발도비아데네 프로세꼬 수페리오레 DOCG는 카르티쩨Cartizze와 리베Rive 2개의 하위 구역이 존재합니다. 카르티쩨 언덕에서 만드는 카르티쩨는 수페리오레만 생산 가능하며, 라벨에 수페리오레 디 카르티쩨Superiore di Cartizze DOCG로 표기되고 있습니다. 또 다른 하위 구역인 리베는 12개 마을과 프라치오니Frazioni라 부르는 31개의 구획으로 이루어져 있습니다. 이곳의 스푸만테는 코넬리아노 발도비아데네 프로세꼬 수페리오레 리베Conegliano Valdobbiadene Prosecco Superiore Rive DOCG 원산지 명칭을 가지며, 라벨에 수페리오레와 함께 리베 명칭을 표기할 수 있습니다.

코넬리아노 발도비아데네 프로세꼬의 우수한 생산자로는 카르페네 말볼티Carpene Malvolti, 발도Valdo, 초닌Zonin, 비졸Bisol, 미오네또Mionetto 등이 있습니다.

2009년 DOCG 지위를 획득한 아졸로 프로세꼬Asolo Prosecco DOCG 역시 품질이 우수합니다. 아졸로 마을 인근에 있는 콜리 아졸라니Colli Asolani 언덕에서 생산되는 와인으로, 이전까지 콜리 아졸라니 프로세꼬Colli Asolani Prosecco DOCG 명칭을 사용했지만, 2014년부터 아졸로 프로세꼬 DOCG로 명칭을 변경했습니다. 아졸로 마을은 트레비조 지방의 진주로 알려졌으며,

주요 와인인 스푸만테는 거의 모두 아졸로 프로세꼬 수페리오레Asolo Prosecco Superiore DOCG로 출시되고 있습니다. 이곳의 재배 면적은 1,253헥타르로, 코넬리아노 발도비아데네 프로세꼬 DOCG에 비해 훨씬 규모가 작습니다.

코넬리아노 발도비아데네 프로세꼬와 아졸로 프로세꼬 DOCG의 포도 품종에 관한 규정은 프로세꼬 DOC와 동일합니다. 또한 두 곳에서는 수이 리에비티Sui Lieviti 또는 콜 폰도Col Fondo라는 전통적인 방식의 스푸만테도 생산 가능합니다. 이것은 프랑스의 쉬르-리Sur-Lie 방식으로 만든 드라이 타입의 프로세꼬로, 이탈리아어로 수이 리에비티는 '효모 침전물Lieviti 위에', 콜 폰도는 '앙금Fondo과 함께'라는 의미를 지니고 있습니다.

수이 리에비티·콜 폰도는 수페리오레만 생산 가능하고, 병 안에 앙금이 든 채로 판매되고 있습니다. 규정에 따라 최소 90일 동안 효모 숙성을 거쳐야 하며, 다른 프로세꼬와는 달리 도자찌오 제로 또는 브루트 나투레Brut Nature 타입으로만 출시되어야 합니다. 그 결과, 수이 리에비티와 콜 폰도 프로세꼬는 사과, 시트러스 등의 과실 향보다는 토스트, 빵 등의 향이 두드러지며, 복합적인 풍미와 함께 매우 드라이한 맛이 특징입니다. 라벨에 코넬리아노 발도비아데네 프로세꼬 수페리오레 수이 리에비티Conegliano Valdobbiadene Prosecco Superiore Sui Lieviti DOCG, 아졸로 프로세꼬 수페리오레 수이 리에비티Asolo Prosecco Superiore Sui Lieviti DOCG로 표기되며, 일반적으로 프리짠테에 비해 탄산가스 압력이 2.5기압 정도 낮습니다.

프로세꼬 DOC 와인은 산지가 확장되면서 대부분 낮은 평야 지대에서 생산되는 반면, 코넬리아노 발도비아데네 프로세꼬와 아졸로 프로세꼬 DOCG 와인은 언덕에 위치한 포도밭만 한정했기 때문에 더 우수한 와인이 생산되고 있습니다. 따라서 언덕 지형 덕분에 포도 재배 및 수확 작업은 인력에 의해 이루지고 있어 결과적으로 품질이 향상되었습니다.

프로세꼬의 우수한 생산자로는 아다미Adami, 비안카 비냐BiancaVigna, 솜마리바Sommariva, 빌라 산디Villa Sandi, 안드레올라 디루포Andreola Dirupo, 보르톨로미올Bortolomiol, 레 콜투레Le Colture, 루제리Ruggeri, 실바노 폴라도르Silvano Follador, 소렐레 브론카Sorelle Bronca 등이 있습니다.

TIP!

코넬리아노(Conegliano) 대학

베네토 주의 코넬리아노 마을은 오랜 역사를 지닌 곳으로, 이탈리아 최초의 포도 재배·양조 연구 기관인 코넬리아노 대학이 있는 걸로 유명합니다. 이 대학교는 1924년에 개교해 포도 재배 연구소를 먼저 설립했고, 6년 뒤에 양조학 연구를 시작했습니다. 설립 당시, 교수 중 한 사람인 조반니 달마쏘Giovanni Dalmasso는 1930년대 전반에 끼안티 지역의 원산지에 관한 경계선 책정을 한 것으로 유명합니다. 또한 그의 후계자인 루이지 만초니Luigi Manzoni 교수는 인크로치오 만초니Incrocio Manzoni란 이름으로 알려진 교배 품종을 개발했습니다. 코넬리아노 대학은 '이탈리아 토착 품종의 보관소'라고 불리고 있는데, 지금까지 연구 개발한 포도 품종만 2,000종이 넘습니다. 현재 6,000명 이상의 졸업생을 배출했고, 이탈리아의 유명한 양조가 및 컨설턴트의 대다수가 이 대학의 졸업생들입니다.

PROSECCO
프로세꼬

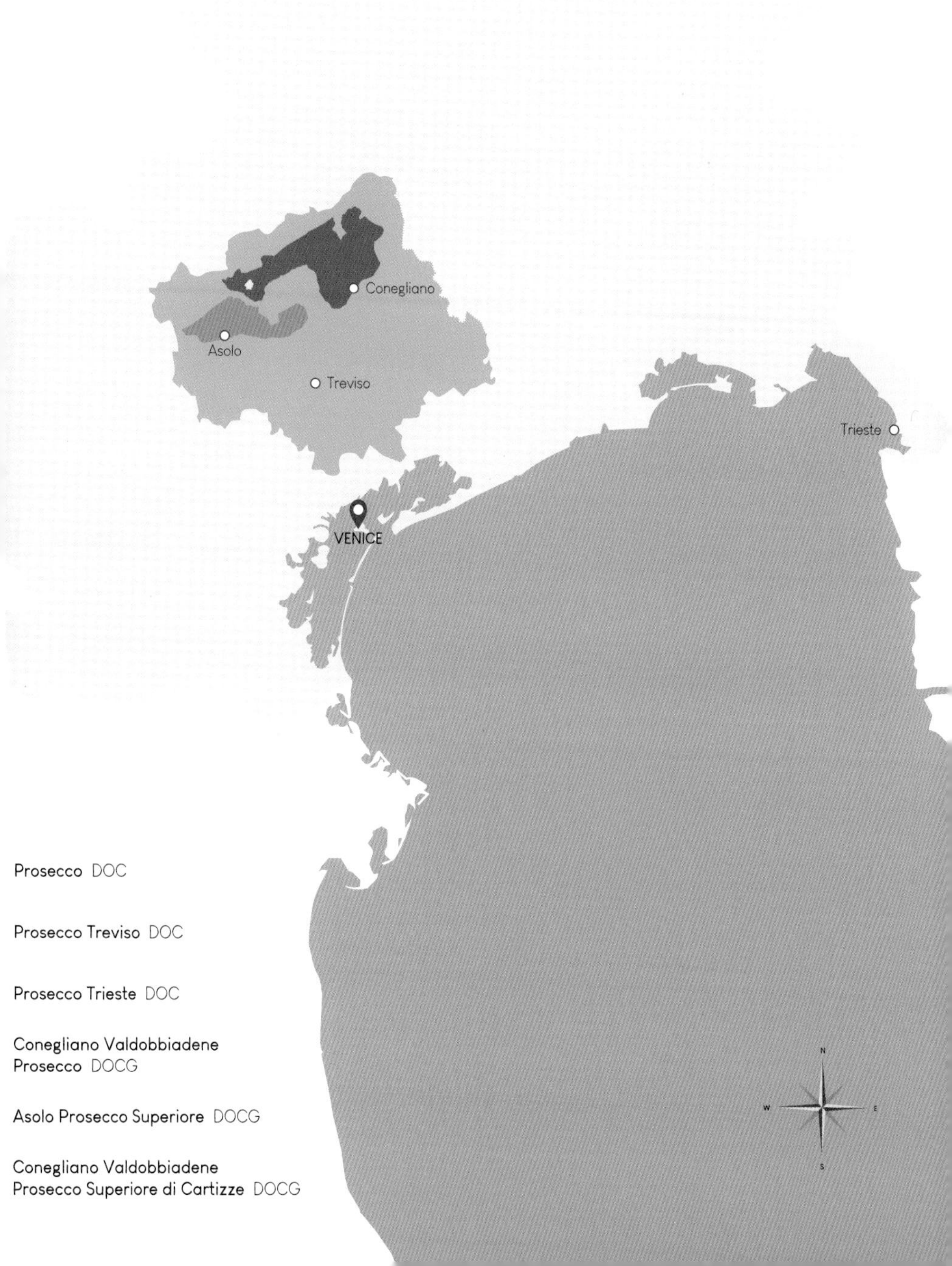

Conegliano
Asolo
Treviso
Trieste
VENICE
Prosecco DOC
Prosecco Treviso DOC
Prosecco Trieste DOC
Conegliano Valdobbiadene Prosecco DOCG
Asolo Prosecco Superiore DOCG
Conegliano Valdobbiadene Prosecco Superiore di Cartizze DOCG
N
W
E
S

PROSECCO SUPERIORE
코넬리아노 발도비아데네 수페리오레

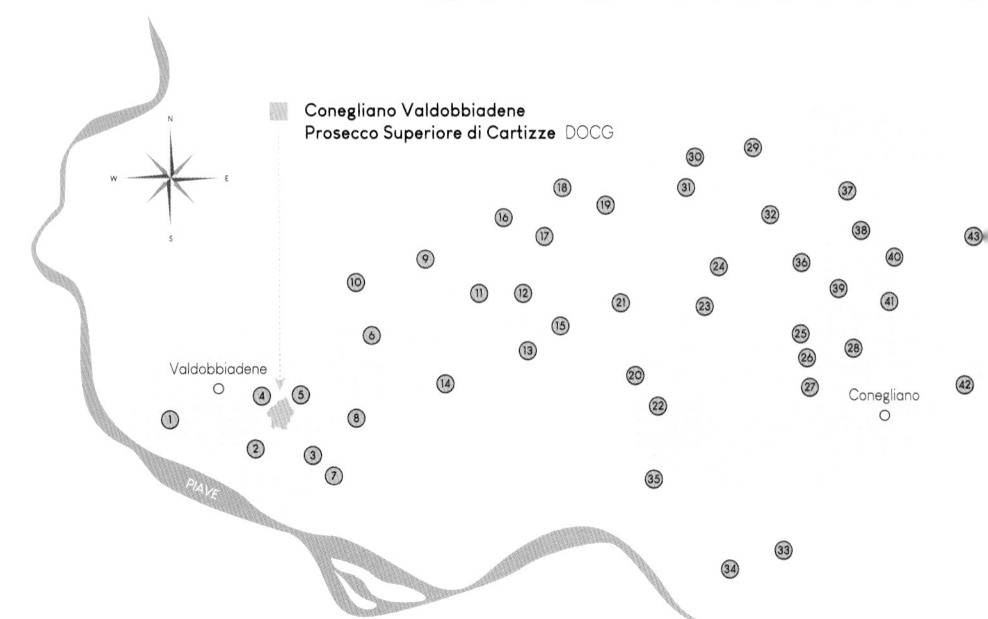

43 Rive della Comune di Conegliano Valdobbiadene Prosecco Superiore DOCG

Comune di Conegliano
1. Rive di San Vito
2. Rive di Bigolino
3. Rive di San Giovanni
4. Rive di San Pietro di Barbozza
5. Rive di Santo Stefano
6. Rive di Gula

Comune di Vidor
7. Rive di Vidor
8. Rive di Colbertaldo

Comune di Miane
9. Rive di Miane
10. Rive di Combai
11. Rive di Campea
12. Rive di Premaor

Comune di Farra di Soligo
13. Rive di Farra di Soligo
14. Rive di Col San Martino
15. Rive di Soligo

Comune di Follina
16. Rive di Follina
17. Rive di Farro

Comune di Cison di Valmarino
18. Rive di Cison di Valmarino
19. Rive di Rolle

Comune di Pieve di Soligo
20. Rive di Pieve di Soligo
21. Rive di Solighetto
22. Rive di Barbisano

Comune di Refrontolo
23. Rive di Refrontolo

Comune di San Pietro di Feletto
24. Rive di San Pietro di Feleto
25. Rive di Rua
26. Rive di Santa Maria
27. Rive di San Michele
28. Rive di Bagnolo

Comune di Tarzo
29. Rive di Tarzo
30. Rive di Resera
31. Rive di Arfanta
32. Rive di Corbanese

Comune di Susegana
33. Rive di Tarzo
34. Rive di Colfosco
35. Rive di Collalto

Comune di Vittorio Veneto
36. Rive di Formeniga
37. Rive di Cozzuolo
38. Rive di Carpesica
39. Rive di Manzana

Comune di Conegliano
40. Rive di Scomigo
41. Rive di Ogliano

Comune di San Vendemiano
42. Rive di San Vendemiano

Comune di Colle Umberto
43. Rive di Colle Umberto

CLASSIFICATION
프로세꼬 품질 등급

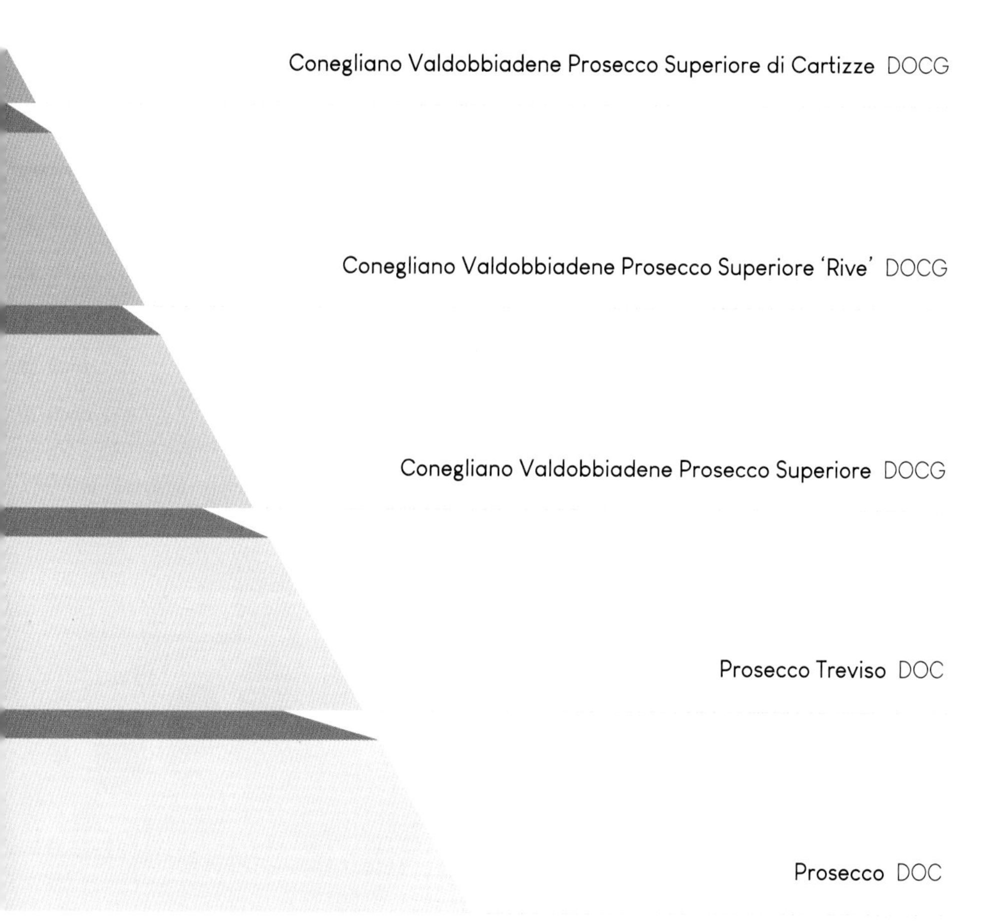

코넬리아노 발도비아데네 프로세꼬 수페리오레는 카르티쩨와 리베 2개의 하위 구역이 존재합니다. 카르티쩨는 수페리오레만 생산 가능하며, 라벨에 코넬리아노 발도비아데네 프로세꼬 수페리오레 디 카르디쩨로 표기되고 있습니다. 또 다른 하위 구역인 리베는 12개 마을과 프라치오니라 부르는 31개 구획으로 이루어져 있습니다.

TRENTINO-ALTO ADIGE
트렌티노-알토 아디제

9
DOC

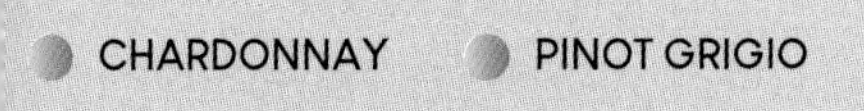
SCHIAVA
TEROLDEGO
CHARDONNAY
PINOT GRIGIO

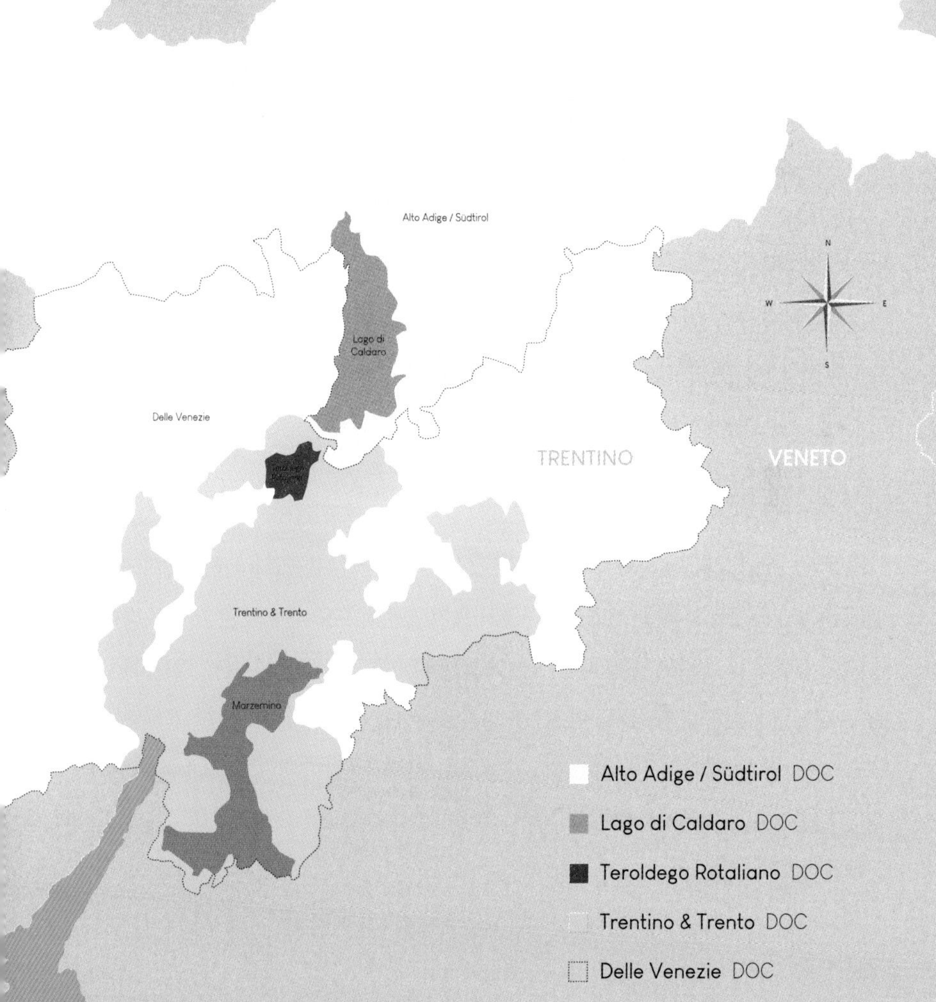
AUSTRIA
ALTO ADIGE
Alto Adige / Südtirol
Lago di Caldaro
Delle Venezie
TRENTINO
VENETO
N
W
E
S
Trentino & Trento
Marzemino
LAKE GARDA
Alto Adige / Südtirol DOC
Lago di Caldaro DOC
Teroldego Rotaliano DOC
Trentino & Trento DOC
Delle Venezie DOC

트렌티노-알토 아디제(Trentino-Alto Adige): 15,403헥타르

알프스 산맥에 둘러싸인 트렌티노-알토 아디제 주는 이탈리아 최북단에 위치한 와인 산지입니다. 이 지역은 성격이 전혀 다른 두 개 지방을 합친 명칭으로, 오스트리아의 쥐드티롤Südtirol이라 하는 티롤 지방의 남쪽 끝에 있는 알토 아디제 지방과 그 바로 아래 고산 지대의 트렌티노 지방으로 이루어져 있습니다. 알토 아디제 지방은 한때 오스트리아-헝가리 제국의 영토에 속한 지역으로 독일어를 주로 사용하고 있고, 트렌티노 지방은 이탈리아어 권에 속해 있습니다.

와인 생산과 기후에 있어서도 두 지방은 분명한 차이를 보이고 있습니다. 알토 아디제 지방은 주로 가족 경영의 소규모 포도원에서 와인을 생산하는 반면, 트렌티노 지방은 카비트Cavit 및 메짜코로나Mezzacorona와 같은 협동조합이 생산을 주도하고 있습니다.

알토 아디제 지방은 알프스 대륙성Alpine-Continental 기후로, 알프스 산맥이 북쪽의 차갑고 습한 바람으로부터 보호하며, 일년에 300일 가량 햇볕이 내리쬐는 온화한 기후를 보이고 있습니다. 반면 트렌티노 지방의 가르다 호수와 발라가리나Vallagarina 계곡 주변은 온화한 지중해성 기후를 띠고 있지만, 전반적으로 해발 고도가 높아 서늘한 고산Alpine 기후를 보이고 있습니다. 그 결과, 두 지방에서는 토착 품종뿐만 아니라 프랑스계 품종 등의 다양한 품종들이 재배되고 있으며, 여러 가지 스타일의 화이트·레드 와인이 생산되고 있습니다.

트렌티노-알토 아디제 주의 대부분은 알프스 산맥의 산악 지형입니다. 이탈리아에서 가장 위도가 높고 지형의 99%는 산으로 이루어져 있기 때문에 포도 재배에 큰 제약이 따르고 있습니다. 실제로 이 지역은 농경지의 5%만이 500미터 표고 아래에 위치하고 있는데, 아디제 강 유역에 있는 돌과 암석으로 구성된 15%의 토양에서만 작물 재배가 가능합니다. 또한, 트렌티노-알토 아디제 주에는 이탈리아에서 세 번째로 긴 아디제 강이 흐르고 있습니다. '아디제 강의 상류'를 뜻하는 단어에서 알토 아디제의 지명이 유래되었으며, 포도밭은 아디제 강 유역에 군데군데 퍼져 있습니다.

현재, 트렌티노-알토 아디제 주에는 9개의 DOC와 4개의 IGT가 존재하며, DOCG는 없습니다. 화이트 와인이 70% 이상 차지하고 있고, 주 내에서 생산되는 DOC 와인의 비율은 93%로, 이탈리아에서 가장 높습니다. 주요 포도 품종은 샤르도네 22%, 피노 그리지오 19%, 스끼아바Schiava 9% 등이 있으며, 트렌토 DOC, 알토 아디제 DOC, 테롤데고 로탈리아노 DOC가 대표적입니다.

- 트렌티노(Trentino DOC): 7,086헥타르

트렌티노 DOC는 트렌티노 지방 전체를 포괄하는 원산지 명칭으로, 1971년 DOC 지위를 획득했습니다. 원산지는 아디제 강을 따라 72개 마을을 포함하고 있으며, 와인은 크게 세 가지 부류로 생산되고 있습니다. 첫 번째는 비안코, 로자토, 로쏘, 비노 산토Vino Santo 등 와인 타입을 표기하는 와인입니다. 트렌티노 비안코는 샤르도네 또는 피노 비안코 주체로 생산되며, 트렌티노 로쏘는 메를로 주체로 프랑스계 품종을 블렌딩해 만들고 있습니다. 트렌티노 비노 산토의 경우 파씨토 방식의 스위트 와인으로 토착 품종인 노지올라Nosiola를 건조시켜 만들고 있습니다.

두 번째는 포도 품종을 표기한 와인으로, 해당 포도 품종을 최소 85% 사용해야 하며, 현재 18종의 품종이 허가되고 있습니다. 세 번째는 베제노Beseno, 이제라Isera, 소르니Sorni, 쳄브라Cembra, 치레지Ziresi 5개 하위 구역에서 생산된 와인입니다. 특히, 이제라 하위 구역에서 마르체미노Marzemino 토착 품종을 사용해 만든 레드 와인이 인상적인데, 향이 풍부하고 무게감이 가벼운 것이 특징입니다.

주요 청포도 품종은 샤르도네, 피노 비안코, 피노 그리지오, 게뷔르츠트라미너, 케르너, 만초니 비안코Manzoni Bianco, 노지올라, 쏘비뇽 블랑 등이 있으며, 적포도 품종은 메를로, 까베르네 프랑, 까베르네 쏘비뇽, 람브루스코Lambrusco, 마르체미노, 까르메네르, 피노 네로 등이 있습니다.

트렌티노 DOC에서 가장 유명한 생산자로는 산 레오나르도San Leonardo가 있습니다. 이 포도원은 트렌티노 지방의 남쪽 끝, 발라가리나 계곡에 위치하며, 가르다 호수에서 불어오는 바

람의 영향을 받아 온화한 기후를 띠고 있습니다. 또한 토양도 보르도 지방의 메독 지구와 유사한 충적토로 이루어져 있어 까베르네 쏘비뇽, 까르메네르, 까베르네 프랑, 메를로 등 프랑스계 품종을 주로 재배하고 있습니다. 산 레오나르도에서 만든 보르도 블렌딩 와인은 섬세함과 농후함을 겸비하고 있다는 평가를 받고 있습니다.

- 트렌토(Trento DOC): 1,154헥타르

1993년 DOC 지위를 획득한 트렌토는 스푸만테를 위한 원산지 명칭으로, 트렌티노 DOC와 거의 같은 지역에서 생산되고 있습니다. 샤르도네, 피노 비안코 등을 주체로 만들며, 포도의 자연적인 신맛을 얻기 위해 높은 표고에서 재배되고 있습니다. 또한 병 내 2차 탄산가스 발효를 거치는 메토도 클라씨코 방식을 의무화하고 있습니다. 현재, 수요가 많아 대량 생산되고 있는데, 페라리Ferrari가 주요 생산자로 유명합니다.

- 테롤데고 로탈리아노(Teroldego Rotaliano DOC): 435헥타르

테롤데고 로탈리아노는 트렌티노 지방의 최북단에 있는 로탈리아노 평원에서 생산된 와인으로, 1971년 DOC 지위를 획득했습니다. 로탈리아노 평원은 테롤데고의 고향으로 알려져 있으며, 원산지는 메쫄롬바르도Mezzolombardo, 메쪼코로나Mezzocorona 마을과 함께 산 미켈레 알라디제San Michele all'Adige 마을을 포함하고 있습니다. 로탈리아노 평원의 토양은 다양한 크기의 자갈과 석회암 퇴적물로 구성되어 있으며, 토착 품종인 테롤데고를 100% 사용해 개성적인 레드 및 로제 와인을 생산하고 있습니다.

가장 일반적인 테롤데고 로탈리아노 로쏘Teroldego Rotaliano Rosso DOC는 생산자와 빈티지에 따라 가벼운 스타일에서 농축된 스타일까지 다양한데, 특히 엘리자베따 포라도리Elisabetta Foradori 여사가 만든 와인을 최고로 평가하고 있습니다. '테롤데고 여사La Signora del Teroldego'라 불리는 포라도리는 테롤데고의 품질을 향상시키기 위해 자신이 직접 클론을 개발해 현재 17종에 달하는 클론을 보유하고 있습니다. 또한 그녀는 2009년부터 흙으로 빚은 암포라Amphora에서 알코올 발효 및 숙성을 시도해 폰타나산타 노지올라Fontanasanta Nosiola 화이트 와인과

테롤데고 스카르촌Teroldego Sgarzon 레드 와인을 만들고 있습니다. 그러나 두 와인 모두 DOC 규정에 어긋나기 때문에 비녜티 델레 돌로미티Vigneti delle Dolomiti IGT로 출시하고 있습니다.

- 알토 아디제(Alto Adige DOC): 4,644헥타르

알토 아디제는 알토 아디제 지방 전체를 포괄하는 원산지 명칭으로, 1975년 DOC 지위를 획득했습니다. 원산지는 아디제 강과 이자르코Isarco 강이 교차하는 두 개의 큰 계곡을 따라 50개 마을을 포함하고 있습니다. 포도밭의 표고는 200~1,000미터 사이로 다양한데, 특히 350~550미터에 자리잡은 포도밭은 서리를 피할 수 있고 오랫동안 햇볕에 노출되어 포도가 잘 익습니다.

알토 아디제 지방은 알프스 대륙성 기후로 매우 서늘할 것 같지만, 알프스 산맥이 북쪽의 차갑고 습한 바람을 막아줘 온화한 기후를 보이고 있습니다. 토양은 주로 두 가지 유형으로 나뉘는데, 계곡 아래는 강에 의해 퇴적된 토양으로 모래가 많고, 비탈에는 자갈이 많습니다.

알토 아디제 와인은 다음과 같이 크게 세 가지 부류로 생산되고 있습니다. 첫 번째는 비안코, 스푸만테 등 와인 타입을 표기하는 와인입니다. 알토 아디제 비안코는 샤르도네, 피노 비안코, 피노 그리지오 주체로 생산되며, 알토 아디제 스푸만테는 샤르도네, 피노 비안코, 피노 네로 등을 사용해 메토도 클라씨코 방식을 의무화하고 있습니다. 늦 수확한 포도로 만든 알토 아디제 벤뎀미아 타르디바Vendemmia Tardiva DOC와 포도를 건조시켜 만든 알토 아디제 파씨토는 모두 스위트 와인으로, 포도 품종의 규정은 알토 아디제 비안코 DOC와 동일합니다. 반면 알토 아디제의 로자토와 로쏘는 모두 포도 품종을 표기해 생산하고 있습니다.

두 번째는 포도 품종을 표기한 와인으로, 알토 아디제 와인의 대부분이 이 부류에 속하고 있습니다. 해당 포도 품종을 최소 85% 사용해야 하며, 현재 20종의 품종이 허가되고 있습니다. 협동조합이 알토 아디제 DOC 생산의 70%를 담당하고 있는데, 매년 일관된 맛과 합리적인 가격을 찾는 와인 애호가들에게 인기가 많은 편입니다.

세 번째는 발레 베노스타Valle Venosta, 메라네제 디 콜리나Meranese di Collina, 테를라노Terlano, 산타 마따레나Santa Maddalena, 콜리 디 볼차노Colli di Bolzano, 발레 이자르코Valle Isarco 6개의 하위 구역에서 생산된 와인입니다. 테를라노는 화이트 와인만 생산 가능한 하위 구역으로 높은 표고의 화강암 토양에서 생산되는 쏘비뇽 블랑으로 유명하며, 벤뎀미아 타르디바와 파씨토 와인도 일부 생산하고 있습니다.

발레 이자르코와 발레 베노스타는 주로 화이트 와인을 생산하는 하위 구역으로 가파른 계단식 포도밭에서 리슬링, 실바너, 케르너 등 독일계 품종이 잘 자라고 있습니다. 또한 소량의 레드 와인과 벤뎀미아 타르디바와 파씨토 와인도 일부 생산하고 있습니다. 반면 메라네제 디 콜리나와 산타 마따레나, 그리고 콜리 디 볼차노는 따뜻한 지역으로 스끼아바 품종으로 레드 와인만 생산 가능한 하위 구역 입니다. 위와 같이 6개 하위 구역에서 생산되는 와인은 알토 아디제와 함께 하위 구역 명칭을 라벨에 표기할 수 있습니다.

주요 청포도 품종은 샤르도네, 피노 비안코, 피노 그리지오, 게뷔르츠트라미너, 케르너, 모스카토, 뮐러-투르가우Müller-Thurgau, 리슬링, 쏘비뇽 블랑 등이 있으며, 적포도 품종은 까베르네 쏘비뇽, 까베르네 프랑, 메를로, 까르메네르, 라그레인Lagrein, 람브루스코, 피노 네로, 스끼아바, 테롤데고 등이 있습니다.

Elisabetta Foradori

FRIULI-VENEZIA GIULI
프리울리-베네치아 줄리

AUSTRIA

MERLOT
REFOSCO
PINOT GRIGIO
FRIULANO
GLERA

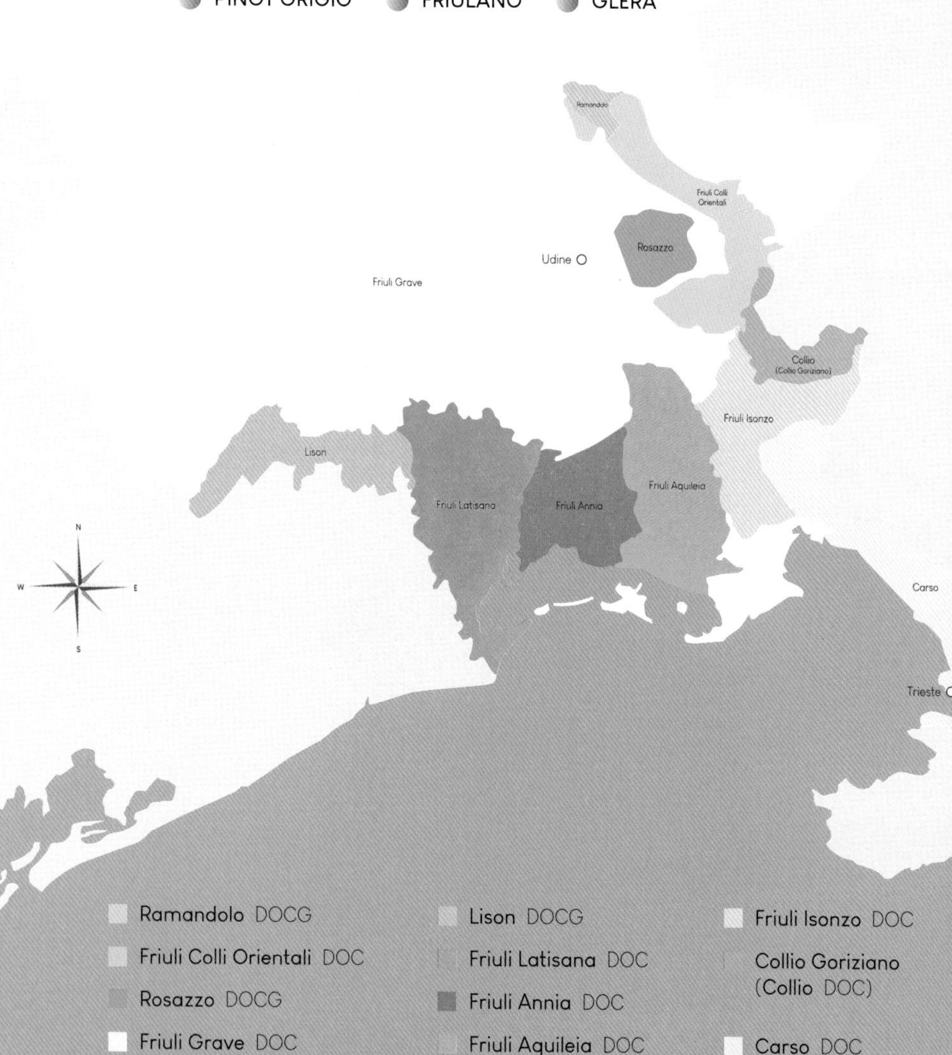

프리울리-베네치아 줄리아(Friuli-Venezia Giulia): 27,100헥타르

이탈리아 북동부의 베네토, 트렌티노-알토 아디제, 프리울리-베네치아 줄리아는 '세 개의 베네치아'를 의미하는 트레 베네치아Tre Venezie로 불리고 있습니다. 이중, 프리울리-베네치아 줄리아 주는 이탈리아의 북동부 끝자락에 위치한 와인 산지로, 북쪽으로는 오스트리아, 동쪽으로는 슬로베니아와 국경을 접하고 있습니다. 주도인 트리에스테Trieste는 아드리아해와 인접하며, 오스트리아-헝가리 제국 시절에 바다로 통하는 유일한 문호 역할을 해왔습니다.

프리울리-베네치아 줄리아 주의 북쪽은 알프스 산맥의 산악 지대로 산이 많은 반면, 남쪽의 아드리아해 인근은 평야 지대로 이뤄져 있습니다. 기후는 북부 지역의 고산 기후와 남부 지역의 지중해성 기후가 공존하고 있지만, 북쪽의 알프스 산에서 불어오는 차가운 대기와 남쪽의 아드리아해에서 불어오는 따뜻한 대기가 뒤섞여 전반적으로 온화하고, 낮과 밤의 기온 편차가 심한 편입니다. 이러한 기후는 화이트 와인 생산에 이상적인 환경을 제공하며, 포도의 당도와 자연적인 산도가 균형을 유지하는데 도움을 주고 있습니다.

여름철 평균 기온은 22.8도, 연 평균 강우량은 1,530mm 정도로 높지만, 수확 시기에 강우량은 100mm 미만에 불과하며 수확은 보통 9월에 이뤄지고 있습니다. 토양은 칼슘이 풍부한 이회토, 사암부터 계곡의 점토, 자갈, 모래까지 다양하게 구성되어 있습니다.

1960년대, 프리울리-베네치아 줄리아 주에서는 독일로부터 발효 온도를 관리하는 기술이 도입되어 신선하고 과실 아로마가 풍부한 화이트 와인을 만들기 시작했습니다. 또한 이탈리아에서 처음으로 국제 품종을 사용해 현대적인 스타일의 화이트 와인도 만들었는데, 당시 이탈리아에서는 찾아 볼 수 없는 스타일이었습니다. 그 결과, 1970년대 초반에 인지도를 쌓기 시작해, 1980~90년대에 피노 그리지오의 국제적인 인기와 함께 프리울리-베네치아 줄리아 주는 우수한 화이트 와인 산지로 주목을 받기 시작했습니다.

그러나 유행은 오래가지 못했습니다. 오늘날, 소비자의 취향이 변하고 해외 시장에서 경쟁이 치열해지자 이 지역의 화이트 와인들은 유행에서 밀려났고, 젊은 생산자들은 '오렌지 와인'

과 같은 전혀 다른 스타일을 따르기 시작했습니다. 오렌지 와인은 기존의 화이트 와인과는 달리 과즙을 포도 껍질과 함께 발효한 다음 암포라 토기에서 숙성시켜 만든 와인으로, 요스코 그라브너Josko Gravner가 선구자입니다. 현재 그라브너는 이 지역의 젊은 생산자들을 이끌고 있으며, 프리울리-베네치아 줄리아의 혁명가로 불리는 마리오 스끼오페또Mario Schiopetto와 함께 최고 생산자로 평가 받고 있습니다.

현재 프리울리-베네치아 줄리아 주는 4개의 DOCG, 12개의 DOC 및 3개의 IGT가 존재합니다. 주 내에서 생산되는 DOC 와인의 비율은 대략 70% 정도이고, 화이트 와인은 전체 생산량의 76% 정도를 차지하고 있습니다. 주요 포도 품종으로는 피노 그리지오 25%, 메를로 15%, 프리울라노Friulano 8%, 글레라 3% 등과 함께 프랑스계, 독일계 품종도 다수 재배되고 있으며, 대표적인 산지로는 콜리 오리엔탈리 델 프리울리 피코리트 DOCG, 라만도로 DOCG, 리존 DOCG, 로자쪼 DOCG, 콜리 오리엔탈리 델 프리울리 DOC, 콜리오 DOC 가 있습니다.

- 프리울리 콜리 오리엔탈리(Friuli Colli Orientali DOC): 1,911헥타르

프리울리 콜리 오리엔탈리는 슬로베니아 국경 인근에 위치한 산지로, 우디네Udine 지방의 동쪽 언덕에서 생산되고 있습니다. 이 지역은 북쪽의 라만도로Ramandolo와 치알라Cialla, 그리고 남쪽의 코르노 디 로자쪼Corno di Rosazzo 3개 지역으로 구분하고 있으며, 원산지는 17개 마을로 이루어져 있습니다. 1970년 DOC 지위를 획득했는데, 당시에는 콜리 오리엔탈리 델 프리울리Colli Orientali del Friuli DOC 명칭을 사용했으나, 2011년에 명칭이 변경되면서 지금과 같은 원산지 명칭을 갖게 되었습니다. 지명의 오리엔탈리란 단어는 이탈리아어로 '동양'을 의미하지만 실제로는 아무런 관계가 없으며, 슬로베니아와 이탈리아의 동쪽 경계 지역의 위치를 나타내는 '동쪽 언덕'을 의미하고 있습니다.

프리울리 콜리 오리엔탈리 지역은 이탈리아 북동부에서 슬로베니아까지 뻗어있는 율리안 알프스Julian Alps 산맥 덕분에 차가운 북풍으로부터 보호를 받고 있지만, 남쪽의 콜리오 지역보다 서늘하며 전반적으로 대륙성 기후에 가깝습니다. 또한 이곳은 수백만 년 동안 지질 활동

에 의해 형성된 지형학의 산물이기도 합니다. 지금은 해발 100~350미터의 고지대이지만, 아주 오래 전에는 바닷속에 잠겨있었습니다. 이로 인해 토양은 복잡하게 층을 이루고 있고 미네랄이 풍부한 것이 특징입니다. 특히, 이 지역 방언으로 폰카Ponca로 알려진 매우 독특한 지형을 가지고 있는데, 지질학에서는 공식적으로 플리시 디 코르몬스Flysch di Cormons라고 합니다. 플리시는 반복적인 퇴적 활동에 의해 형성된 암석 유형으로, 이곳에서는 이회토와 사암이 교대로 층을 이루고 있으며, 코르몬스 마을의 이름을 따 플리시 디 코르몬스라 지칭하고 있습니다.

포도밭은 평균 400미터 정도의 높은 표고에 자리잡고 있으며, 완만하고 구불구불한 언덕에 계단식으로 경작하고 있습니다. 청포도 품종은 샤르도네, 프리울라노, 게뷔르츠트라미너, 말바지아, 피콜리트, 피노 비안코, 피노 그리지오, 리볼라 지알라Ribolla Gialla, 리슬링, 쏘비뇽 블랑, 베르두쪼Verduzzo 등을 재배하고 있습니다. 적포도 품종은 까베르네 프랑, 까베르네 쏘비뇽, 메를로, 피노 네로, 레포스코Refosco, 피뇰로Pignolo, 스끼오뻬띠노Schioppettino, 타쩨렌게Tazzelenghe 등을 재배하며, 화이트 와인이 77%, 레드 와인이 23% 비율로 생산되고 있습니다.

이곳의 주요 품종인 프리울라노는 프랑스의 쏘비뇨나쓰Sauvignonasse 또는 쏘비뇽 베르Sauvignon Vert와 동일한 품종입니다. 이 품종은 껍질은 약간 두껍고 아몬드, 건초 등의 향과 온화한 신맛을 지니고 있어 부드러운 맛이 특징이지만, 다른 곳에서 생산된 것은 거친 맛을 지니고 있습니다. 또한 피노 그리지오, 피노 비안코, 쏘비뇽 블랑, 베르두쪼 역시 널리 재배되고 있어 쉽게 찾아 볼 수 있습니다.

1970년대, 프리울리 콜리 오리엔탈리는 선진 양조 기술 덕분에 신선하고 과실 향이 풍부한 화이트 와인을 생산할 수 있게 되었고, 해외 시장에서도 주목을 받기 시작했습니다. 그리고 1980년대부터 생산자들은 레드 와인의 품질을 높이기 위해 노력했으며, 이후 품질도 점점 향상되었습니다. 특히, 토착 품종인 스끼오뻬띠노를 중심으로 레포스코, 피뇰로가 점점 더 인기를 얻고 있으며, 남서부 마을에서 재배되고 있는 보르도 품종 역시 전반적으로 높은 품질을 자랑하고 있습니다. 또한 생산자들은 슈퍼 토스카나의 발자취를 따라 DOC 규정을 탈피해 비노 다 타볼라 등급으로 와인을 출시하는 등의 새로운 변화를 주고 있기도 합니다.

프리울리 콜리 오리엔탈리의 대부분은 포도 품종을 표기한 와인으로, 규정에 따라 해당 포도 품종을 최소 85% 사용하고 있습니다. 프리울리 콜리 오리엔탈리 비안코 또는 프리울리 콜리 오리엔탈리 로쏘로 표기된 경우, 특정한 비율 없이 허가된 포도 품종을 모두 사용할 수 있습니다.

프리울리 콜리 오리엔탈리는 치알라Cialla, 파에디스Faedis, 프레포또Prepotto, 로자쪼Rosazzo 4개의 하위 구역이 존재합니다. 이전까지 라만도로, 로자쪼 2개의 하위 구역이 포함되었으나, 2001년에 라만도로, 2011년에 로자쪼가 DOCG로 분리됨에 따라 각각 독자적인 원산지 명칭을 갖게 되었습니다.

하위 구역 중 파에디스와 프레포또는 레드 와인만 생산 가능한데, 파에디스는 레포스코 100%로 레포스코 디 파에디스Refosco di Faedis DOC, 프레포또는 스끼오뻬띠노 100%로 스끼오뻬띠노 디 프레포또Schioppettino di Prepotto DOC를 생산하고 있습니다. 반면 치알라와 로자쪼 하위 구역은 화이트 및 레드 와인을 생산하고 있습니다. 2011년까지 로자쪼는 2종류의 화이트 와인과 2종류의 레드 와인을 생산했지만, 2011년 10월에 DOCG로 분리되면서 리볼라 지알라 100%로 만든 프리울리 콜리 오리엔탈리 로자쪼 리볼라 지알라Friuli Colli Orientali Rosazzo Ribolla Gialla DOC와 피뇰로 100%로 만든 프리울리 콜리 오리엔탈리 로자쪼 피뇰로Friuli Colli Orientali Rosazzo Pignolo DOC만 인정하고 있습니다. 대신 프리울라노 주체로 만든 화이트 와인은 로자쪼 DOCG로, 별도의 원산지 명칭을 허가했습니다. 치알라는 그에 비해 다양한 품종으로 화이트·레드 와인을 만들고 있습니다.

프리울리 콜리 오리엔탈리의 우수한 생산자로는 미아니Miani, 리비오 펠루가Livio Felluga, 론끼 디 치알라Ronchi di Cialla, 레 비녜 디 차모Le Vigne di Zamo 등이 있으며, 특히 미아니를 최고 생산자로 평가하고 있습니다. 미아니는 이 지역의 컬트 생산자로, 소유주인 엔초 퐁토니Enzo Pontoni는 독학으로 와인 양조를 배운 독불 장군과 같은 성격을 지녔습니다. 그는 1980년대에 어머니로부터 물려받은 농지를 포도밭으로 개간해 와인 양조를 시작하여 1984년 첫 빈티지를 출시했습니다. 또한 폰토니는 헥타르당 10 헥토리터 미만의 극단적으로 수확량을 억제하며, 마음에 들지 않는 와인은 전부 벌크 형태로 팔아버리기 때문에 아주 극소량의 와인 외에는 시장에 나오지 않는 것이 특징입니다. 12헥타르의 포도밭에서 총 생산되는 와인은 매년 8,000병 정도이며, 그 중에서도 메를로와 레포스코의 레드 와인은 매우 고가이면서 구하기 힘든 와인이기도 합니다.

- 콜리오(Collio DOC): 990헥타르

고리차아노 지방에 있는 콜리오는 프리울리 콜리 오리엔탈리와 이웃한 와인 산지입니다. 1968년 DOC 지위를 획득했으며, 콜리오 또는 콜리오 고리치아노Collio Goriziano DOC란 명칭을 사용하기도 합니다. 원산지는 프리울리 콜리 오리엔탈리의 서쪽에서 슬로베니아의 동쪽 경계선까지 직선으로 뻗어 있고, 이존초 강과 유드리오Judrio 강 사이에 자리잡고 있습니다.

콜리오 지역은 해발 100~275미터로 프리울리 콜리 오리엔탈리에 비해서는 낮은 편이며, 포도밭의 대부분은 코르몬스 마을에 밀집되어 있습니다. 기후는 아드리아해에 가까이 있어 전반적으로 온화하지만, 고리치아 지방의 북쪽과 프리울리 콜리 오리엔탈리 인근 지역은 높은 표고와 함께 산의 차가운 바람의 영향을 받습니다. 특히 고리치아 지방의 북쪽에 위치한 오슬라비아Oslavia는 콜리오 지역에서 가장 중요한 마을 중 하나로, 270미터 표고에 포도밭이 자리잡고 있습니다. 토양은 프리울리 콜리 오리엔탈리와 동일하게 플리시 디 코르몬스로 이루어져 있고, 생산되는 와인도 매우 비슷합니다. 다만 소량 생산되는 레드 와인은 무게감이 다소 가벼운 것이 특징입니다.

현재 콜리오는 오슬라비아 마을을 기점으로 고유의 정체성을 구축하고 있는 중입니다. 앞서 언급한 바와 같이 요스코 그라브너는 암포라를 발효 용기로 사용해 레드 와인과 같은 침용 과정을 거쳐 독특한 맛의 화이트 와인을 생산하고 있습니다. 일명 '오렌지 또는 앰버 와인'이라 불리는 새로운 스타일은 그라브너를 중심으로 다리오 프린칙Dario Prinčič, 라디콘Radikon, 피에글Fiegl, 라 카스텔라다La Castellada 등의 젊은 생산자들이 콜리오 와인 산업을 이끌어가고 있습니다. 특히 요스코 그라브너는 콜리오 와인을 내추럴 와인으로 인정받는데 크게 기여한 인물로,

콜리오 와인 발전에 지대한 영향력을 미치고 있습니다.

또한 마리오 스끼오페또 역시 최고의 생산자로 평가 받고 있습니다. 20세기 중반까지 프리울리-베네치아 줄리아 주의 와인 생산은 협동조합이 주도하며 대량 생산되고 있었는데, 이러한 생산 형태를 바꾼 인물이 마리오 스끼오페또입니다. 그는 재배한 포도를 직접 양조해 판매하는데 성공을 거두었고, 그의 성공에 힘입어 프리울리-베네치아 줄리아 주에서는 소규모 포도원이 점점 증가해 지금은 가족 경영의 소규모 포도원이 주를 이루고 있습니다.

- 라만도로(Ramandolo DOCG): 37헥타르

라만도로는 우디네 지방 북쪽에 있는 니미스Nimis, 타르첸토Tarcento 두 마을에서 생산되는 스위트 와인으로, 2001년 프리울리 콜리 오리엔탈리 DOC에서 분리되어 독자적인 DOCG 명칭을 갖게 되었습니다. 포도밭은 약 380미터 표고의 가파른 경사지에 위치하며, 니미스 마을 위쪽으로 원형 극장 모양을 형성하고 있습니다. 또한 이곳은 경사가 매우 가팔라 포도 재배는 거의 전적으로 인력에 의해 이루지고 있습니다. 라만도르는 표고를 감안하면 프리울리-베네치아 줄리아 주에서 가장 서늘한 지역 중 하나이지만, 해발 1,732미터의 베르나르디아Bernardia 산이 알프스의 차가운 북풍을 막아주고 있으며, 포도밭은 남향 경사지에 자리잡고 있어 햇볕이 잘 들고 주변 지역보다 훨씬 온화한 편입니다. 그 결과, 계절 변화는 비교적 적고 일교차가 크게 발생해 스위트 와인 생산에 적합한 환경을 제공하고 있습니다.

DOC 규정에 따라 라만도로는 베르두쪼 100% 사용해야 하며, 이탈리아어로 귀부 와인을 뜻하는 무빠 노빌레Muffa Nobile, 즉 귀부 병에 걸린 포도로 만들거나, 수확 이후 그라티찌Graticci 라 불리는 선반에 포도를 건조시켜 만들고 있습니다. 이곳의 토착 품종인 베르두쪼는 현지에서 베르두쪼 프리울라노Verduzzo Friulano 또는 베르두쪼 지알로Verduzzo Giallo라 부르고 있으며, 부패에 저항력이 강해 12월까지 충분히 익힐 수 있는 것이 장점입니다.

- 콜리 오리엔탈리 델 프리울리 피코리트(Colli Orientali del Friuli Picolit DOCG): 42헥타르

콜리 오리엔탈리 델 프리울리 피코리트는 프리울리 콜리 오리엔탈리 전역에서 생산되는 스위트 와인의 원산지 명칭입니다. 이전까지 콜리 오리엔탈리 델 프리울리Colli Orientali del Friuli

DOC에 속했으나, 2006 독자적인 원산지 명칭으로 분리되었습니다. 원산지는 우디네 지방의 14개 마을로 이루어져 있는데, DOC 규정에 따라 피코리트Picolit를 최소 85% 사용해야 하며, 포도는 수확된 이후 건조 과정을 거치거나 포도 나무에 매달린 채 건조시켜 양조를 진행해야 합니다. 피코리트는 오래된 품종으로 고대 로마 시대부터 재배되었으며, 야생 포도에 가까운 진귀한 품종이기도 합니다. 포도 알갱이는 다른 품종의 1/10정도 수준이고, 수확할 수 있는 양이 워낙 적기 때문에 이탈리아어로 소량을 뜻하는 피꼴로 쿠안티타Piccolo Quantità 단어에서 피코리트 명칭이 유래되었습니다.

콜리 오리엔탈리 델 프리울리 피코리트의 하위 구역은 치알라Cialla가 유일합니다. 하위 구역에서 생산될 경우, 피코리트 100% 사용해야 하며, 최소 4년 동안 숙성을 시키면 리제르바 표기도 가능합니다. 이 와인은 황금색을 띠며, 건초, 꽃 등의 섬세한 향과 부드러운 단맛을 지니고 있는 것이 특징입니다. 종종 보르도 지방의 쏘떼른 와인과 비교되기도 하지만 꿀 향은 쏘떼른에 비해 은은하게 표현되는 편입니다.

- 리존(Lison DOCG): 41헥타르

리존은 프리울리-베네치아 줄리아 주 서부에 위치한 화이트 와인 산지로, 베네토 주의 동부와 접하고 있습니다. 1971년에 토카이 디 리존Tocai di Lison 명칭으로 DOC 지위를 획득했으나, 이후 헝가리 정부의 요청에 의해 토카이 단어가 삭제되었고, 1985년 리존-프라마찌오레Lison-Pramaggiore DOC로 통합되었습니다. 과거 리존 지역은 까베르네 쏘비뇽과 까베르네 프랑을 블렌딩해 만든 까베르네 디 프라마찌오레Cabernet di Pramaggiore DOC가 존재했지만, 리존-프라마찌오레 DOC에 통합되면서 지금은 자체 명칭을 갖고 있지 않습니다. 반면, 리존 지역의 화이트 와인이 지속적으로 성과를 내자, 당국은 2010년 12월에 리존-프라마찌오레 DOC에서 분리해 리존 DOCG의 명칭을 부여했습니다. 규정에 따라 리존 DOCG는 프리울라노를 최소 85% 사용해야 하며, 허가된 품종의 블렌딩이 가능합니다. 또한 클라씨코로 지정된 지역에서 생산된 경우, 리존 클라씨코Lison Classico DOC로 표기되고 있으며, 법적 최저 알코올 도수는 12.5%로, 리존 DOC에 비해 0.5% 높습니다.

- 로자쪼(Rosazzo DOCG): 19헥타르

우디네 지방 동쪽에 위치한 로자쪼는 프리울리 콜리 오리엔탈리 지역에 속한 코르노 디 로자쪼Corno di Rosazzo 마을의 서쪽 언덕에서 생산되는 화이트 와인입니다. 2011년, 프리울리 콜리 오리엔탈리의 하위 구역에서 생산되는 와인 중 프리울라노 주체의 화이트 와인만 분리되어 독자적인 원산지 명칭을 갖게 되었습니다.

로자쪼는 해양성 기후로, 율리안 알프스와 아드리아해의 영향을 받습니다. 비교적 서늘하고 고른 기후 덕분에 풍부한 향과 함께 포도의 자연 산도가 유지되어 화이트 와인 생산에 적합한 환경을 갖추고 있습니다. DOCG 규정에 따라 로자쪼는 프리울라노 20~30%, 쏘비뇽 블랑 20~30%를 사용해야 하며, 샤르도네와 피노 비안코는 최대 10%, 리볼라 지알라는 최대 5% 블렌딩할 수 있습니다. 법적 최저 알코올 도수는 12%로, 최소 숙성 기간은 대략 18개월로 규정하고 있습니다.

그 외 산지로는 프리울리 그라베Friuli Grave DOC와 프리울리 이존초Friuli Isonzo DOC가 있습니다. 프리울리 그라베는 생산량에 있어 가중 중요한 DOC로, 재배 면적은 1,361헥타르에 달합니다. 이곳은 평야 지대의 자갈 토양에서 보르도 스타일의 가벼운 레드 와인을 주로 생산하고 있으며, 이 외에도 화이트·로제·스푸만테 등 다양하게 생산되고 있습니다.

이존초 강의 북쪽에 있는 프리울리 이존초는 791헥타르의 재배 면적을 지니고 있습니다. 이곳은 배수가 잘 되는 토양에서 다양한 와인이 생산되고 있으며, 특히 프리울라노와 피노 그리지오 품종으로 만든 화이트 와인이 우수합니다. 다만, 프리울리 그라베와 프리울리 이존초 모두 프리울리 콜리 오리엔탈리 와인에 비해 농축미가 약한 편입니다.

TIP!

비노 델라 파체(Vino della Pace)

프리울리-베네치아 줄리아 주에는 이색적인 와인이 많지만, 그 중에서도 가장 특색 있는 것이 비노 델라 파체입니다. 이탈리아어로 '평화의 와인'을 의미하는 비노 델라 파체는 콜리오 DOC의 중심지인 코르몬스 마을에서 남쪽으로 20km 떨어진 칸티나 프로두또리 코르몬스Cantina Produttori Cormòns 협동조합에서 생산되고 있으며, '세계의 포도밭'을 뜻하는 라 비냐 델 몬도La Vigna del Mondo라고 불리는 약 2헥타르의 포도밭에서 재배되는 550여종류의 포도 품종을 블렌딩해 만들어지는 화이트 와인입니다.
코르몬스 협동조합은 처음 만든 비노 델라 파체 1985년 와인을 세계 평화를 기원하는 메시지를 적어 각국 정상과 종교 지도자에게 보냈는데, 클린턴·고르바초프 전 대통령과 요한 바오로 2세 교황 등으로부터 감사장을 받기도 했습니다.

EMILIA-ROMAGNA
에밀리아-로마냐

2 DOCG 19 DOC

SANGIOVESE LAMBRUSCO

TREBBIANO

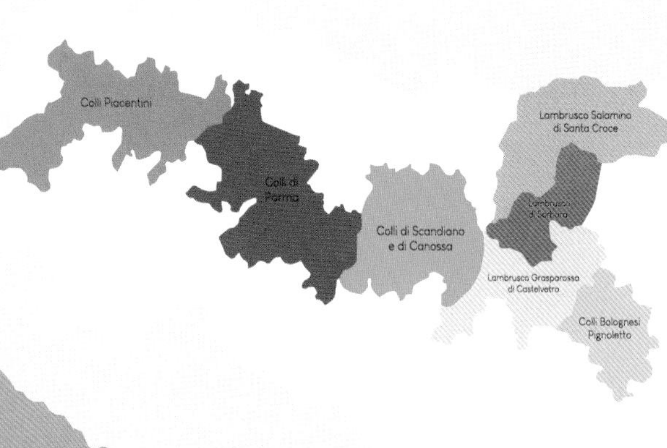

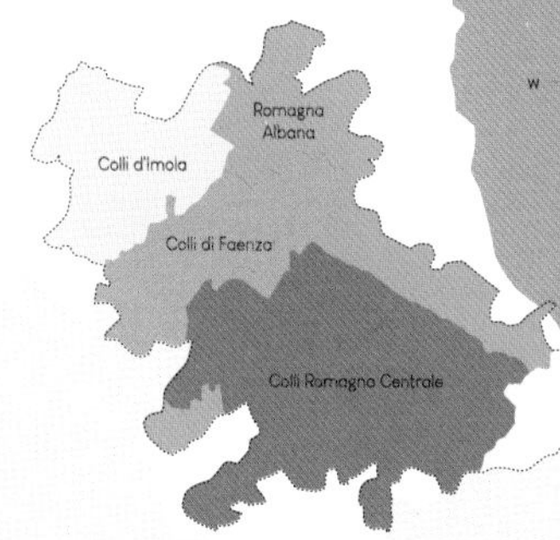

- Colli Piacentini DOC
- Colli di Parma DOC
- Colli di Scandiano e di Canossa DOC
- Lambrusco Salamino di Santa Croce DOC
- Lambrusco di Sorbara DOC
- Lambrusco Grasparossa di Castelvetro DOC
- Colli Bolognesi Pignoletto DOCG
- Colli d'Imola DOC
- Colli di Faenza DOC
- Romagna Albana DOCG
- Romagna DOC
- Colli Romagna Centrale DOC
- Colli di Rimini DOC

에밀리아-로마냐(Emilia-Romagna): 53,400헥타르

에밀리아-로마냐는 이탈리아 반도의 북부 전역에 걸쳐 있는 주로, 폭은 240km에 달합니다. 남쪽으로는 토스카나 주, 북쪽으로는 롬바르디아·베네토 주, 동쪽으로는 아드리아해를 접하고 있으며, 주도인 볼로냐Bologna는 서쪽의 에밀리아 지방과 동쪽 해안의 로마냐 지방을 연결해주는 역할을 하고 있습니다.

에밀리아 -로마냐 주는 이탈리아에서 가장 긴 포 강이 흐르고 있는데, 이 강은 알프스 산맥에서 흘러나와 북부 이탈리아를 횡단하고 있습니다. 포도밭은 포Po 강 유역의 평야 지대에 펼쳐져 있으며, 비옥한 충적 토양 덕분에 많은 수확량을 거둘 수 있습니다. 그 결과, 에밀리아-로마냐 주는 연간 670만 헥토리터에 달하는 엄청난 양의 와인을 생산하고 있으며, 2020년 기준, 와인 생산량은 풀리아, 베네토 주에 이어 3위를 차지하고 있습니다.

더불어 에밀리아-로마냐 주는 포 강의 관개 혜택을 받는 곡창 지대이기도 합니다. 밀, 옥수수, 야채 등의 농업이 번성하고 있고, 다양한 종류의 파스타와 햄, 그리고 파르미지아노 레찌아노Parmigiano Reggiano 치즈 등 낙농 제품으로 이름을 날리고 있습니다. 특히 볼로냐 지역은 토르텔리니Tortellini, 라자냐Lasagne 등의 파스타와 함께 모데나Modena 발사믹, 프로슈또 디 파르마Prosciutto di Parma 육가공 식품으로 매우 유명합니다.

에밀리아-로마냐 주는 광범위한 지역답게 지형의 차이가 있습니다. 서쪽은 아펜니노Appennino 산맥에 의해 완만한 언덕 지형을 이루고 있는 반면, 동쪽의 파르마, 모데나, 볼로냐 지역은 저지대의 평원입니다. 포 강은 이곳의 모든 지형을 가로질러 서쪽에서 동쪽으로 흐르며, 아펜니노 산맥과 아드리아해를 연결해주고 있습니다. 이 지역의 대부분은 대륙성 기후를 띠고 있지만, 아드리아해 주변 지역으로 갈수록 온화한 지중해성 기후를 보이고 있습니다.

현재, 에밀리아-로마냐 주는 2개의 DOCG, 19개의 DOC 및 9개의 IGT가 존재합니다. 다만, DOCG 및 DOC 와인의 비율은 15% 정도로 낮은 편입니다. 주요 포도 품종으로는 트레비아노 30%, 람브루스코Lambrusco 18%, 산지오베제 16% 등이 있으며, 대표적인 산지로는 콜리 볼로네지 피놀레또 DOCG, 로마냐 알바나 DOCG, 람브루스코 디 소르바라 DOCG가 있습니다.

- 로마냐 알바나(Romagna Albana DOCG): 282헥타르

로마냐 알바나는 콜리 볼로네지 피뇨레또가 DOCG로 인정되기 전까지 에밀리아-로마냐 주의 유일한 DOCG 산지였습니다. 1967년 DOC 지위를 획득해, 1987년에 알바나 디 로마냐 Albana di Romagna 명칭의 DOCG로 승격되었는데, 이탈리아 화이트 와인으로서는 최초였습니다. 그러나 DOCG 승격 과정에서 최대 수확량을 높게 설정해 많은 논란을 야기했으며, 많은 이들이 로마냐 와인 생산자들의 압력에 의한 정치적인 결정이라 비판했습니다. 결국, 로마냐 와인 생산자 협회는 이전의 논란을 불식시키기 위해 2011년에 원산지를 강조하는 알바나 디 로마냐에서 로마냐 알바나로 명칭을 변경하게 되었습니다.

로마냐 알바나는 볼로냐 지역의 동쪽에서 아드리아해까지 뻗어있으며, 원산지는 22개 마을로 이루어져 있습니다. 이 지역은 알바나Albana 품종의 이상적인 떼루아를 갖추고 있습니다. 덥고 건조한 지중해성 기후는 아드리아해에서 불어오는 시원한 바람에 의해 완화되어 여름은 시원하고 일교차가 큰 편입니다. 경사지의 토양은 암석과 석회암, 백악질 토양이 혼합되어 있으며, 아펜니노 산맥의 산기슭에 위치한 포도밭은 배수가 좋아 우수한 알바나 화이트 와인이 생산되고 있습니다.

DOCG 규정에 따라 로마냐 알바나는 화이트 와인과 파씨토 두 종류가 생산되고 있는데, 모두 알바나를 최소 95% 사용해야 합니다. 로마냐 알바나 비안코는 신맛이 좋고 무게감이 가벼운 드라이 화이트 와인으로 생산되고 있는 반면 로마냐 알바나 파씨토는 이탈리아 최고의 파씨토 중 하나로 평가 받고 있습니다. 파씨토의 경우, 포도 나무에 매달린 채 포도를 말려야 하고, 당도는 최소 28.4브릭스가 되어야만 수확할 수 있습니다. 규정 당도에 미치지 못하는 포도는 수확한 후 자연 건조를 통해 최소 28.4브릭스의 당도를 지녀야 합니다. 또한 파씨토는 리제르바 표기도 가능한데, 이를 위해서는 반드시 귀부 병에 걸린 포도만을 사용해야 하며, 최소 당도에 관한 규정은 동일합니다. 로마냐 알바나 파씨토의 최소 숙성 기간은 대략 5~10개월, 로마냐 알

바나 파씨토 리제르바의 최소 숙성 기간은 대략 8~13개월로 규정하고 있습니다.

- 콜리 볼로네지 피뇨레또(Colli Bolognesi Pignoletto DOCG): 182헥타르

에밀리아-로마냐 주에서 로마냐 알바나에 이어 두 번째로 DOCG 지위를 획득한 콜리 볼로네지 피뇨레또는 볼로냐와 모데나 지역에서 생산되는 와인의 원산지 명칭입니다. 이전까지 콜리 볼로네지Colli Bolognesi DOC의 일부에 속했으나, 2010년에 별도의 DOCG를 설립하면서 독자적인 원산지 명칭을 갖게 되었습니다. 그러나 2014년에 그레께또Grechetto 주체로 만든 와인을 피뇨레또Pignoletto DOC로 분리함과 동시에 콜리 볼로네지 피뇨레또 DOCG의 원산지를 확장해주면서, 2010년에 DOCG 산지로 인정받은 곳은 클라씨코를 표기할 수 있도록 변경해주었습니다.

콜리 볼로네지 피뇨레또는 수페리오레만 생산되고 있으며, 콜리 볼로네지 피뇨레또 수페리오레Colli Bolognesi Pignoletto Superiore DOCG로 표기되고 있습니다. 이 와인은 그레께또를 최소 85% 사용해야 하며, 피노 네로는 껍질을 제거해 화이트 와인으로 만들어 최대 15%까지 블렌딩할 수 있습니다. 2014년 산지를 새롭게 설정하는 과정에서 그레께또의 비율도 85%로 낮아졌는데, 이러한 규정은 프리짠테와 스푸만테에도 동일하게 적용되고 있습니다. 주요 품종인 그레께또는 그레께또 디 토디Grechetto di Todi 또는 방언으로 알리온치나Alionzina라 불리고 있습니다.

클라씨코 지역은 수페리오레만 생산 가능합니다. 콜리 볼로네지 피뇨레또 수페리오레 클라씨코Colli Bolognesi Pignoletto Superiore Classico DOCG로 표기되고 있으며, 그레께또를 최소 95% 사용해야 합니다. 법적 최저 알코올 도수는 12%로, 콜리 볼로네지 피뇨레또 DOCG에 비해 0.5% 높고 최소 숙성 기간은 대략 12개월로 규정하고 있습니다.

- 람브루스코 디 소르바라(Lambrusco di Sorbara DOC): 1,076헥타르

밀라노 남동쪽 평원을 지나 아드리아해로 흘러가는 포 강 주변은 넓은 평야 지대로 고급 와인의 산지로 여기지 않습니다. 여기서 유일하게 유명한 와인은 모데나 지역의 주변에서 생산되는 람브루스코 디 소르바라로, 로제 및 레드 스파클링 와인을 위한 원산지 명칭입니다. 1970년 DOC 지위를 획득했으며, 모데나 지역의 북쪽에 위치한 소르바라 마을을 중심으로 생산되고 있습니다.

에밀리아-로마냐 주의 토착 품종이자 주요 품종인 람브루스코는 이탈리아에서 가장 오래된 품종 중 하나로, 대략 8종류의 클론이 존재하고 있습니다. 이중, 가장 대표적인 것이 람브루스코 디 소르바라입니다. 이 품종으로 만든 와인은 제비꽃, 레드 커런트, 딸기 등 활기찬 향을 지니고 있고 강한 신맛과 함께 무게감이 가벼운 것이 특징입니다. 람브루스코 디 소르바라 DOC에서는 프리짠테 로자토와 로쏘, 그리고 스푸만테 로자토와 로쏘 네 가지 와인을 생산하고 있습니다. 거의 대부분은 가압 탱크에서 탄산가스 발효를 진행해 만들고 있지만, 프란체스코 벨레이Francesco Bellei와 같은 일부 생산자의 경우 병 내 2차 탄산가스 발효를 행하는 메토도 클라씨코 방식으로 생산을 하고 있습니다. DOC 규정에 따라 모든 와인은 람브루스코 디 소르바라를 최소 60% 사용해야 하며, 람브루스코 살라미노Lambrusco Salamino는 최대 40%, 기타 람브루스코 클론은 최대 15%까지 블렌딩할 수 있습니다.

1970~1980년대, 허술한 규정으로 인해 스위트 타입의 스푸만테가 람브루스코로 표기되는 것을 허가해줘 와인 명성에 돌이킬 수 없는 큰 피해를 입혔습니다. 그럼에도 불구하고 이러한 스타일의 람브루스코는 미국 시장을 석권하며 1970~80년대 내내 큰 인기를 얻으며 가장 많이 팔리기도 했습니다. 흥미롭게도 대다수의 해외 시장에서 스위트 타입의 람브루스코를 선호하는 반면, 이탈리아 내에서는 드라이 타입의 람브루스코를 선호하고 있습니다. 현재 품질을 우선시 여기는 생산자들에 의해 드라이 타입으로 생산되고 있으며, 일부는 병 숙성을 거친 람브루스코도 지속적으로 생산하고 있습니다. 드라이 타입의 람브루스코는 확고한 신맛 덕분에 볼로냐의 기름지고 무거운 음식을 가볍게 해주며, 지역 특산물인 프로슈또 디 파르마, 파르미지

아노 레찌아노 치즈와 잘 어울립니다.

에밀리아-로마냐 주에서는 람브루스코란 이름으로 어마어마한 와인이 생산되고 있는데, 대다수가 에밀리아 지방의 파르마와 볼로냐 사이의 평야 지대에서 만들고 있습니다. 또한 람브루스코 디 소르바라 외에도 람브루스코 살라미노 디 산타 크로체Lambrusco Salamino di Santa Croce DOC, 람브루스코 그라스파로싸 디 카스텔베트로Lambrusco Grasparossa di Castelvetro DOC, 모데나Modena DOC, 레찌아노Reggiano DOC 등에서도 람브루스코를 주체로 로제 및 레드 스파클링 와인을 생산하고 있습니다.

TIP!

레드 스파클링 와인에 관해

전 세계에서 생산되는 스파클링 와인은 주로 화이트 타입으로 생산되고 있습니다. 로제 타입도 있지만 일부이고 레드 타입은 아주 조금밖에 없습니다. 레드 스파클링 와인이 적은 것은 스파클링 와인의 생명이라고 할 수 있는 거품을 보기 어렵다는 것이 주된 이유입니다.
가장 대표적인 레드 스파클링 와인으로는 호주의 쉬라즈 품종으로 만든 것입니다. 이외에 이탈리아의 에밀리아-로마냐 주에서도 람브루스코 품종으로 레드 스파클링 와인을 만들고 있으며, 프랑스 부르고뉴 지방에서도 부르고뉴 무쓰Bourgogne Mousseux 명칭의 레드 스파클링 와인이 생산되고 있습니다.

TOSCANA

이탈리아 와인, 품질 저하의 근대사
품질보다는 양을 추구하는 이탈리아

1870년, 이탈리아는 국가로서 완전한 통일을 완수했지만 와인에 관해서는 그 후 100년간 품질보다 양을 추구하며 저렴한 와인을 주로 생산했습니다. 피에몬테 주와 더불어 이탈리아 와인의 양대 산맥 중 하나인 토스카나 주에는 지금도 방대한 포도밭을 소유하고 있는 대규모 생산자가 많이 존재하는데, 이것은 14세기부터 20세기 초반까지 이어져오던 메짜드리아Mezzadria라고 하는 소작 제도의 자취입니다. 귀족과 상인 계급에 의해 계승된 메짜드리아는 큰 토지를 소유한 지주가 여러 소작인에게 토지를 빌려 주고, 경작을 통해 얻어진 수확물의 절반을 가져가는 제도로, 이탈리아어로 '절반'을 의미하는 메쪼Mezzo에서 그 이름이 유래되었습니다.

그러나, 이탈리아에서는 메짜드리아 제도가 와인 품질을 떨어트리는 결정적인 요인으로 작용했습니다. 지주인 귀족과 상인 계급은 수확물의 반밖에 얻을 수 없기에 적극적으로 포도밭에 투자를 하지 않았고, 소작인들은 한정된 토지에서 최대한 많은 양의 수확물을 얻어야 하기 때문에 포도뿐만 아니라 올리브나 과수도 같이 재배했습니다. 따라서 메짜드리아 제도는 이탈리아 와인의 품질 향상을 저하시키는 큰 요인이 되었습니다.

선구자 안티노리(Antinori)의 등장

13세기, 피렌체 시로 이주한 안티노리 일가는 은행업 및 비단 직조 사업으로 큰 성공을 거두었고, 14세기에는 사업을 통해 얻은 자금을 와인 사업에 투자하기 시작했습니다. 와인 사업의 시작은 조반니 디 피에로 안티노리Giovanni di Piero Antinori가 아르테 피오렌티나 데이 비나띠에리Arte Fiorentina dei Vinattieri라는 피렌체 생산자 협회에 가입한 1385년으로 거슬러 올라가며, 이후 안티노리 일가는 대를 이어가며 와인 생산을 지속했습니다. 그러나 오늘날과 같은 포도원이 설립된 것은 1900년으로, 피에로 안티노리는 지금의 티냐넬로Tignanello 포도밭을 포함해 끼안티 지역에 여러 포도밭을 구입하면서 본격적인 와인 생산을 시작하게 되었습니다.

선구자 안티노리의 등장

1385년, 조반니 디 피에로 안티노리가 피렌체 생산자 협회에 가입하면서 안티노리 일가의 와인 사업은 시작되었으며, 이후 일가는 대를 이어가며 와인 생산을 지속했습니다. 그러나 오늘날과 같은 포도원이 설립된 시기는 1900년으로, 피에로 안티노리는 지금의 티냐넬로 포도밭을 포함해 끼안티 지역에 여러 포도밭을 구입하면서 본격적인 와인 생산을 시작하게 되었습니다.

1924년, 피에로 안티노리의 아들 니꼴로 안티노리는 자신의 끼안티 와인에 보르도 품종을 도입하면서 끼안티 생산자들에게 큰 파장을 일으켰습니다. 1928년, 슈퍼 토스카나의 원조격에 해당하는 빌라 안티노리 끼안티 클라씨코를 첫 출시했습니다.

설립 당시부터 안티노리 포도원은 이례적으로 고품질을 지향했으며, 생산되던 와인은 주로 해외 시장으로 수출되었습니다. 특히, 이 시기에 이탈리아에서는 고급이라 불릴만한 와인이 전혀 없었는데, 필록세라 병충해로 프랑스의 고급 와인 생산량이 격감하고 있었기 때문에 안티노리의 고급 와인은 운이 좋게도 해외 시장에 진출할 수 있는 기회를 얻게 되었습니다.

더불어 안티노리 일가는 토스카나 주의 선구자적 생산자이기도 합니다. 1924년, 피에로의 아들 니꼴로Niccolò 안티노리는 자신의 끼안티 와인에 보르도계 품종을 도입하면서 끼안티 생산자들에게 큰 파장을 일으켰고, 1928년 슈퍼 토스카나의 원조 격에 해당하는 빌라 안티노리 끼안티 클라씨코Villa Antinori Chianti Classico를 첫 출시했습니다. 이 와인은 안티노리 가문이 토스카나 주에 소유한 네 곳의 뛰어난 포도밭의 와인을 블렌딩한 후에 소량의 보르도 와인을 첨가해 만들었는데, 당시에는 대단히 혁신적인 방식이었습니다.

품질 저하의 악순환

안티노리와 같은 몇몇 포도원의 선전에도 불구하고 이탈리아의 대다수 주에서는 그 후에도 품질보다 양을 추구하는 주의가 계속되었습니다. 20세기에 접어들면서 필록세라 해충은 서서히 이탈리아의 포도밭에도 출현하며 심각한 피해를 주었고, 와인 생산자들은 옮겨 심기를 피할 수 없게 되었습니다. 옮겨 심는 과정에서 우선시된 조건은 품질이 좀 떨어지지만 수확량이 많은 포도 품종일 것, 재배 비용이 적게 들고 비싸지 않은 비옥한 평지일 것 등이었습니다. 그러나 이러한 조건은 또 다른 품질 저하의 원인이 되었습니다.

다음 전환기가 찾아온 것은 제2차 세계대전이 종결된 후로, 사회 구조의 변화는 농촌의 변화와 와인 제조의 변화로 이어졌습니다. 공업이 발달함에 따라 농촌을 떠나는 이농 현상이 일어나기 시작하면서, 중세부터 이어져오던 메짜드리아 제도는 서서히 붕괴되기 시작했습니다. 이전까지 올리브와 과수를 함께 재배했던 토지에는 경작 효율을 높이기 위해서 단일 작물만을 심었는데, 이때 심었던 트레비아노는 수확량이 많지만 품질이 떨어지는 품종이었습니다. 특히 수확량이 많은 포도밭에서 생산된 와인은 알코올 도수가 10%에도 못 미치며, 풍미도 없고 물처럼 가벼웠습니다. 이처럼 이탈리아 와인의 품질 저하는 끊임없이 되풀이되고 있었지만, 생산자들은 크게 개의치 않았으며 와인의 품질 향상을 위해 노력하지도 않았습니다. 왜냐하면 당시 이탈리아 국민들은 매일 다량의 와인을 소비했는데, 물처럼 쉽게 마실 수 있는 와인이 그들의 생활과 잘 맞았기 때문입니다.

결국, 1960년대에 이르러 이탈리아 정부는 와인의 품질을 보장하기 위해 원산지 명칭 제도를 도입했습니다. 프랑스에 비해 대략 30년 정도 늦게 제정된 DOC 법은 1963년에 입법화되어, 1966년에 최초의 DOC 와인이 탄생하게 되었습니다. 그러나 DOC 법의 다양한 규정은 전체적으로 볼 때 품질보다 양을 추구해온 이탈리아 와인의 근대사를 그대로 계승한 것으로, 정부의 기대만큼 와인의 품질이 향상되지는 못한 결과를 만들어냈습니다.

슈퍼 토스카나의 탄생 배경
리카졸리 공식

18세기 말까지, 끼안티 와인은 산지오베제가 아닌 카나이올로Canaiolo를 주체로 만들었습니다. 지금과 같이 산지오베제 주체로 끼안티 와인을 만들기 시작한 것은 베띠노 리카졸리Bettino Ricasoli 남작에 의해서입니다. 통일 이후, 이탈리아의 제2대 수상을 역임한 리카졸리 남작은 현재 끼안티 클라씨코 지역의 중심부인 가이올레Gaiole 마을에 위치한 브롤리오Castello di Brolio 성과 주변의 포도밭을 상속받았습니다. 그는 포도원을 발전시키기 위해 독일과 프랑스 전역을 시찰하며 선진 양조 기술과 재배 방식을 연구했습니다. 또한 새로운 포도 품종을 토스카나 주로 들여와 자신의 포도밭에서 다양한 품종을 실험했으며, 마침내 산지오베제, 카나이올로, 말바지아 세 가지 토착 품종이 최고의 와인을 만든다는 사실을 발견하게 되었습니다. 결국, 리카졸리 남작은 1872년에 "끼안티는 산지오베제를 주체로 하며, 장기 숙성용 끼안티는 카나이올로를 사용하고, 단기 숙성용 끼안티는 카나이올로, 말바지아를 블렌딩한다."라는 유명한 리카졸리 공식Ricasoli Formula을 발표하게 되었습니다.

리카졸리 남작은 끼안티 주품종으로 방향성이 뛰어난 산지오베제를 선택했으며, 카나이올로 적포도 품종과 말바지아 청포도 품종은 모두 산지오베제의 거친 타닌을 완화해 와인의 질감을 부드럽게 해주기 위한 것이었습니다. 영국의 와인 전문가인 휴 존슨Hugh Johnson은 산지오베제와 카나이올로로의 관계를 보르도 지방의 까베르네 쏘비뇽과 메를로의 관계와 유사하다고 언급했습니다. 반면, 맛을 현저하게 가볍게 만드는 말바지아의 사용은 단기 숙성용 끼안티에만 한정했습니다. 그러나 그의 노력에도 불구하고 리카졸리 공식은 지역 생산자들에 의해 빠르게 변질되기 시작했으며, 말바지아를 트레비아노로 대체하거나 트레비아노를 지나치게 의존하는 등 리카졸리 공식에 대한 더 많은 오해를 불러일으켰습니다.

게다가, 1967년 끼안티가 DOC로 인정되었을 때, 법으로 규정된 품종은 산지오베제가 주체였지만, 말바지아 및 트레비아노를 10~30% 비율로 블렌딩할 수 있게 허가해주었습니다. 이는 리카졸리 공식을 기반으로 하고 있으나, 청포도 품종의 블렌딩이 예외 없이 의무화되었습니다. 이때, 말바지아 뿐만 아니라 풍미가 부족한 트레비아노까지 인정된 것으로 보아 당시의 끼안티는 단기 숙성용 와인으로만 인식한 것으로 보입니다.

RICASOLI FORMULA
리카졸리 공식

1872년, 리카졸리 남작은 끼안티는 산지오베제를 주체로 만들어야 하며, 장기 숙성용 끼안티는 카나이올로를 사용하고, 단기 숙성용 끼안티는 카나이올로, 말바지아를 블렌딩한다.라는 유명한 리카졸리 공식을 발표하게 되었습니다.

끼안티의 우울한 정책 시도

끼안티 와인에 관한 최초의 기록은 14세기로 거슬러 올라갑니다. 당시 피렌체 주변의 끼안티 구릉지에서 포도 재배가 번성했다고 전하고 있습니다. 또한 1384년에 끼안티 영토를 방어하기 위해 카스텔리나Castellina, 가이올레Gaiole, 라따Radda 마을 간에 레가 델 끼안티Lega del Chianti 라 불리는 군사 동맹이 형성되었는데, 아마도 이 동맹의 명칭에서 원산지의 이름이 유래된 것으로 추측하고 있습니다.

1398년, 가장 오래된 문서에는 끼안티가 화이트 와인으로 기록되어 있지만, 끼안티의 레드 와인 역시 이 시기에 비슷한 문서에서 언급되기도 했습니다. 이후, 1427년에는 관세 체계가 만들어지면서 끼안티 와인은 주변 지역의 와인과 분류하려는 시도가 있었고, 토스카나 주를 대표하는 산지로 자리매김하게 되었습니다. 그러나 유명 산지의 와인이 흔히 그렇듯이 끼안티의 이름을 남용한 가짜 와인이 많이 나돌았습니다. 따라서 1716년이라는 빠른 시기에 토스카나 대공, 코시모 3세Cosimo III de' Medici는 끼안티의 와인을 지칭할 수 있는 원산지를 구분해, 카스텔리나 인 끼안티Castellina in Chianti, 가이올레 인 끼안티Gaiole in Chianti, 라따 인 끼안티Radda in Chianti, 그레베 인 끼안티Greve in Chianti 4개 마을의 구릉지를 끼안티 원산지로 입법화하는 칙령을 발표했습니다. 그러나 이 가치 있는 시도는 2세기 후인 1932년에 코넬리아노 대학의 조반니 달마쏘Giovanni Dalmasso 교수가 제출한 끼안티의 새로운 원산지 경계 책정에 의해서 처참하게 파기되었습니다. 달마쏘 교수는 끼안티의 이름으로 와인을 파는 것이 지역 전체의 이익으로 연결된다고 생각했기 때문에 본래의 마을뿐만 아니라, 주변의 광범위한 지역까지도 그 이름을 지칭할 수 있도록 해주었습니다. 대신, 이전의 끼안티 마을은 끼안티 클라씨코라고 불리게 되었습니다.

18세기 코시모 3세가 지정한 끼안티 마을은 언덕 지대로 떼루아의 조건이 뛰어났지만, 달마쏘 교수가 새로운 경계선을 책정하면서 떼루아의 조건이 떨어지는 곳까지 원산지가 확장되는 결과를 초래했습니다. 원산지 경계 책정은 떼루아보다는 정치적인 이해 관계를 반영한 것으로, 이탈리아 와인의 품질 향상을 늦추는 원인이 되고 말았습니다.

1967년, 끼안티가 DOC로 지위를 획득하면서 낙관적인 미래를 예측한 포도 재배업자들에 의해 재배 면적이 급증하게 되었고, 불과 수년 만에 끼안티의 와인 생산량은 4배로 증가했습니다. 그러나 1973년, 1978년 두 번에 걸친 오일 쇼크를 계기로 전 세계는 경제 위기를 맞았으며, 와인의 소비 열기도 식어버렸습니다. 또한 이탈리아 국민의 와인 소비량도 급감해, 1970년 일 인당 와인 소비량이 120리터에 달했던 것이 2004년에는 49.3리터까지 크게 감소했습니다. 양보다 품질을 우선시하는 와인 소비 현상이 이때부터 나타나기 시작했는데, 이탈리아 국민의 생활을 파고들었던 물처럼 쉽게 마실 수 있는 와인은 더 이상 팔리지 않게 되었습니다.

와인 생산자들은 이러한 시장의 변화로 인해 양보다는 품질로의 전환을 재촉 당했지만, 이러한 전환이 말처럼 간단하게 진행되지는 않았습니다. 특히, 품질 향상을 추구하는 생산자들 앞에 최대의 장애가 된 것은 다름아닌 와인법이었는데, 품질보다는 양을 우선시 여기는 DOC 법의 규정이 벽이 되어 와인의 품질 향상을 가로막았습니다. 1967년, 끼안티의 DOC 규정에서는 주요 품종인 산지오베제 뿐만이 아니라 품질 면에서 뒤떨어지는 카나이올로와 말바지아, 트레비아노의 블렌딩이 의무화되었고, 최대 15%까지 이탈리아 남부산 포도 과즙을 블렌딩하는 것도 허가해주었습니다. 게다가 법적 최대 수확량도 헥타르당 80헥토리토로 높았지만, 상한 기준을 넘겨 와인을 생산해도 처벌되지 않았습니다. 결과적으로 끼안티의 품질을 보장하기 위해 만든 DOC 규정은 정치적 이해 관계에 따라 원산지가 확장되어 품질보다 양을 추구했기 때문에 생산자들은 떼루아 조건이 떨어지는 포도밭에서 저품질의 포도만을 수확할 수 밖에 없었습니다.

COSIMO III DE' MEDICI

토스카나 대공인 코시모 3세는 카스텔리나 인 끼안티, 가이올레 인 끼안티, 라따 인 끼안티, 그레베 인 끼안티 4개 마을의 구릉지를 끼안티 원산지로 입법화하는 칙령을 발표했습니다.

GIOVANNI DALMASSO

1932년, 코넬리아노 대학의 조반니 달마쏘 교수가 제출한 끼안티의 새로운 원산지 경계 책정안 의해서 처참하게 파기되었습니다. 달마쏘 교수는 끼안티 이름으로 와인을 파는 것이 지역 전체 이익으로 연결된다고 생각했기 때문에 본래의 마을뿐만 아니라, 주변의 광범위한 지역까지도 이름을 지칭할 수 있도록 해주었습니다. 대신, 이전의 끼안티 마을은 끼안티 클라씨코라고 불리 되었습니다.

슈퍼 토스카나의 등장
사씨카이아의 탄생

수렁에 빠진 DOC 법에 크게 실망한 안티노리 가문은 해외 시장에서 성공을 거둘만한 와인을 만드는 것을 목표로 삼았습니다. 그 방향성은 DOC 법에 얽매이지 않고 소비자에게 잘 팔릴 수 있는 고품질 와인을 독자적으로 생산한다는 것으로, 이를 위해 와인 선진국인 프랑스의 선진 양조 기술과 포도 품종을 과감하게 도입하기 시작했습니다. 그리고 마침내 안티노리 가문은 선구자 역할을 하며 해외 시장에서 성공을 거둔 최초의 생산자가 되었습니다.

안티노리 가문의 성공을 이끈 와인이 바로 사씨카이아입니다. 피에로 안티노리의 사촌격인 마리오 인치자 델라 로께따Marchese Mario Incisa della Rocchetta 후작은 보르도 와인의 열렬한 애호가로, 당시 귀족들의 대다수가 보르도 와인을 선호했습니다. 로께따 후작은 산지오베제가 본인의 취향에 맞지 않자, 볼게리 마을에 위치한 아내 클라리체Clarice 소유의 테누타 산 구이도Tenuta San Guido 포도원에서 1940년대부터 까베르네 품종을 취미로 재배하기 시작했습니다. 후작이 이렇게 결정하게 된 계기는 볼게리 마을의 토양이 보르도 지방의 자갈 토양과 유사했기 때문이었습니다. 1948년, 까베르네 쏘비뇽과 까베르네 프랑을 블렌딩해 첫 와인을 만들어 사씨카이아라고 불렀는데, 이탈리아어로 사쏘Sasso는 '자갈'을 의미하며 사씨카이아는 '자갈이 많은 땅"을 뜻하기도 합니다.

사씨카이아는 처음 1.5헥타르의 포도밭으로 시작했습니다. 이후, 1950년대에 샤또 라피트-로칠드Château Lafite-Rothschild에서 가져온 까베르네 쏘비뇽을 추가로 심으면서 1헥타르가 더 늘어나게 되었습니다. 최초로 생산된 1948 빈티지는 묵직한 스타일로 후작의 마음에 들었지만, 당시 대다수가 가벼운 맛에 익숙했기 때문에 주변의 평가는 그다지 좋지 못했습니다. 따라서 1948년부터 1967년까지 생산된 사씨카이아는 오로지 가족들이 마실 용도로만 소비되었습니다. 이렇게 사씨카이아는 카스틸리온첼로 디 볼게리Castiglioncello di Bolgheri 마을에 있는 지하 저장고에서 숙성되었고, 병 숙성이 되면서 부드러운 타닌과 함께 이탈리아에서 보지 못한 새로운 풍미를 갖게 되었습니다. 드디어 진가를 발휘한 사씨카이아는 이후 친척인 피에로와 로도비코 안티노리Lodovico Antinori의 설득에 의해 1968 빈티지부터 상업적으로 판매되기 시작했습니다.

초창기 사씨카이아의 생산량은 수천 병에 불과했지만 인기가 많아지자 점차 생산량을 늘려 나갔습니다. 또한 안티노리 포도원 출신의 양조 컨설턴트인 쟈코모 타끼스Giacomo Tachis를 고용하면서 새 오크통을 포함한 작은 오크통 숙성 등 보르도 지방의 선진 양조 기술을 적용해 현대적인 스타일의 와인을 완성하게 되었습니다. 그러나 당시, DOC 규정에는 프랑스계 품종의 사용이 인정되지 않았기 때문에 사씨카이아는 와인법의 가장 낮은 등급인 비노 다 타볼라로 출시되었습니다. 와인법의 테두리에 얽매이지 않고 외래 품종과 선진 기술을 사용해 만든 사씨카이아는 이탈리아뿐만 아니라 전 세계에 충격을 안겨주었습니다. 또한 토스카나 주에서 생산되는 수많은 와인 중 최초로 높은 품질을 인정받아 와인 애호가들을 열광하게 만들었으며, 슈퍼 토스카나의 효시가 되었습니다. 결국, 1994년 사씨카이아는 볼게리 사씨카이아Bolgheri Sassicaia라는 독자적인 DOC 지위를 획득하게 되었습니다. 원래 볼게리 DOC는 화이트·로제 와인만 생산 가능한 산지로, 레드 와인의 생산을 인정하지 않았지만, 사씨카이아를 DOC에 포함시키기 위해 레드 와인이 추가로 인정되었습니다.

1978년, 영국의 디켄터 매거진이 주최한 그레이트 클라렛Great Claret 시음회에서 메독, 그라브 지구를 포함한 전 세계 유명 와인들을 제치고, 사씨카이아 1972빈티지가 당당히 1위를 차지하면서 전 세계 와인 애호가들을 깜짝 놀라게 만들었습니다. 당시 시음회 패널로는 휴 존슨, 클라이브 코츠Clive Coates 등과 같은 최고의 와인 전문가들이 참석했으며, 11개국의 33개 와인들이 출품되어 순위를 겨뤘습니다. 오늘날 사씨카이아는 84헥타르의 포도밭에서 까베르네 쏘비뇽 85%, 까베르네 프랑 15% 비율로 와인을 만들고 있는데, 1969, 1973년은 예외적으로 생산을 하지 않았습니다.

SASSI
BOLGHERI SASSICAIA

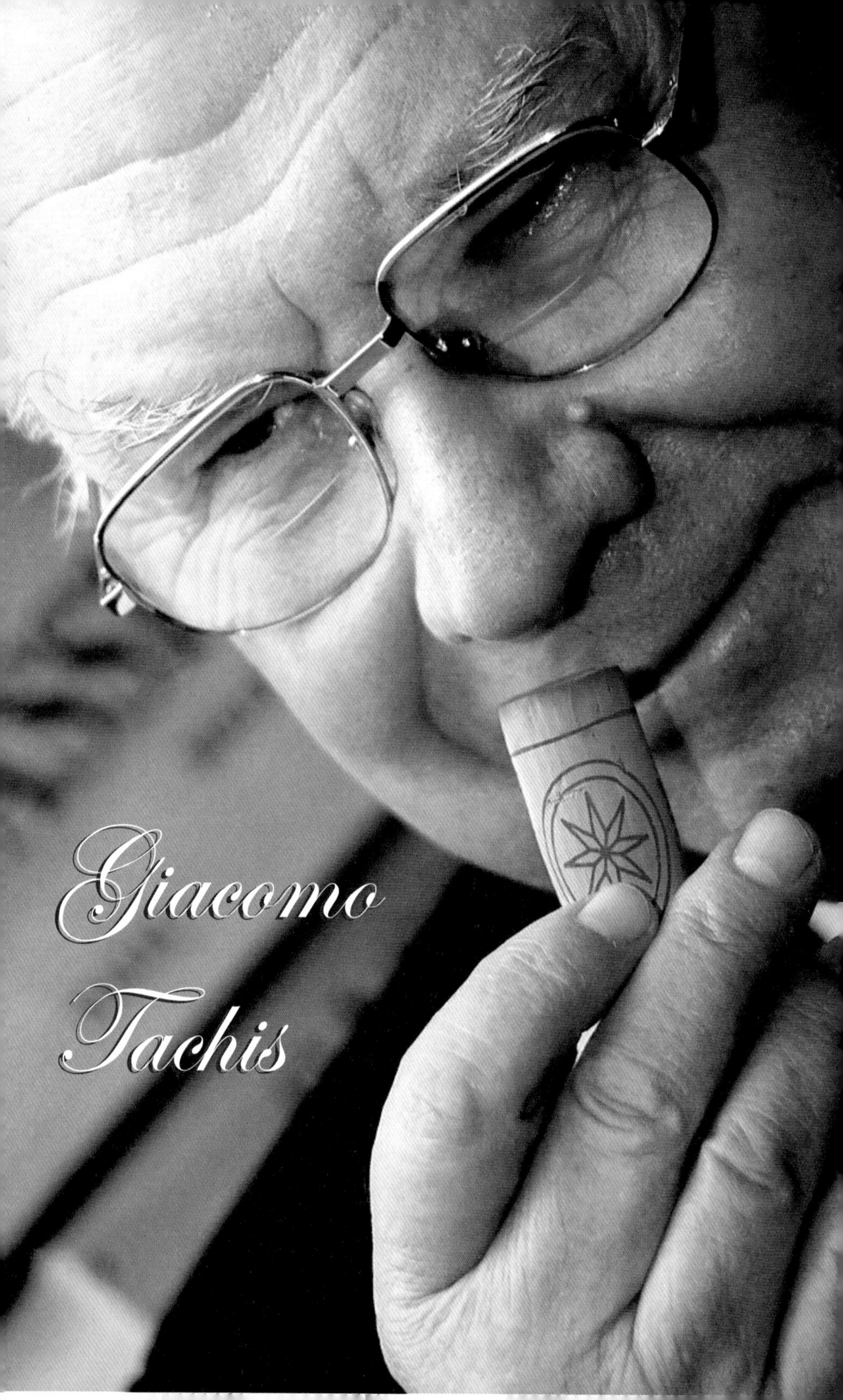
Giacomo
Tachis

MARCHESI NICOLÒ E MARIO INCISA DELLA ROCCHETTA

리오 인치자 델라 로께따 후작은 산지오베제가 본인 취향에 맞지 않자, 볼게리 마을에 위치한 누타 산 구이도 포도원에서 1940년대부터 까베르네 품종을 취미로 재배하기 시작했습니다. 작이 이렇게 결정하게 된 계기는 볼게리 지역의 토양이 보르도 지방의 자갈 토양과 유사하기 문이었습니다. 1948년, 까베르네 품종을 블렌딩해 첫 와인을 만들어 사씨카이아라 불렀는데, 탈리아어로 사쏘는 자갈을 의미하며 사씨카이아는 자갈이 많은 땅을 뜻하기도 합니다.

띠냐넬로의 탄생

한편, 안티노리 일가는 끼안티 클라씨코의 고급화에 대한 가능성도 추구하며, 20세기 초반까지 여러 포도밭을 매입하는 등 많은 투자를 지속했습니다. 그 중, 가장 대표적인 포도밭이 티냐넬로로, 19세기 중반부터 안티노리 일가가 소유하고 있습니다. 1970년, 피에로 안티노리는 우수한 떼루아를 지닌 티냐넬로 포도밭에서 끼안티 클라씨코 리제르바 비녜토 티냐넬로Chianti Classico Riserva Vigneto Tignanello란 와인을 처음 생산했습니다. 당시, 피에로 안티노리는 베띠노 리카졸리 남작의 업적을 계승하기 위해 산지오베제 주체로 카나이올로 20%, 말바지아와 트레비아노 5% 블렌딩했으며, 새 오크통을 포함한 작은 오크통에서 숙성시켜 개성이 풍부한 와인을 만들었습니다. 이 와인이 처음 출시될 당시, 뛰어난 품질을 자랑했지만, 끼안티 클라씨코라라는 원산지 명칭에 늘 따라다니는 부정적인 이미지 때문에 평판은 그다지 좋지 못했습니다. 결국, 피에로 안티노리는 이듬해부터 이 와인에 끼안티 클라씨코의 명칭을 빼버리고 티냐넬로 포도밭 이름만 라벨에 표기해 비노 다 타볼라 등급으로 출시했습니다. 이후 티냐넬로는 1975년에 청포도 품종의 사용을 완전히 배제했고, 1982년부터 지금까지 산지오베제 80%, 까베르네 쏘비뇽 15%, 까베르네 프랑 5%로 블렌딩 비율을 유지하고 있습니다. 참고로 티냐넬로는 우수한 빈티지에만 생산되며, 1972, 1973,1974, 1976, 1984, 1992, 2002년에는 생산되지 않았습니다. 다만, 2001~2006빈티지는 예외적으로 산지오베제 85%, 까베르네 쏘비뇽 10%, 까베르네 프랑 5% 비율로 블렌딩했습니다.

티냐넬로는 해외 시장에서 호평을 받으며, 성공가도를 달리기 시작했습니다. 이로 인해 산지오베제에 외래 품종을 블렌딩하는 기법 역시 토스카나 주에서 보편적으로 쓰이는 하나의 전형이 되었습니다. 결국, 안티노리 가문은 이탈리아의 혁신적인 선구자로 여기며, 그들이 만든 티냐넬로와 사씨카이아는 슈퍼 토스카나를 상징하는 와인이 되었습니다. 오늘날, 티냐넬로를 생산하는 마르께지 안티노리Marchesi Antinori는 토스카나 주를 대표하는 포도원으로, 26대에 걸쳐 가족 경영을 이어오고 있으며, 세계에서 10번째로 오래된 가족 경영 포도원 중 하나이기도 합니다.

- 산지오베제 100%의 새로운 슈퍼 토스카나

안티노리 가문은 외래 품종, 특히 프랑스계 품종에서 토스카나 와인의 가능성을 찾아냈지만, 몬테베르티네Montevertine, 이졸레 에 올레나Isole e Olena와 같이 토착 품종인 산지오베제를 고집하는 혁신적인 생산자도 있었습니다. 이들 역시 DOC 규정에 반기를 든 생산자로, 산지오베제 100%로 와인을 만들고자 했는데, 그 선두에 섰던 생산자가 몬테베르티네입니다. 1967년 철강 사업가인 세르지오 마네띠Sergio Manetti는 별장 용도로 라따 인 끼안티 마을에 토지를 구매했습니다. 그 중 2헥타르의 토지를 포도밭으로 조성한 다음, 친구와 고객에게 와인을 선물로 주기 위해 작은 양조장을 만들었습니다. 그리고 1971년 처음으로 와인을 생산했는데, 예상과 달리 품질은 훨씬 뛰어났습니다. 세르지오 마네띠는 시에나 상공 회의소를 통해 비니탈리Vinitaly 행사에 몇 병을 보냈고, 와인은 즉각적인 성공을 거두었습니다. 이에 흥분한 세르지오는 몇 년 뒤 산지오베제 마에스트로Maestro del Sangiovese라고 불리는 줄리오 감벨리Giulio Gambelli에게 도움을 받았고 이후 철강 사업을 정리하고 본격적으로 와인 사업에 뛰어들게 되었습니다. 그 결과물이 레 페르골레 토르테Le Pergole Torte로, 1977년 첫 빈티지를 출시했습니다. 이 와인은 라따 인 끼안티 마을에 위치한 포도밭의 산지오베제 100%를 사용해, 작은 오크통에서 숙성시킨 현대적인 스타일이었습니다. 그러나 당시 DOC 규정이 산지오베제 100% 사용을 인정하지 않았기 때문에 비노 다 타볼라 등급으로 출시되었습니다. 4년 뒤인 1981년 세르지오는 끼안티 클라씨코 협회에 시음 샘플을 제공해 DOC 등급으로 승인해줄 것을 요청했으나, 각하되고 말았는데, 협회 측에 따르면 '레 페르골레 토르테는 병입하기에 맞지 않는 품질의 와인'이라고 판단했다고 합니다. 몬테베르티네를 이끄는 세르지오 마네띠는 안타깝게도 2000년 11월에 세상을 떠났으며, 현재 포도원은 그의 아들 마르티노 마네띠Martino Manetti가 운영하고 있습니다.

다른 산지오베제 100% 생산자로는 이졸레 에 올레나가 있습니다. 1952년, 데 마르끼De Marchi 일가가 설립한 포도원으로 현재 토리노 농업 대학 출신의 파올로 데 마르끼가 운영하고 있습니다. 파올로는 끼안티 클라씨코의 품질 개선 및 양조 기술의 현대화가 필요하다고 생각해, 1980년에 산지오베제 100%의 체빠렐로Cepparello 와인을 처음 출시하게 되었습니다. 레 페르골레 토르테에 비해 3년 정도 늦게 생산했지만, 이 와인 역시 즉각적인 성공을 이뤄냈습니다. 체빠렐로는 역시 DOC 규정에 어긋나기 때문에 비노 다 타볼라 등급으로 출시되었습니다.

해외 시장에서의 성공과 와인법의 개정

슈퍼 토스카나 배후에 있는 생산자들 다수가 원래는 끼안티 클라씨코의 생산자로, 구식의 DOC 법이 오히려 이들에게는 품질 향상을 저해하는 걸림돌이었습니다. 20세기 중·후반, 세계 와인 산업의 근대화가 진행되면서 토스카나 주에서도 이러한 변화를 따라가기 위한 흐름이 요동을 쳤습니다. 따라서 이러한 실험적인 와인들은 출시 당시에는 그 새로운 스타일로 인해 이탈리아 자국 내에서는 비난의 표적이 되기도 했지만, 해외 시장에서는 높은 평가를 받으며 대성공을 거두게 되었습니다. 이렇게 와인법에 얽매이지 않고 고품질을 지향하는 토스카나 주의 와인들을 일컬어 '슈퍼 토스카나'로 불리게 되었고, 이후 이탈리아의 다른 산지에서도 이와 유사한 움직임이 일기 시작했습니다. 이윽고, 토스카나 주 외의 다른 지역 생산자들도 동참했으며, 1990년대에 접어들면서 많은 수의 고급 와인들이 등급에 연연하지 않고 가장 낮은 비노 다 타볼라 등급으로 출시하게 되었습니다.

슈퍼 토스카나의 유행은 고급 와인을 선호하는 소비자에게는 기쁜 일이었지만, 와인법을 담당하는 행정관들에게는 썩 내키는 일이 아니었습니다. 슈퍼 토스카나 와인은 비노 다 타볼라의 하위 등급임에도 불구하고 DOCG 및 DOC의 상위 등급 와인에 비해 비싸게 거래되고 있는 것이 현실이었습니다. 따라서 이탈리아 와인 중 고가 와인은 가장 낮은 등급에 존재한다는 소비자의 인식을 바꾸기 위해 이탈리아 정부는 1992년 비노 다 타볼라보다 한 단계 높은 IGT 등급을 신설했습니다.

비노 다 타볼라 등급은 규정상 라벨에 빈티지를 표기하는 것이 금지되어 있기 때문에 슈퍼 토스카나 와인의 대다수가 IGT 등급으로 출시되고 있습니다. 또한 1994년에는 슈퍼 토스카나의 원조라 할 수 있는 사씨카이아가 볼게리 사씨카이아Bolgheri Sassicaia DOC라는 독자적인 원산지 명칭을 얻게 되었는데, 이 사건은 고품질의 와인이 이탈리아 와인법에 승리를 거둔 하나의 상징이 되었습니다.

TIP!

베띠노 리카졸리 남작에 관해

19세기 중반, 리카졸리 남작은 산지오베제를 주체로 새로운 끼안티 와인을 개발해 이를 기반으로 리카졸리 공식을 발표했습니다. 리카졸리 남작은 산지오베제 70%, 카나이올로 20%, 말바지아 10%라는 리카졸리 공식을 만들어 보급한 것으로 알려져 있지만, 당시 그가 쓴 서신을 확인해보면 이러한 내용이 존재하지 않았습니다. 다만, 확실한 것은 오늘날과 같은 끼안티 와인의 제조법을 확립했다는 사실입니다. 산지오베제에 초점을 맞춘 리카졸리 공식은 토스카나 및 이탈리아 와인에 큰 영향을 주었으며, 남작은 아내가 사망하기 직전까지 와인 양조를 지속해왔습니다. 그러나 1848년 아내가 사망하자 슬픔에 잠긴 나머지 와인에 대한 열정은 점점 사라졌습니다. 또한, 이 기간 동안 이탈리아 통일 운동Risorgimento의 물결은 더욱 거세졌고, 리카졸리 남작은 정치 무대에 진출하면서 결국 이탈리아 제 2대 수상이 되었습니다.
1880년 10월 23일, 리카졸리 남작은 카스텔로 디 브롤리오Castello di Brolio에서 생을 마감했지만, 끼안티 역사상 가장 영향력 있는 인물로 회자되고 있습니다. 또한 리카졸리 가문은 여전히 포도원을 소유하며 와인을 생산하고 있고, 현재 토스카나 주의 유력 생산자로 평가 받고 있기도 합니다.

SUPER TOSCAN

슈퍼 토스카나 스타

01. 사씨카이아와 같이 까베르네 쏘비뇽과 까베르네 프랑 등 프랑스계 품종을 사용해 만든 스타일

02. 티냐넬로와 같이 토착 품종인 산지오베제 주체에 까베르네 쏘비뇽, 까베르네 프랑 등의 프랑스계 품종을 사용해 만든 스타일

03. 몬테베르티네의 레 페르골레 토르테, 이졸레 에 올레나의 체빠렐로와 같이 산지오베제 100%로 만든 스타일

끼안티의 근대화 물결
전통주의자의 끼안티 클라씨코 와인에 관해

법 규정과 혁신적인 생산자에 의해 빠르게 근대화가 진행되고 있었던 끼안티 클라씨코 지역은 피에몬테 주의 바롤로, 바르바레스코 지역과 유사하게 전통주의자와 현대주의자의 대립이 있었습니다. 다만, 끼안티 클라씨코가 바롤로, 바르바레스코와 다른 것은 리카졸리 공식의 블렌딩 방식을 지켜가며 큰 오크통에서 숙성시키는 전통 방식을 고집한다는 점인데, 그러나 안타깝게도 이러한 전통 방식의 전통주의자가 만든 와인 중에는 고가로 판매되는 고급 와인은 거의 찾아볼 수가 없습니다.

끼안티 클라씨코 2000프로젝트를 지휘한 유명 양조 컨설턴트인 카를로 펠리니Carlo Ferrini는 "끼안티 클라씨코의 전통은 악습에 지나지 않는다."라고 전통주의자들을 비판하였고, 까베르네 쏘비뇽, 메를로 등 외래 품종의 블렌딩 비율을 최대 50%까지 끌어 올려야 한다고 주장하기도 했습니다.

행정 기관의 변화, 포도 품종에 관한 규정

오늘날, 슈퍼 토스카나의 성공에 위기감을 느낀 행정 기관은 끼안티의 법 규제를 단계적으로 개정해 고품질 와인을 생산할 수 있는 원산지로의 전환을 도모하고 있습니다. 우선 1984년에 끼안티가 DOCG 등급으로 승격되었으며, 그에 따라 포도 품종의 규정도 변경되었습니다. 변경된 규정에 따라 끼안티는 말바지아, 트레비아노 청포도 품종의 최소 사용 비율이 2%까지 낮춰졌고, 이탈리아 남부산 포도 과즙을 블렌딩하는 것도 금지시켰습니다. 다만 카나이올로와 청포도 품종의 블렌딩을 의무화한 것이 아쉬운 점이라 할 수 있지만, 대신에 까베르네 쏘비뇽, 메를로, 씨라 등 외래 품종의 블렌딩을 10%까지 허용한 것은 당시 상황으로 획기적이었습니다. 게다가 법적 최대 수확량도 이전의 헥타르당 80헥토리토에서 52.5헥토리터로 낮췄으며, 포도나무 한 그루당 과일의 양도 3kg로 상한 기준을 엄격하게 제한했습니다.

행정 기관은 원산지에 관해서도 법 개정을 진행했습니다. 1984년 DOCG로 승격된 끼안티 클라씨코를 1996년에 독자적인 원산지 명칭으로 분리시키면서 산지오베제 100%로 끼안티 클라씨코를 만드는 것도 허가해 주었습니다. 이후에도 포도 품종에 관한 규정은 몇 번이나 변경되었습니다. 결국, 개정된 법에 따라 현재, 끼안티 클라씨코의 규정은 산지오베제가 최소 80% 이상이어야 하며, 카나이올로와 까베르네 등의 외래 품종은 최대 20%까지 블렌딩할 수 있게 되었습니다. 또한 기존에 와인 향과 맛을 밋밋하게 만들었던 청포도 품종은 사용할 수 없게 되었습니다.

행정 기관의 변화는 기존의 슈퍼 토스카나를 원래의 자리, 즉 끼안티 클라씨코 DOCG 테두리 안에 귀속시키려고 하는 의도를 띠고 있었습니다. 이를 통해 흔들렸던 DOC 법의 근간을 바로잡아 끼안티 클라씨코의 명성을 되찾고, 더 나아가 세계적인 근대화 흐름에 함께 동참하는 모습을 보여주고자 했습니다. 지금의 규정으로만 보면, 띠냐넬로나 레 페르골레 토르테 등과 같은 와인은 법률적으로 끼안티 클라씨코로 생산할 수 있지만, 두 와인 모두 현재까지는 IGT 등급을 고집하고 있어 앞으로 상황을 지켜봐야 할 것 같습니다.

끼안티 클라씨코 2000 프로젝트(Chianti Classico 2000 Project)

행정 기관의 단계적인 법 개정과는 별도로 끼안티 클라씨코 지역 내에서도 끼안티 클라씨코 협회Consorzio del Vino Chianti Classico에 의해 진지하게 품질 향상 활동이 시행되었습니다. 끼안티 클라씨코 2000 프로젝트라는 명칭으로 1987~2003년까지 진행되었는데, 이 프로젝트는 피렌체 및 피자Pisa 대학교의 협력 하에 16년 동안, 세 번의 주기로 나누어 진행되었습니다.

포도 재배에 관한 연구를 위해 16개 실험용 포도밭이 25헥타르의 면적에 걸쳐 조성되었고, 각각의 실험 모델에 맞는 와인을 만들기 위해 5개의 양조장이 조직되어 양조에 관한 연구를 진행했습니다. 동시에 가장 중요한 구역에 10개의 농업 기상 관측소를 설치해 기후적 측면에서도 관찰을 병행했으며, 현장에서 조사와 검사를 수행한 후에 자료를 수집해 최종적인 결과물을 발표했습니다.

끼안티 클라씨코 2000 프로젝트는 다음과 같이 총 6개의 주제로 연구했습니다. ① 끼안티 클라씨코 규정에 허가된 산지오베제, 카나이올로 등의 적포도 품종을 재배학적 습성과 양조학적 가치를 확인하는 것. ② 이 지역 떼루아에 적합한 대목, 즉 받침 나무를 선정하는 것. ③ 와인 품질과 식재 밀도의 관계를 연구해 최적화된 식재 밀도와 간격을 결정하는 것. ④ 포도 나무의 수형 관리 방식에 따른 와인 품질과의 관계 및 전정 작업의 비용을 줄이는 것. ⑤ 포도밭의 유지 관리를 개선하는 동시에 토양의 침식 현상을 제한해 환경을 보호할 것과 포도밭의 토양 관리 기술을 심층적으로 분석할 것. ⑥ 끼안티 클라씨코 규정에 허가된 주요 포도 품종의 우량 클론을 선발하는 것.

연구는 다양한 각도로 폭넓게 진행되었고, 포도밭을 중심으로 근본적인 품질 개선을 목표로 두었습니다. 특히 클론 분야에서 큰 성과를 거두었습니다. 그 결과, 239종류의 클론이 가능성을 인정받았으며, 이중, 24종류의 산지오베제 클론, 8종류의 카나이올로 클론, 2종류의 콜로리노Colorino 클론이 선택되었습니다. 그리고 실험이 끝난 후, 7종류의 산지오베제 클론과 1종류의 콜로리노 클론이 승인을 받아 CCL 2000Chianti Classico 2000이란 명칭으로 국가 포도 품종 등록부에 등록되었습니다.

1990년대 이후부터, 끼안티 클라씨코 2000 프로젝트의 일환으로 끼안티 클라씨코 지역에서는 대규모로 포도 나무의 옮겨 심기가 진행되었습니다. 지난 30년 동안, 끼안티 클라씨코 지역 내 포도밭의 50% 이상이 현대적인 포도밭 관리 기술을 적용해 개량된 산지오베제의 우량 클론으로 다시 심어졌고, 프로젝트의 성과도 크게 받아들여지고 있습니다. 그 결과, 슈퍼 토스카나로서 성공을 달리던 와인 중의 일부가 다시 끼안티 클라씨코로 복귀해 라벨에 당당히 끼안티 클라씨코 DOCG를 표기하기 시작했으며, 예전의 저렴하고 부정적인 이미지는 불식되었습니다.

CHIANTI CLASSICO 2000 PROJECT

끼안티 클라씨코 협회는 와인의 품질 향상을 위해 끼안티 클라씨코 2000 프로젝트라는 명칭으
1987~2003년까지 프로젝트를 진행하였습니다. 이 프로젝트는 피렌체 및 피자 대학교와 협력
16년 동안, 세 번의 주기로 나누어 진행되었으며, 다음과 같이 총 6개의 주제로 연구했습니다.

① 끼안티 클라씨코 규정에 허가된 산지오베제, 카나이올로 등의 적포도 품종을 재배학적 습성
양조학적 가치를 확인하는 것.

② 이 지역 떼루아에 적합한 대목, 즉 받침 나무를 선정하는 것.

③ 와인 품질과 식재 밀도의 관계를 연구해 최적화된 식재 밀도와 간격을 결정하는 것.

④ 포도 나무의 수형 관리 방식에 따른 와인 품질과의 관계 및 전정 작업의 비용을 줄이는 것.

⑤ 포도밭의 유지 관리를 개선하는 동시에 토양의 침식 현상을 제한해 환경을 보호할 것, 토양
관리 기술을 심층적으로 분석할 것.

⑥ 끼안티 클라씨코 규정에 허가된 주요 포도 품종의 우량 클론을 선발하는 것.

CONSORZIO VINO CHIANTI CLASSICO

중부 지역

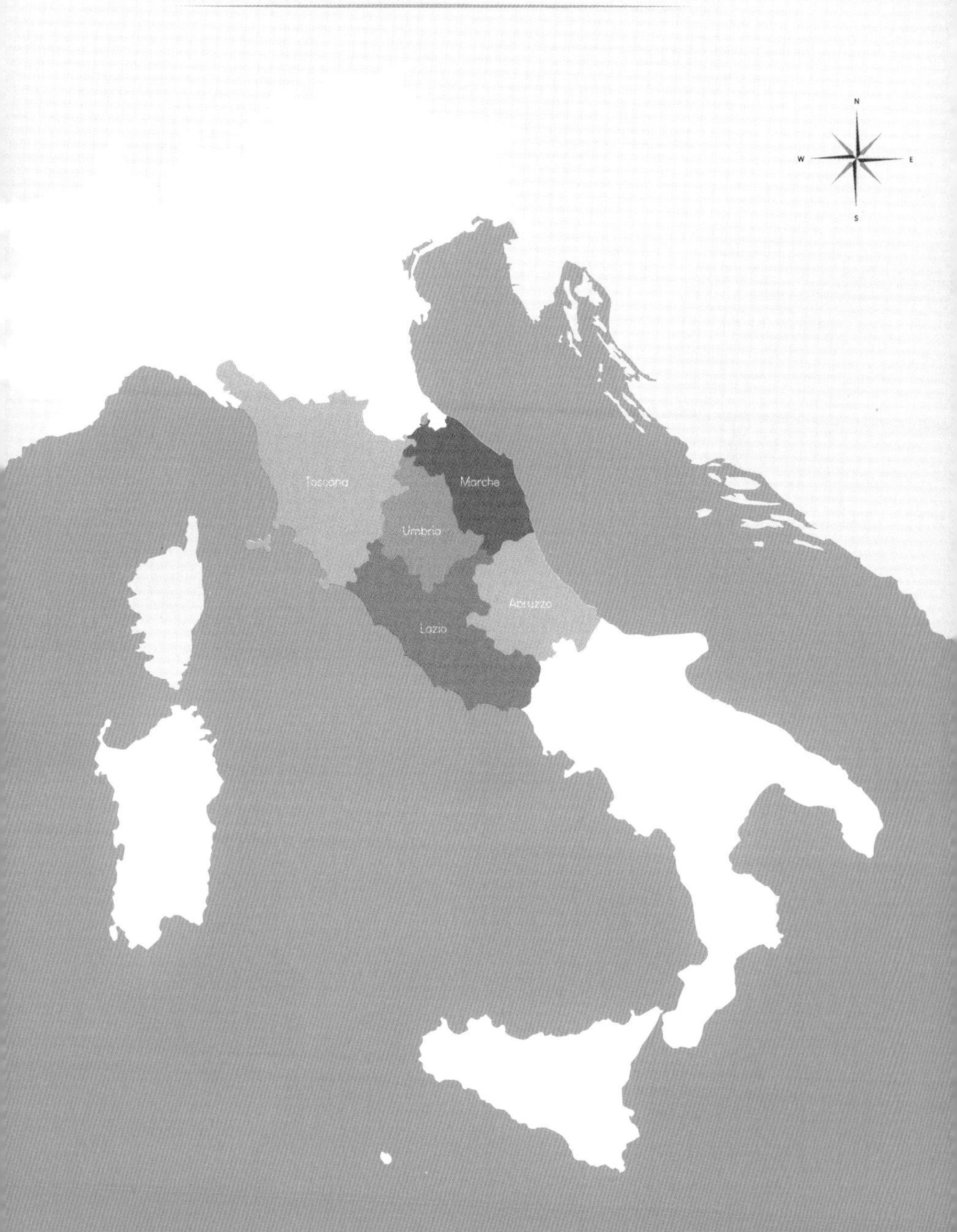

TOSCAN
토스카나

Carmignano DOCG
Chianti DOCG
Chianti Classico DOCG
Vernaccia di San Gimignano DOCG
Bolgheri DOC
Bolgheri Sassicaia DOC
Val di Cornia DOC
Val di Cornia Rosso DOCG
Suvereto DOCG
Elba DOC
Vino Nobile di Montepulciano DOCG
Brunello di Montalcino DOCG
Montecucco DOC
Morellino di Scansano DOCG

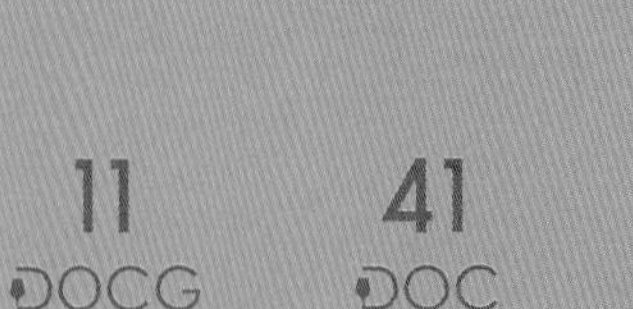

SANGIOVESE MERLOT CABERNET SAUVIGNON TREBBIANO

이탈리아 중부

토스카나(Toscana): 60,400헥타르

이탈리아 와인 산지 중 다섯 번째로 큰 토스카나 주는 이탈리아 중부에 위치하며, 티레니아해를 접하고 있습니다. 이곳은 피에몬테 주와 함께 이탈리아를 대표하는 와인 산지로 손꼽히고 있고, 주도인 피렌체는 수많은 고대 유산과 아름다운 경관을 자랑합니다.

토스카나 주의 와인 역사는 기원전 8세기에 에트루리아인이 정착하면서 시작되었습니다. 또한 이 지역에서 발굴된 암포라의 잔해를 통해 토스카나 와인은 기원전 7세기에 이미 이탈리아 남부 지역과 갈리아Gaul 지역으로 수출된 것을 확인하게 되었습니다. 당시 로마인은 에트루리아인을 투스키Tusci, 그들이 살던 지역을 투스키아Tuscia라 불렀기 때문에 오늘날의 토스카나라는 지명이 유래되었습니다.

토스카나 주는 에밀리아-로마냐 주의 경계를 따라 아펜니노 산맥의 안쪽에 자리잡고 있습니다. 따라서 지형의 67%가 구릉지, 25%가 산악 지대로, 평지는 8%에 불과하며, 서부의 티레니아해 주변은 비교적 고도가 낮은 것이 특징입니다. 또한 기후는 서쪽의 티레니아해와 동쪽의 아드리아해의 영향을 받아 비교적 온난하기 때문에 주 전체에서 농업이 번성하고 있으며, 특히 포도 재배에 이상적인 환경을 지니고 있습니다. 포도 재배는 남북으로 길게 펼쳐진 두 개 지역에서 주로 이뤄지고 있습니다. 서쪽의 해안 지역은 따뜻한 지중해성 기후로, 고도가 낮아 보르도 품종을 재배하는데 이상적인 떼루아를 갖추고 있습니다. 반면 내륙 지역은 아펜니노 산맥의 구릉지로 해안 지역보다 서늘한 기후를 띠고 있습니다. 이곳의 포도밭은 대부분 150~500미터 표고의 언덕에 위치하며, 특히 언덕은 여름 더위를 완화시켜주는 역할을 하고 있습니다. 또한 높은 표고로 인한 큰 일교차는 포도의 향 성분을 촉진시켜줌과 동시에 자연적인 산도를 유지시켜줘 구조감이 견고한 레드 와인을 생산하는데 도움을 주고 있습니다.

토스카나 주를 대표하는 적포도 품종은 산지오베제로, 재배 비율은 66%에 달합니다. 또한 까베르네 쏘비뇽, 메를로 등과 같은 보르도 품종도 완숙하기에 충분한 기후이므로 광범위하게 재배해 성공을 거두고 있습니다. 현재 산지오베제는 이탈리아 중부와 북동부 지역에서 폭넓게 재배되고 있지만, 특히 토스카나 주에서 고품질 와인이 생산되고 있습니다. 다만 산지오베제는 만생종으로 발아가 빠른 것에 비해 포도가 익는 속도는 더딘 품종입니다. 따라서 토스카나 주에서는 일반적으로 구릉지에서 산지오베제를 재배하고 있으며, 토양은 칼슘 성분이 풍부한 이회질로 구성되어 있습니다. 오늘날 지구 온난화로 인해 토스카나 주에서는 600미터 정도의 높은 표고에서도 산지오베제가 잘 자라고 있는데, 낮은 표고에서 재배된 것에 비해 훨씬 섬세한 맛을 지니고 있는 것이 특징입니다. 그렇지만, 높은 표고에서 포도가 잘 익으려면 포도 생장기 동안에 따뜻한 날씨가 수반되어야만 합니다.

토스카나 주의 산지오베제는 크게 산지오베제 그로쏘Sangiovese Grosso와 산지오베제 피꼴로Sangiovese Piccolo 두 가지 클론으로 구분하고 있습니다. 산지오베제 그로쏘는 몬탈치노 마을의 브루넬로Brunello 클론과 끼안티 클라씨코의 그레베 마을에서 재배되는 프루뇰로 젠틸레Prugnolo Gentile 및 산지오베제 디 라몰레Sangiovese di Lamole 클론을 포함하고 있으며, 고품질 와인 생산에 사용되고 있습니다. 반면, 산지오베제 클론의 대부분을 포함하고 있는 산지오베제 피꼴로는 저렴한 가격대의 끼안티를 비롯한 품질이 낮은 와인 생산에 사용되고 있습니다. 산지오베제는 원산지에 따라 단일 품종으로 와인을 만들기도 하고, 여러 품종을 블렌딩해서 와인을 만들기도 합니다. 그러나, 이 지역 포도원의 대다수가 규모가 크고 많은 양을 생산하고 있기 때문에 여러 품종을 블렌딩해 생산하는 방식이 폭넓게 보급되어 있습니다. 또한 산지오베제는 타닌과 신맛이 높아 장기 숙성이 가능하지만, 와인의 색은 진하지 않습니다. 따라서 20세기 말에는 까베르네 쏘비뇽, 까베르네 프랑, 메를로 등의 품종을 블렌딩해 옅은 색을 보완했지만, 지금은 산지오베제 100%로 만드는 것이 양조 트렌드이기도 합니다.

청포도 품종은 트레비아노가 재배 면적이 가장 넓으나, 품질적으로 뛰어난 와인은 거의 찾아볼 수 없습니다. 이 품종으로 만든 화이트 와인은 대부분 밋밋하고 개성이 없기 때문에 최근 들어, 베르멘티노가 트레비아노를 빠르게 대체하고 있으며, 샤르도네와 쏘비뇽 블랑이 보조적으로 사용되고 있습니다. 다만, 특수한 방법으로 만들어지는 빈 산토Vin Santo는 예외적입니다

2020년 기준, 토스카나 주에는 11개의 DOCG와 41개의 DOC, 그리고 6개의 IGT가 존재하며, 레드 와인이 87%를 차지하고 있습니다. 대표적인 산지로는 끼안티 DOCG, 끼안티 클라씨코 DOCG, 비노 노빌레 디 몬테풀치아노 DOCG, 브루넬로 디 몬탈치노 DOCG, 볼게리 DOC 등이 있으며, 화이트 와인으로는 유일하게 베르나차 디 산 지미냐노가 DOCG로 인정되고 있습니다. 또한, 토스카나 주에서는 슈퍼 토스카나와 같은 고품질 와인들도 다수 생산되고 있습니다.

TIP!

에놀로고(Enòlogo)의 전성시대

슈퍼 토스카나 및 현대적인 끼안티 클라씨코 혹은 다른 지역에서 생산되는 현대적인 와인의 상당수는 재배·양조 컨설턴트가 관여해 만들고 있습니다. 이러한 컨설턴트를 이탈리아에서는 '에놀로고'라고 부르고 있는데, 에놀로고 중 가장 두각을 나타낸 인물은 쟈코모 타끼스Giacomo Tachis로, 사씨카이아와 티냐넬로, 솔라이아Solaia 와인을 만든 장본인입니다. 그리고 레 페르골레 토르테 탄생과 브루넬로 디 몬탈치노의 명문 카제 바쎄Case Basse의 탄생에 일조한 줄리오 감벨리Giulio Gambelli도 있습니다. 그 뒤를 잇는 2세대가 마우리치오 카스텔리Maurizio Castelli, 비또리오 피오레Vittorio Fiore, 프란코 베르나베이Franco Bernabei 3명으로, 1980년대부터 1990년대에 걸쳐 다수의 슈퍼 토스카나를 탄생시켰습니다.
1990년대 후반부터는 확실히 스타 에놀로고의 전성 시대로, 카를로 펠리니Carlo Ferrini, 알베르토 안토니니Alberto Antonini, 스테파노 끼오촐리Stefano Chioccioli, 로베르토 치프레쏘Roberto Cipresso, 니코로 다쁘리뜨Nicolò D'Afflitt, 루카 다또마Luca D'Attoma, 아띠리오 팔리Attilio Pagli, 파올로 바가니니Paolo Vaganini 등이 토스카나 주를 중심으로 활약하고 있으며, 줄리아노 노에Giuliano Noé, 베뻬 카비올라Beppe Caviola, 도나토 라나티Donato Lanati 등은 피에몬테 주를, 리카르도 코타렐라Ricardo Cotarella는 이탈리아 남부를 중심으로 활약하고 있습니다.

- 끼안티(Chianti DOCG): 13,800헥타르

끼안티는 이탈리아에서 가장 유명한 산지이자 가장 많이 수출되고 있는 와인으로, 현재 토스카나 주의 광대한 지역에서 생산되고 있습니다. 1967년 DOC 지위를 획득해 1984년에 DOCG로 승격되었으며, 원산지는 피스토이아Pistoia, 프라토Prato, 피자Pisa, 피렌체, 아레쪼Arezzo, 시에나 지방을 포함하고 있습니다.

전통적으로 끼안티 와인은 피아스코Fiasco 병에 담겨 판매되었습니다. 피아스코는 몸통과 바닥이 둥근 병으로, 아랫부분은 짚으로 감쌌는데, 이는 병을 바로 세우고 운송 과정에서 병이 파손되는 것을 방지하기 위해서입니다. 오랫동안 끼안티의 상징과도 같았던 피아스코는 일부 생산자만 사용할 뿐, 지금은 보르도 스타일의 병으로 대체되고 있는 추세입니다.

끼안티의 원산지에 관해

끼안티는 역사적으로 원산지에 많은 변화가 있었습니다. 지명이 처음 등장한 것은 1384년으로, 카스텔리나, 가이올레, 라따 마을 간에 레가 델 끼안티라고 불리는 군사 동맹이 형성되었는데, 아마도 이때부터 끼안티란 명칭을 사용했던 것 같습니다. 이후, 끼안티라 부르는 지역은 1716년, 코시모 3세에 의해 카스텔리나 인 끼안티, 가이올레 인 끼안티, 라따 인 끼안티, 그레베 인 끼안티 마을을 끼안티 원산지로 입법화하는 칙령이 발표되었습니다. 당시 지정된 4개 마을은 구릉지로 떼루아의 조건이 뛰어났으며, 지금의 끼안티 클라씨코에 해당하는 지역이었습니다.

그러나 이 가치 있는 시도는 2세기 뒤에 무참히 파기되었습니다. 1932년, 이탈리아 정부는 정치적인 이해 관계를 반영해 끼안티의 원산지 경계선을 다시 책정하기로 결정했고, 이를 위해 위원회를 조직했습니다. 당시, 조반니 달마쏘 교수가 이끄는 위원회는 지역 전체의 이익을 위해 끼안티 명칭을 사용할 수 원산지를 광범위하게 지정했으며, 떼루아의 조건이 떨어지는 곳까지 원산지를 확장시켜 주었습니다. 이 책정안이 정부에 제출되어, 같은 해에 장관령으로 피스토이아, 프라토, 피자, 피렌체, 아레쪼, 시에나 지방에 속한 6개 하위 구역을 새로운 끼안티 원산

지로 공표했으며, 이와 함께, 이전에 끼안티로 지정된 마을은 끼안티 클라씨코라는 새로운 명칭을 부여했습니다. 결국, 끼안티는 남북으로 160km에 달하는 거대한 산지가 되었는데, 이는 보르도 지방보다 더 넓은 면적입니다.

1932년, 끼안티는 루피나Rufina, 콜리 세네지Colli Senesi, 콜리 피오렌티니Colli Fiorentini, 콜리 아레티니Colli Aretini, 콜리네 피자네Colline Pisane, 몬탈바노Montalbano 6개 하위 구역을 원산지로 지정했습니다. 그러나 1997년에 콜리 피오렌티니 하위 구역의 일부가 몬테스페르토리Montespertoli로 변경·추가되어 현재 7개의 하위 구역이 존재하며, 여기에 테레 디 빈치Terre di Vinci가 새로운 하위 구역으로 제안된 상태입니다.

끼안티의 생산 규정

끼안티는 포도 품종에 관한 규정도 많은 변화가 있었습니다. 18세기 말까지, 끼안티는 카나이올로 주체로 만들었지만, 1872년, 리카졸리 공식이 발표되면서 산지오베제 주체로 만들기 시작했습니다. 그러나 안타깝게도 생산량이 많은 청포도 품종의 사용이 함께 인정되었기 때문에 품질이 떨어지는 결과를 초래하게 되었습니다.

1967년, 끼안티가 DOC로 인정될 당시, 산지오베제는 70% 미만으로 규정했으며, 카나이올로와 콜로리노는 최대 20%, 말바지아와 트레비아노는 최소 10% 블렌딩이 가능했습니다. 또한 이탈리아 남부산 포도 과즙을 최대 15%까지 블렌딩하는 것도 허가해주었고, 법적 최대 수확량도 헥타르당 80헥토리토로 높은 수준이었습니다. 그러나 1984년, 끼안티가 DOCG로 승격되면서 바뀐 규정에 따라 산지오베제를 최소 75% 사용해야 하며, 카나이올로와 콜로리노는 최대 10%, 말바지아와 트레비아노는 최소 2%까지 블렌딩할 수 있게 되었습니다. 또한 최대 10%까지 국제 품종을 블렌딩하는 것도 허가해주었습니다.

현재, DOCG 규정에 따라 끼안티는 산지오베제를 최소 70% 사용해야 하며, 까베르네 쏘비뇽과 까베르네 프랑은 최대 15%, 그리고 토착 품종인 카나이올로, 콜로리노와 함께 청포도 품종인 말바지아, 트레비아노를 최대 10%까지 블렌딩할 수 있습니다. 다만, 하위 구역 중 콜리 세네지만 예외적으로 산지오베제를 최소 75% 사용해야 하며, 까베르네 쏘비뇽과 까베르네 프랑은 최대 10%, 토착 품종은 최대 10%까지 블렌딩할 수 있습니다.

DOCG 규정에 따라 끼안티는 레드 와인만 생산 가능합니다. 단순히 끼안티로 표기되는 와인의 경우, 법적 최저 알코올 도수는 11.5%로, 최소 숙성 기간은 대략 4개월로 규정하고 있습니다. 반면 리제르바의 경우, 법적 최저 알코올 도수는 12%로, 최소 숙성 기간은 24개월로 규정하고 있습니다. 또한, 1996년에 수페리오레 라벨 표기가 인정되었는데 법적 최저 알코올 도수는 12%로, 최소 숙성 기간은 대략 10개월로 규정하고 있습니다.

끼안티는 끼안티 클라씨코와 비교하면 수확량이 더 많고 법적 최저 알코올 도수도 낮습니다. 또한 포도 나무의 식재 밀도도 낮고, 무엇보다 청포도 품종을 여전히 블렌딩할 수 있습니다. 그 결과, 끼안티 클라씨코에 비해 훨씬 더 가볍고 품질도 다소 떨어진다는 평가를 받고 있습니다.

끼안티의 생산 규정에는 고베르노Governo라는 전통적인 양조 기술이 여전히 허가되고 있습니다. 14세기, 토스카나 주에서 개발된 고베르노 방식은 알코올 발효 중에 발효가 더디게 진행되거나 아예 발효되지 않을 때, 말린 포도에서 짜낸 과즙을 와인에 첨가해 알코올 발효를 촉진시켜 주는 기술입니다. 말린 포도의 과즙을 첨가해 새로운 당분이 공급되면 효모 세포가 활성화되고, 이로 인해 알코올 발효가 천천히 진행되어 와인의 알코올 도수가 약간 증가하고, 미량의 이산화탄소가 발생하게 됩니다.

고베르노 방식은 온도 조절이 가능한 발효 탱크가 보급되기 전까지 끼안티 지역에서 널리 사용되었는데, 지금은 마르께, 움브리아 주에서도 사용되고 있습니다. 이 기술은 알코올 발효를 촉진시켜줄 뿐만 아니라 말로-락틱 발효MLF의 발달에도 영향을 줘 와인을 안정화시키는데 도움을 주고 있습니다. 또한 산지오베제와 같이 산도가 높은 품종에 이 기술을 사용하게 되면 날카로운 신맛을 어느 정도 완화시켜줄 수 있습니다.

CHIANTI FIASCO

전통적으로 끼안티 와인은 피아스코 병에 담겨 판매되었습니다. 피아스코는 몸통과 바닥이 둥근 병으로, 아랫부분은 짚으로 감쌌는데, 이는 병을 바로 세우고 운송 과정에서 병이 파손되는 것을 방지하기 위해서입니다. 오랫동안 끼안티의 상징과도 같았던 피아스코는 일부 생산자만 사용할 뿐, 지금은 보르도 스타일의 병으로 대체되고 있는 추세입니다.

끼안티의 떼루아, 하위 구역의 개성

현재 끼안티는 루피나, 콜리 세네지, 콜리 피오렌티니, 콜리 아레티니, 콜리네 피자네, 몬탈바노, 몬테스페르토리 7개의 하위 구역이 존재하며, 라벨에 끼안티와 함께 각각의 하위 구역 명칭을 표기할 수 있습니다.

피렌체 시의 동쪽에 위치한 루피나는 해안에서 가장 멀리 떨어져 있는 하위 구역입니다. 연간 생산량은 약 300만병 정도에 불과하지만 품질 면에서는 가장 뛰어나다는 평가를 받고 있습니다. 포도밭은 아펜니노 산맥의 기슭에 자리잡고 있으며, 높은 표고를 자랑합니다. 이곳은 아펜니노 산맥을 넘어온 해풍이 기온을 낮춰줘 서늘한 기후를 띠고 있습니다. 또한 높은 표고로 인해 일교차가 크기 때문에 산지오베제가 서서히 익어 신맛과 방향성이 풍부한 편입니다. 따라서 와인은 아름다운 향과 우아함, 섬세함을 지니고 있으며, 농축미는 다소 약한 것이 특징입니다. 끼안티 지역의 작황이 안 좋은 경우, 루피나는 높은 표고가 오히려 독이 되었지만, 향후 기후 변화에 따라 좋은 조건으로 작용할 것으로 보입니다. 루피나의 법적 최저 알코올 도수는 12%로, 최소 숙성 기간은 대략 10개월로 규정하고 있습니다. 루피나 리제르바의 경우, 법적 최저 알코올 도수는 12.5%로, 최소 24개월 동안 숙성을 거쳐야 하며, 이 기간 중 6개월은 오크통에서 숙성시켜야 합니다. 이중, 아주 좋은 해에만 생산되는 루피나 리제르바는 5~10년 정도 병 숙성이 가능하며, 끼안티 클라씨코에 준하는 품질을 지니고 있습니다.

루피나 다음으로 주목할 만한 하위 구역인 콜리 세네지는 끼안티 클라씨코 지역의 남쪽, 시에나 시를 둘러싸고 있는 언덕에 위치해 있습니다. 원산지는 23개 마을로 이루어져 있고, 표고와 토양에 따라 생산되는 와인의 스타일 차이가 있지만, 전반적으로 과일 향이 강하고 소박한 느낌을 주는 경향이 있습니다. 또한 산지오베제의 사용 비율이 다른 하위 구역에 비해 약간 높고, 새 오크통 및 작은 오크통에 숙성시키지 않기 때문에 일반적으로 포도 품종의 아로마가 잘 표현되며, 편하게 마실 수 있는 것이 특징입니다. 콜리 세네지의 법적 최저 알코올 도수는 12%로, 최소 숙성 기간은 수확 후 이듬해 6월 1일까지로 규정하고 있습니다. 콜리 세네지 리제르바의 경우, 법적 최저 알코올 도수는 13%로, 최소 24개월 동안 숙성을 거쳐야 하며, 이 기간 중 8개월은 오크통에서, 4개월은 병에서 숙성시켜야 합니다.

콜리 피오렌티니, 콜리 아레티니, 콜리네 피자네 하위 구역은 피렌체, 아레쪼, 피자 지역의 언덕에서 생산되며, 전반적으로 섬세함이 부족하고 가벼운 것이 특징입니다. 나머지 2개의 하위 구역인 몬탈바노, 몬테스페르토리 역시 마찬가지입니다.

TIP!

끼안티 클라씨코를 상징하는 갈로 네로(Gallo Nero)

전설에 따르면, 중세 시대에 끼안티 영토를 차지하기 위해 피렌체 공화국과 시에나 공화국은 전쟁을 지속했습니다. 끼안티는 두 공화국 사이에 위치해 있었기 때문에 전략적으로 중요한 요충지로 여겼고, 그로 인해 이 지역을 놓고 오랫동안 지속적이고 폭력적인 충돌이 발생했습니다. 결국 두 공화국은 갈등과 전쟁을 종식시키기 위해 특이한 방식으로 합의하게 되었는데, 새벽에 수탉이 울면 각 공화국을 대표하는 기사가 동시에 말을 달려 두 기사가 만나는 지점을 국경으로 정하는 것이었습니다.
이를 위해 시에나 공화국에서는 새벽에 훨씬 더 크게 울 것이라는 믿음으로 흰 수탉을 선택했고, 경주 전 며칠 동안, 배불리 먹이며 잘 보살펴 주었습니다. 이와 반대로 피렌체 공화국에서는 검은 수탉을 선택해 어둡고 좁은 우리에 가둬 넣고 며칠 동안 굶겼습니다. 경주의 출발 신호가 수탉의 울음 소리였기 때문에 두 공화국에서는 기사와 말보다는 수탉의 선택이 훨씬 더 중요했습니다. 드디어 결전의 날이 되자, 피렌체 공화국의 굶주린 검은 수탉은 어둡고 좁은 우리에서 날이 밝기도 전에 울어대기 시작했고, 피렌체 공화국의 기사는 서둘러 말을 타고 달리기 시작했습니다. 그러나 시에나 공화국의 흰 수탉은 배가 불러서 몇 시간을 더 잤고 새벽이 한참 지난 후에 울어댔습니다. 그렇게 시에나 공화국의 기사는 한참이 지난 다음 출발했는데, 두 기사는 시에나 시에서 불과 12km 떨어진 폰테루톨리Fonterutoli 마을에서 만났습니다. 그 결과, 모든 끼안티 영토는 피렌체 공화국에 합병되게 되었습니다. 실제로 끼안티의 대부분 지역은 시에나 공화국에 의해 함락되기 훨씬 이전부터 피렌체 공화국의 지배를 받았습니다.
그러나 전설과는 달리 검은 수탉을 의미하는 갈로 네로는 군사 동맹과 연관이 있습니다. 1384년, 끼안티 지역을 방어하기 위해 카스텔리나, 가이올레, 라따 마을 간에 레가 델 끼안티라고 불리는 군사 동맹이 형성되었는데, 이때 레가 델 끼안티의 문장으로 금색 바탕에 수탉의 이미지가 채택됐습니다. 이후 1987년에 설립된 끼안티 클라씨코 협회에 의해 갈로 네로 로고를 사용하기 시작하면서 끼안티 클라씨코 와인을 상징하게 되었습니다.

CHIANTI SUB-ZONE
끼안티 하위 구

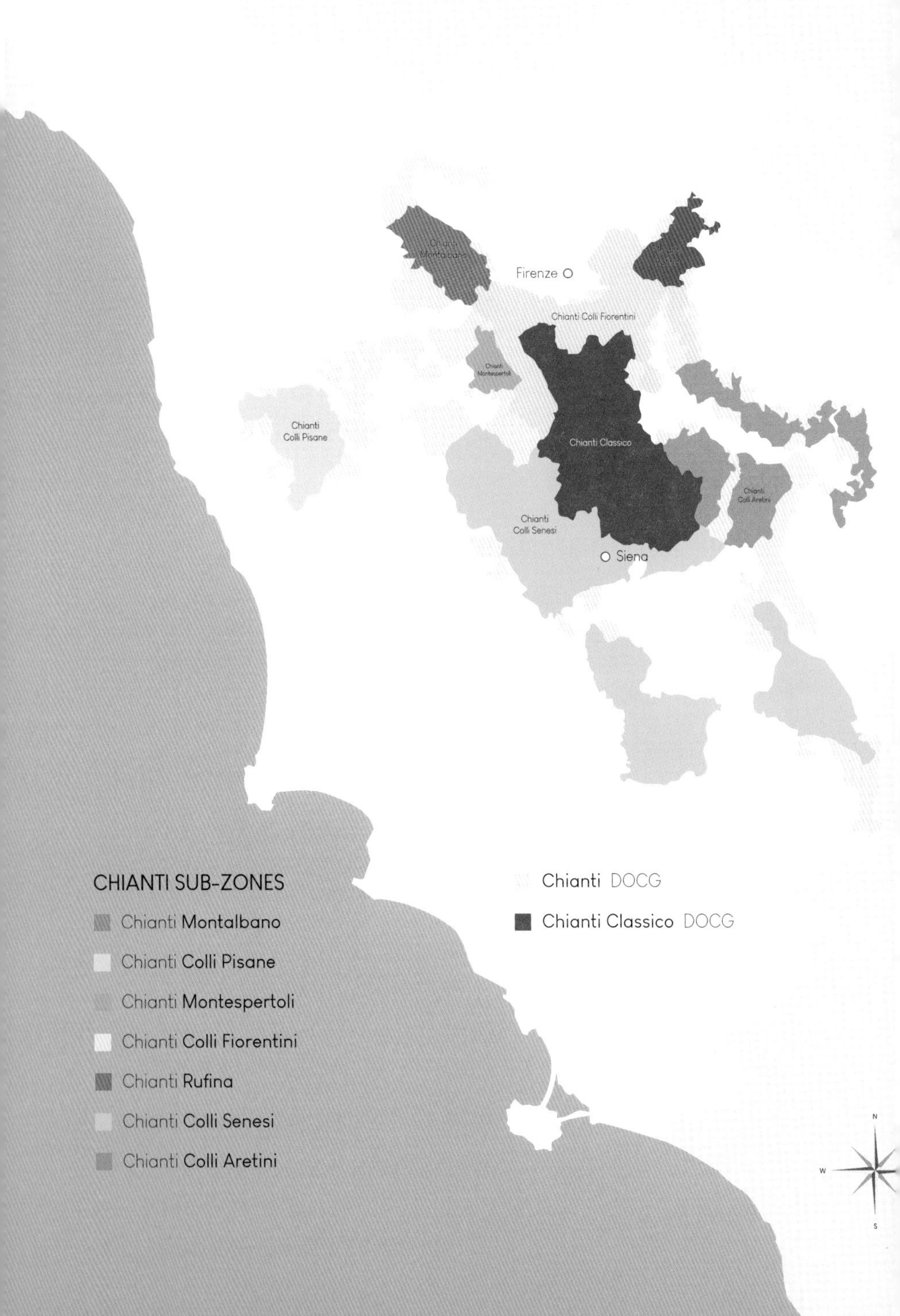

Chianti Montalbano
Firenze
Chianti Colli Fiorentini
Chianti Montespertoli
Chianti Colli Pisane
Chianti Classico
Chianti Colli Aretini
Chianti Colli Senesi
Siena
CHIANTI SUB-ZONES
Chianti Montalbano
Chianti Colli Pisane
Chianti Montespertoli
Chianti Colli Fiorentini
Chianti Rufina
Chianti Colli Senesi
Chianti Colli Aretini
Chianti DOCG
Chianti Classico DOCG
N
W
S

THE LEGEND OF CHIANTI
끼안티 검은 수탉의 전설

세 시대, 끼안티 영토를 차지하기 위해 피렌체 공화국과 시에나 공화국은 전쟁을 지속했습니다.
안티는 두 공화국 사이에 위치해 있었기 때문에 전략적으로 중요한 요충지로 여겼고, 그로 인해
지역을 놓고 오랫동안 충돌이 발생했습니다. 결국 두 공화국은 갈등을 종식시키기 위해 특이한
식으로 합의하게 되었는데, 새벽에 수탉이 울면 각 공화국을 대표하는 기사가 동시에 말을 달려
기사가 만나는 지점을 국경으로 정하는 것이었습니다.
에나 공화국에서는 새벽에 훨씬 더 크게 울 것이라는 믿음으로 흰 수탉을 선택했고, 경주 전 며칠
안, 배불리 먹이며 잘 보살펴 주었습니다. 이와 반대로 피렌체 공화국에서는 검은 수탉을 선택해
둡고 좁은 우리에 가둬 넣고 며칠 동안 굶겼습니다. 드디어 결전의 날이 되자, 피렌체 공화국의
주린 검은 수탉은 어둡고 좁은 우리에서 날이 밝기도 전에 울어대기 시작했고, 피렌체 공화국의
사는 서둘러 말을 타고 달리기 시작했습니다. 그러나 시에나 공화국의 흰 수탉은 배가 불러서 몇
간을 더 잤고 새벽이 한참 지난 후에 울어댔습니다. 그렇게 시에나 공화국의 기사는 한참이 지난
음 출발했으며 그 결과, 모든 끼안티 영토는 피렌체 공화국에 합병되게 되었습니다.

- 끼안티 클라씨코(Chianti Classico DOCG): 5,269헥타르

1967년, 끼안티가 DOC로 인정될 당시, 끼안티 클라씨코는 끼안티의 하위 구역으로 DOC 지위를 획득했습니다. 이후 1984년에 끼안티까 DOCG로 승격되자, 끼안티 클라씨코 역시 DOCG가 되었고, 1996년에 끼안티 DOCG에서 분리되면서 지금과 같은 독자적인 원산지 명칭을 갖게 되었습니다.

1716년, 코시모 3세의 칙령에 의해 끼안티란 명칭으로 4개 마을이 원산지로 지정되었습니다. 그리고 1932년, 끼안티의 원산지 경계선을 확장함에 따라 기존에 지정된 마을은 끼안티 클라씨코라는 명칭을 갖게 되었습니다. 현재, 끼안티 클라씨코의 원산지는 피렌체와 시에나 지역 사이에 있는 카스텔리나 인 끼안티Castellina in Chianti, 가이올레 인 끼안티Gaiole in Chianti, 라따 인 끼안티Radda in Chianti, 그레베 인 끼안티Greve in Chianti, 바르베리노 타바르넬레Barberino Tavarnelle, 카스텔누오보 베라르데냐Castelnuovo Berardenga, 포찌본지Poggibonsi, 산 카스치아노 발 디 페자San Casciano Val di Pesa 8개 마을로 이루어져 있습니다.

끼안티 클라씨코는 대륙성 기후로 간주되지만, 지중해의 따뜻한 바람과 아펜니노 산맥, 그리고 아르노Arno 강과 고도에 영향을 받고 있습니다. 북쪽은 아펜니노 산맥과 아르노 강의 냉각 효과로 인해 온도가 더 낮게 유지되어 서늘하며, 남쪽으로 갈수록 더 따뜻한 기후를 띠고 있습니다. 포도 생장기의 평균 기온은 20.1도이고, 연 평균 강우량은 767mm정도입니다.

끼안티 클라씨코의 포도밭 표고는 최대 700미터로 규정하고 있지만, 대부분이 250~600미터 표고에 자리잡고 있습니다. 토양은 크게 갈레스트로Galestro와 알바레제Albarese 두 가지로 구분합니다. 갈레스트로는 이회토, 편암이 혼합된 토양으로 잘 부서지며 비옥한 편입니다. 와인의 바디감에 기여하는 갈레스트로는 끼안티 클라씨코 북부에 널리 퍼져있습니다. 알바레제는 풍화된 사암으로 갈레스트로에 비해 더 단단하며, 배수가 좋은 것이 특징입니다. 끼안티 클라씨코 남부로 갈수록 알바레제 비중이 높고 석회암이 끼어 있기도 합니다.

CHIANTI BOUNDARY
초창기 끼안티 경계선

Firenze

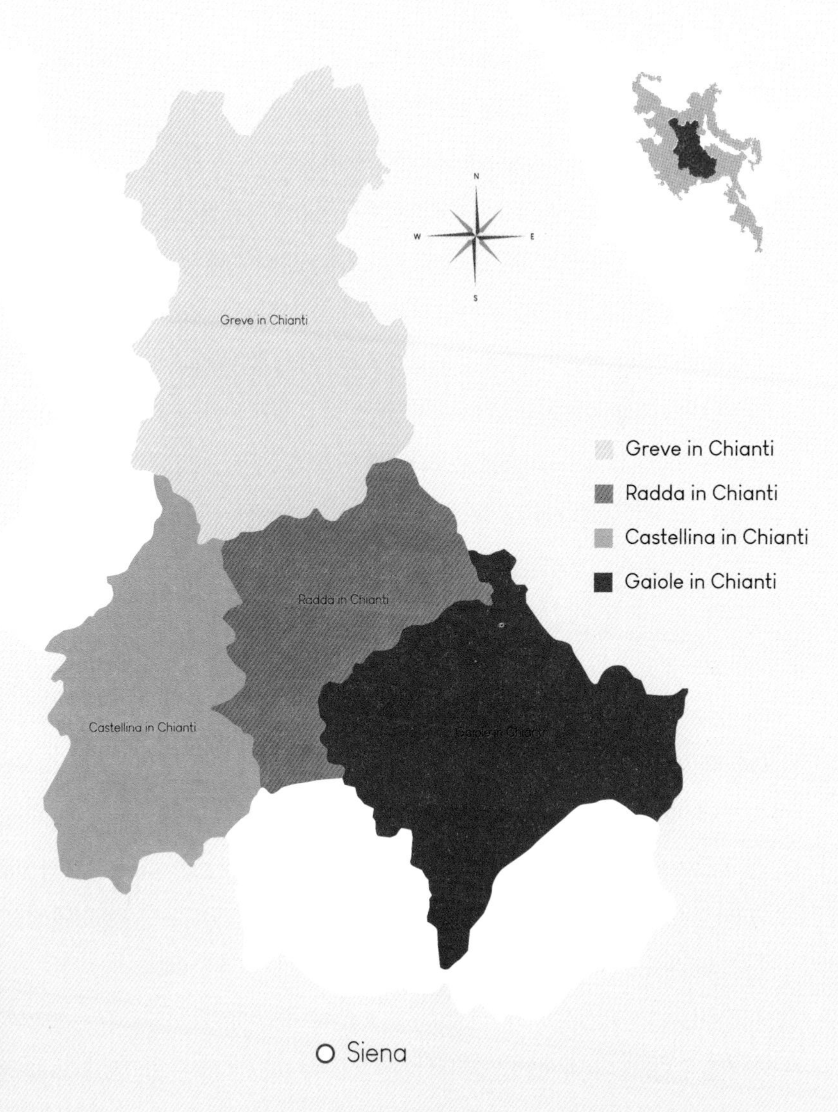

안티란 지명이 처음 등장한 것은 1384년으로, 카스텔리나, 가이올레, 라따 마을 간에 레가 델 안티라고 불리는 군사 동맹이 형성되었는데, 이때부터 끼안티란 명칭을 사용했습니다.
716년, 코시모 3세에 의해 카스텔리나 인 끼안티, 가이올레 인 끼안티, 라따 인 끼안티, 그레베 끼안티 마을을 끼안티 원산지로 입법화하는 칙령이 발표되었습니다.

끼안티 클라씨코의 생산 규정

1967년, 끼안티가 DOC로 인정될 당시, 산지오베제는 70% 미만으로 규정했으며, 카나이올로와 콜로리노는 최대 20%, 말바지아와 트레비아노는 최소 10% 블렌딩이 가능했습니다. 또한 이탈리아 남부산 포도 과즙을 최대 15%까지 블렌딩하는 것도 허가해주었고, 법적 최대 수확량도 헥타르당 80헥토리토로 높은 수준이었습니다.

1984년, 끼안티가 DOCG로 승격되면서 바뀐 규정에 따라 산지오베제를 최소 75% 사용해야 하며, 카나이올로와 콜로리노는 최대 10%, 말바지아와 트레비아노는 최소 2%까지 블렌딩할 수 있게 되었습니다. 또한 최대 10%까지 국제 품종을 블렌딩하는 것도 허가해주었습니다.

1996년, 끼안티 클라씨코가 DOCG로 분리되면서 산지오베제를 최소 80% 사용해야 하며, 말바지아와 트레비아노는 최대 6%까지 블렌딩할 수 있게 되었습니다. 또한 국제 품종의 블렌딩 비율은 최대 15%까지 상향했고, 산지오베제 100%로 만드는 것도 허가해주었습니다.

2006년부터 끼안티 클라씨코는 청포도 품종의 사용을 금지해, 현재 DOCG 규정에 따라 산지오베제를 최소 80% 사용해야 하며, 최대 20%까지 외래 품종의 블렌딩을 허가하고 있습니다.

2014년, 끼안티 클라씨코 협회는 그란 셀레치오네Gran Selezione라는 새로운 등급을 신설했습니다. 끼안티 클라씨코 리제르바에 비해 더 우수한 품질을 인정한 와인으로, 엄격한 규정에 따라 생산되고 있습니다. 현재 끼안티 클라씨코 그란 셀레치오네는 포도밭의 떼루아를 표현하는 최고 수준의 와인이지만, 제정 당시 비판적인 목소리도 있었습니다. 이들에 의견에 따르면, "끼안티 클라씨코의 판매 부진을 해결해주기 위해 마케팅 담당자들이 만들어낸 상술이다." 또는 "전혀 필요 없는 등급이다."라고 존재 자체를 부정하기도 했습니다.

가장 일반적인 것이 끼안티 클라씨코 안나타Annata로, 안나타는 빈티지를 의미하는 이탈리아어입니다. 법적 최저 알코올 도수는 12%로, 최소 숙성 기간은 대략 12개월로 규정하고 있습니다. 끼안티 클라씨코 전체 생산량의 25%를 차지하고 있는 리제르바의 경우, 법적 최저 알코올 도수는 12.5%로, 최소 24개월 동안 숙성을 거쳐야 하며, 이 기간 중 3개월은 병에서 숙성시켜야 합니다.

가장 뛰어난 품질을 자랑하는 그란 셀레치오네는 전체 생산량의 6%에 불과하며, 포도원이 소유하고 있는 포도밭에서 수확한 포도만 사용해야 합니다. 그란 셀레치오네의 법적 최저 알코올 도수는 13%로, 최소 30개월 동안 숙성을 거쳐야 하며, 이 기간 중 3개월은 병에서 숙성시켜야 합니다. 끼안티 클라씨코에서 생산되는 모든 와인은 리터당 최대 4g까지 잔여 당분을 허가해주고 있습니다.

끼안티 클라씨코는 체리, 꽃, 견과류 등의 특정적인 아로마와 풍부한 타닌, 그리고 신맛이 높은 와인입니다. 전통적으로 끼안티 클라씨코는 보떼Botte라 불리는 커다란 슬로베니아 오크통에서 숙성을 시켰지만, 지금은 작은 프랑스 오크통에서 숙성시키기는 생산자도 있습니다. 보떼와 프랑스 오크통을 사용하는 생산자들 간에 많은 논쟁이 있었지만 현재 보떼로 돌아가고 있는 추세입니다. 참고로 피에몬테 주에서 사용하고 있는 보띠Botti는 보떼의 복수형으로 보떼와 같이 커다란 슬로베니아 오크통을 지칭합니다.

끼안티 클라씨코 UGA 하위 구역(Chianti Classico UGA Subzones)

2021년, 끼안티 클라씨코 협회는 클라씨코 구역의 떼루아 차이를 보여주기 위해 새로운 규정을 승인해주었습니다. 이중, 가장 주목할만한 것이 우니타 제오그라피께 안준티베Unità Geografiche Aggiuntive, UGA라고 불리는 '추가 지리적 단위'의 도입입니다. 카스텔리나Castellina, 카스텔누오보 베라르데냐Castelnuovo Berardenga, 가이올레Gaiole, 그레베Greve, 라몰레Lamole, 몬테피오랄레Montefioralle, 판차노Panzano, 라따Radda, 산 카스치아노San Casciano, 산 도나토 인 포찌오San Donato in Poggio, 발리아지Vagliagi 11개 지역으로 구분되었으며, 라벨에 UGA 명칭을 표기할 수 있습니다. 향후 UGA 제도가 관료적 절차가 완료되어 시행되면 그란 셀레치오네에만 적용될 예정입니다.

CHIANTI CLASSICO
끼안티 클라씨코

Firenze

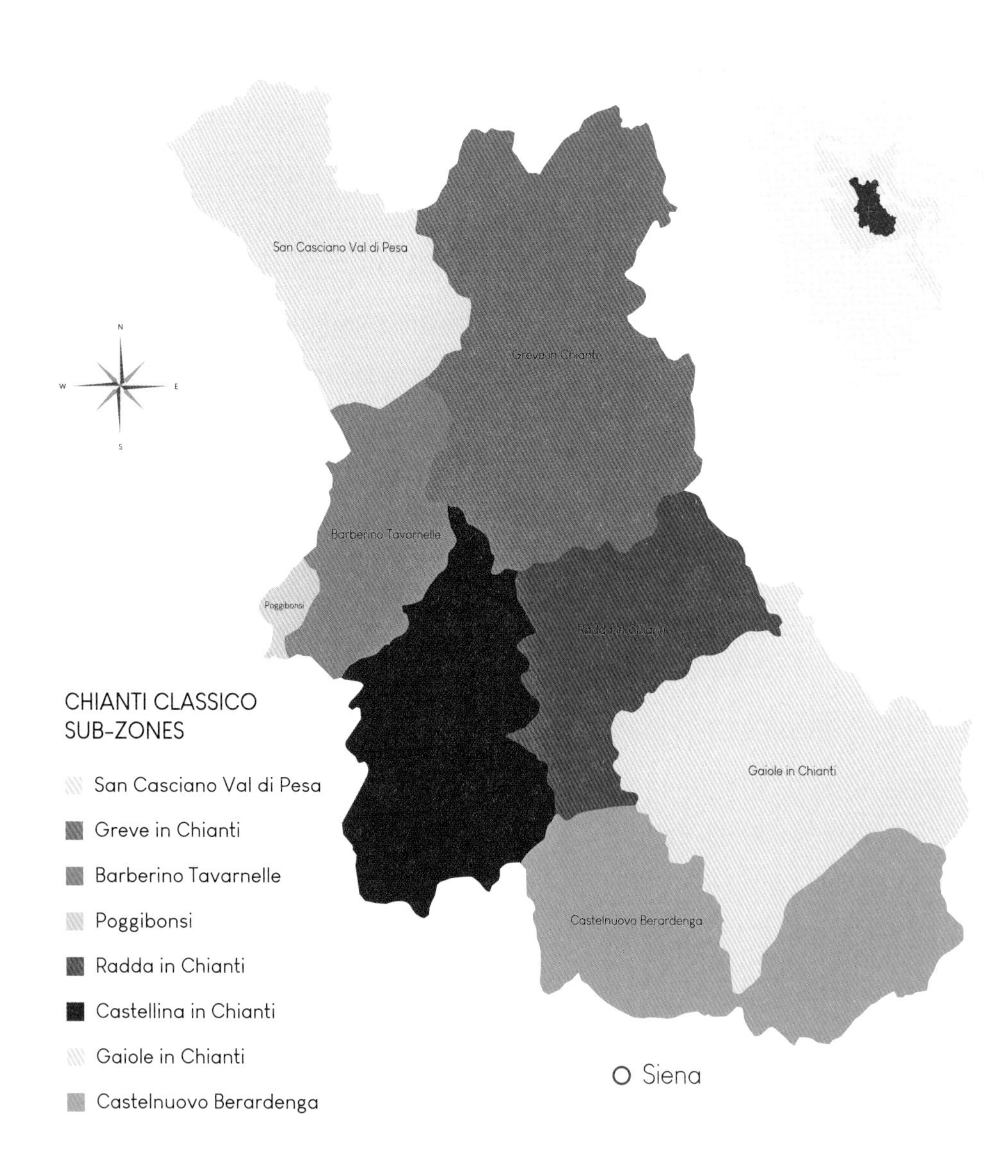

끼안티 클라씨코의 원산지는 피렌체와 시에나 지역 사이에 있는 카스텔리나 인 끼안티, 가이올레 인 끼안티, 라따 인 끼안티, 그레베 인 끼안티, 바르베리노 타바르넬레, 카스텔누오보 베라르데냐, 포찌본지, 산 카스치아노 발 디 페자 8개 마을로 이루어져 있습니다.

CHIANTI CLASSICO TERROIR
끼안티 클라씨코 떼루아

끼안티 클라씨코는 대륙성 기후로 간주되지만, 지중해의 따뜻한 바람과 아펜니노 산맥, 그리고 아르노 강과 고도에 영향을 받습니다. 북쪽은 아펜니노 산맥과 아르노 강의 냉각 효과로 인해 온도가 더 낮게 유지되어 서늘하며, 남쪽으로 갈수록 더 따뜻한 기후를 띠고 있습니다.

포도밭 대부분은 250~600미터 표고에 자리잡고 있으며, 토양은 크게 갈레스트로와 알바레제 두 가지로 구분합니다. 갈레스트로는 이회토, 편암이 혼합된 토양으로 와인의 바디감에 기여하며 끼안티 클라씨코 북부에 널리 퍼져있습니다. 알바레제는 풍화된 사암으로 갈레스트로에 비해 더 단단하며, 배수가 좋은 것이 특징입니다. 끼안티 클라씨코 남부로 갈수록 알바레제 비중이 높고 석회암이 끼어 있기도 합니다.

WINE COMPOSITION
포도 품종의 규정

1967년 끼안티가 DOC로 인정될 당시, 하위 구역에 속한 끼안티 클라씨코의 품종 규정

1984년 끼안티 클라씨코가 DOCG 승격될 당시의 품종 규정

1996년 끼안티에서 끼안티 클라씨코가 DOCG 분리될 당시의 품종 규정

2006년 끼안티 클라씨코 DOCG 품종 규정

CLASSIFICATION
끼안티 클라씨코 등급

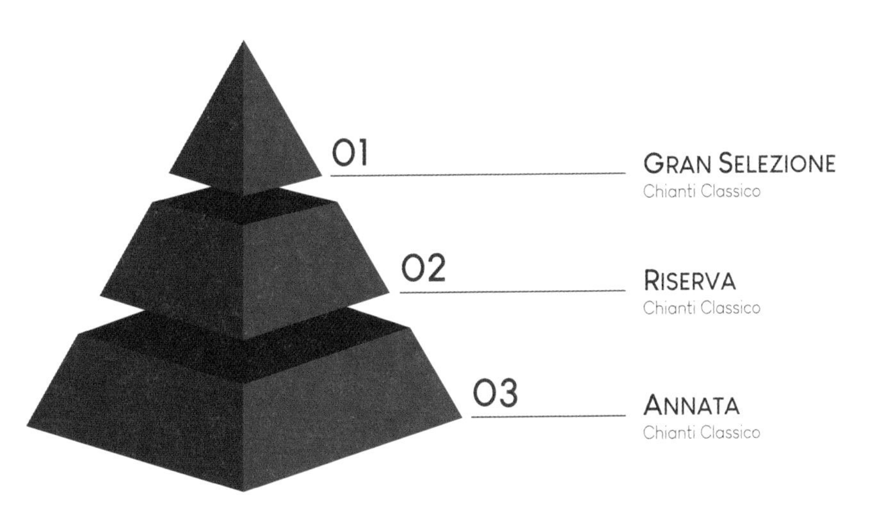

. 그란 셀레치오네는 끼안티 클라씨코 리제르바에 비해 더 우수한 품질을 인정한 와인으로,
격한 규정에 따라 생산되고 있습니다.

. 끼안티 클라씨코 리제르바의 법적 최저 알코올 도수는 12.5%로, 최소 24개월 동안 숙성을
쳐야 하며, 이 기간 중 3개월은 병에서 숙성시켜야 합니다.

. 가장 일반적인 것이 끼안티 클라씨코 안나타로, 법적 최저 알코올 도수는 12%, 최소 숙성
간은 대략 12개월로 규정하고 있습니다.

끼안티 클라씨코 협회와 갈로 네로 로고

20세기 초반, 세계적으로 마시기 편하고 가격이 저렴한 와인에 대한 소비가 늘어났습니다. 끼안티의 와인 산업은 잠깐의 호황기를 맞이했고, 끼안티 와인은 품질 낮은 위조품이 넘쳐날 정도로 이탈리아뿐만 아니라 해외 시장에서도 인기가 많았습니다. 대다수 생산자들이 늘어난 수요를 맞추기 위해 품질보다 양을 우선시했으며, 결국, 소비자들 사이에서 끼안티 와인의 명성은 곤두박질치게 되었습니다. 이를 안타깝게 생각한 일부 생산자들은 1924년에 이탈리아 최초의 단체인 콘소르치오 델 마르끼오 스토리코 끼안티 클라씨코Consorzio del Marchio Storico Chianti Classico, 역사적인 끼안티 클라씨코 브랜드 단체를 결성했습니다. 콘소르치오 델 마르끼오 스토리코 끼안티 클라씨코는 설립 당시 33명의 회원으로 시작해, 오늘날 480명 이상의 회원을 두고 있으며, 끼안티 클라씨코 와인의 80%를 생산하고 있습니다. 또한 1987년에 창설된 끼안티 클라씨코 협회Consorzio Vino Chianti Classico의 전신이기도 합니다.

현재 끼안티 클라씨코 협회는 끼안티 클라씨코 갈로 네로Chianti Classico Gallo Nero 브랜드를 보호하고 홍보하는 역할을 하고 있습니다. 협회를 상징하는 검은 수탉Gallo Nero 로고는 초창기에 콘소르치오 델 마르끼오 스토리코 끼안티 클라씨코 단체의 회원들만 사용할 수 있었으나, 2005년 마케팅을 위해 끼안티 클라씨코의 모든 생산자들에게 로고 사용 의무화가 적용되었습니다. 현재 모든 끼안티 클라씨코 와인은 분홍색 DOCG 밴드 옆에 갈로 네로 로고를 부착하고 있으며, 하단에 표기된 1716은 토스카나 대공인 코시모 3세가 끼안티 원산지로 입법화하는 칙령을 발표한 시기입니다.

참고로 끼안티 클라씨코 협회는 설립 즈음에 끼안티 클라씨코 와인을 홍보 목적으로 와인 스펙테이터에 '갈로 네로'라는 단어를 사용해 전면 광고를 게재했습니다. 그러나 미국의 다국적 기업인 갤로E. & J. Gallo는 50년 동안 약 5억 달러를 들여 홍보한 갤로Gallo라는 상표가 갈로 네로에 의해 상표권이 침해되었다고 판단해 소송을 제기했습니다. 오랜 법적 논쟁 끝에 2005년, 이탈리아 밖에서는 갈로 네로와 검은 수탉을 더 이상 조합해 사용할 수 없다는 결정이 내려졌고, 따라서 끼안티 클라씨코 협회는 해외 시장, 특히 미국 시장에서 갈로 네로라는 단어를 사용하지 못하게 되었습니다.

끼안티 클라씨코를 대표하는 생산자

마르께지 안티노리Marchesi Antinori, 카스텔로 디 아마Castello di Ama, 카스텔로 디 브롤리오Castello di Brolio, 카스텔로 디 폰테루톨리Castello di Fonterutoli, 카스텔로 디 볼파이아Castello di Volpaia, 카스텔로 디 멜레토Castello di Meleto, 몰리노 디 그라체Molino di Grace, 폰토디Fontodi, 바디아 아 콜티부오노Badia a Coltibuono, 펠지나Felsina, 이졸레 에 올레나Isole e Olena, 몬테베르티네Montevertine, 퀘리치아벨라Querciabella, 베끼에 테레 디 몬테피리Vecchie Terre di Montefili, 일 카찌오 이프수스Il Caggio Ipsus, 몬테라포니Monteraponi 등의 포도원에서 뛰어난 품질의 끼안티 클라씨코 와인이 생산되고 있습니다.

CHIANTI CLASSIC
끼안티 클라씨코 로고 변천사

1384

1924

2005

2013

Consorzio Vino Chianti Classico

TOP CHIANTI CLASSICO

끼안티 클라씨코의 우수 생산자

마르께지 안티노리, 카스텔로 디 아마, 카스텔로 디 브롤리오, 카스텔로 디 볼파이아, 카스텔로 디 폰테루톨리, 카스텔로 디 멜레토, 몰리노 디 그라체, 폰토디, 바디아 아 콜티부오노, 펠지나, 이졸레 에 올레나, 몬테베르티네, 퀘리치아벨라, 베끼에 테레 디 몬테피리, 일 카찌오 이프수스, 몬테라포니 등의 포도원에서 뛰어난 품질의 끼안티 클라씨코가 생산되고 있습니다.

- 비노 노빌레 디 몬테풀치아노(Vino Nobile di Montepulciano DOCG): 1,085헥타르

비노 노빌레 디 몬테풀치아노는 몬테풀치아노 마을 주변에서 생산되는 와인으로 1966년 DOC 지위를 획득해 1980년에 DOCG로 승격되었습니다. 이곳의 와인 역사는 에트루리아 시대로 거슬러 올라가며, 15세기에는 시에나 귀족들 사이에서 가장 사랑 받는 와인이었습니다. 또한 16세기에 교황 바오로 3세Pope Paul III는 몬테풀치아노 마을에서 생산되는 와인의 우수한 품질을 언급하기도 했습니다.

1930년대까지 이곳의 와인은 '몬테풀치아노의 우수한 레드 와인'을 의미하는 비노 로쏘 쉘토 디 몬테풀치아노Vino Rosso Scelto di Montepulciano라고 불렀습니다. 지금의 비노 노빌레 디 몬테풀치아노란 이름은 아다모 파네띠Adamo Fanetti가 작명한 것으로, 1920년대, 장인어른의 테누타 산타녜제Tenuta Sant'Agnese 포도원을 이어받은 파네띠는 와인 품질을 개선하기 위해 양조와 병입까지 시도했습니다. 1925년, 파네띠는 약 30톤 가량의 우수한 품질의 와인을 만들었는데, 자신의 와인이 귀족적이라고 생각했기에 비노 노빌레Vino Nobile라고 불렀습니다. 그가 만든 비노 노빌레는 병당 2리라에 모두 판매되었을 정도로 큰 인기를 끌었으며, 1931년 시에나에서 열린 최초의 와인 무역 박람회에 출품해 큰 성공을 거두었습니다. 또한 파리, 밀라노 등에서 개최된 와인 품평회에서 금상을 수상하며, 국제적인 인지도를 구축했습니다. 아다모 파네띠는 비노 노빌레의 동의어로, 비노 노빌레 디 몬테풀치아노 와인의 첫 번째 생산자로 여기고 있습니다.

비노 노빌레 디 몬테풀치아노는 산지오베제가 주요 품종으로, 이곳에서는 산지오베제를 프루뇰로 젠틸레Prugnolo Gentile라 부르고 있습니다. 이곳은 따뜻한 지중해성 기후로, 포도밭은 발 디 끼아나Val di Chiana 평원을 사이에 두고 두 지역으로 나뉘며, 표고는 250~600미터 고지대에 위치해 있습니다. 토양은 모래와 점토가 풍부하고, 암석 함량이 높고 석회암도 포함되어 있습니다.

DOCG 규정에 따라 비노 노빌레 디 몬테풀치아노는 프로뇰로 젠틸레를 최소 70% 사용해야 하며, 카나이올로 10~20%, 소량의 맘모로Mammolo를 블렌딩할 수 있지만, 일부 생산자의 경우, 프로뇰로 젠틸레 100%로 만드는 경우도 있습니다. 법적 최저 알코올 도수는 12.5%로, 최

소 24개월 동안 숙성을 거쳐야 하며, 이 기간 중 12개월은 오크통에서, 6개월은 병에서, 또는 18개월 오크통에서 숙성시켜야 합니다.

반면 리제르바의 경우, 법적 최저 알코올 도수는 13%로, 최소 36개월 동안 숙성을 거쳐야 하며, 이 기간 중 12개월은 오크통에서, 6개월은 병에서 숙성시켜야 합니다. 비노 노빌레 디 몬테풀치아노의 주니어 버전인 로쏘 디 몬테풀치아노Rosso di Montepulciano DOC는 부드러운 맛이 특징으로, 최소 12개월 동안 숙성을 거쳐야 합니다.

2017년, 비노 노빌레 디 몬테풀치아노의 르네상스를 위해 아비뇨네지Avignonesi, 포데리 보스카렐리Poderi Boscarelli, 칸티네 데이Cantine Dei, 라 브라쩨스카La Braccesca, 폴리치아노Poliziano, 살께토Salcheto 여섯 생산자는 얼라이언스 비눔Alliance Vinum을 결성했습니다. 이 생산자 그룹은 단일 포도밭에서 산지오베제, 즉 프로뇰로 젠틸레 100%로 떼루아의 특징이 잘 반영된 비노 노빌레 디 몬테풀치아노를 각각 생산하고 있는데, 다음과 같습니다.

아비뇨네지의 포쩨또 디 소프라Poggetto di Sopra Vino Nobile di Montepulciano, 포데리 보스카렐리의 코스타 그란데Costa Grande Vino Nobile di Montepulciano, 칸티네 데이의 마돈나 델라 퀘르체Madonna della Querce Vino Nobile di Montepulciano, 라 브라쩨스카의 마찌아리노Maggiarino Vino Nobile di Montepulciano, 폴리치아노의 레 카찌올레Le Caggiole Vino Nobile di Montepulciano, 살께토의 베끼에 비티 델 살코Vecchie Viti del Salco Vino Nobile di Montepulciano 6개 와인이 2016빈티지에 단일 포도밭 명칭으로 출시되었습니다. 이 와인은 슈퍼 토스카나 와인과는 달리 지역적인 개성이 살아있는 것이 특징입니다.

2021년, 이탈리아 농림부는 비노 노빌레 디 몬테풀치아노의 UGA라고 불리는 '추가 지리적 단위'를 인정했습니다. 12개의 하위 구역 명칭이 표기된 와인이 조만간 출시될 예정입니다.

ALLIANCE VINUM

2017년, 비노 노빌레 디 몬테풀치아노의 르네상스를 위해 아비뇨네지, 포데리 보스카렐리, 칸티
데이, 라 브라쩨스카, 폴리치아노, 살께토 6 생산자는 얼라이언스 비눔을 결성했습니다. 이 생산
그룹은 단일 포도밭에서 산지오베제, 즉 프로놀로 젠틸레 100%로 떼루아의 특징이 잘 반영된 비
노빌레 디 몬테풀치아노를 각각 생산하고 있는데, 다음과 같습니다.
아비뇨네지의 포쩨또 디 소프라, 포데리 보스카렐리의 코스타 그란데, 칸티네 데이의 마돈나 델
퀘르체, 라 브라쩨스카의 마찌아리노, 폴리치아노의 레 카찌올레, 살께토의 베끼에 비티 델 살
6개 와인이 2016빈티지에 단일 포도밭 명칭으로 출시되었습니다. 이 비노 노빌레 디 몬테풀치아
와인들은 슈퍼 토스카나 와인과는 달리 지역적인 개성이 살아있는 것이 특징입니다.

- 볼게리(Bolgheri DOC): 1,017헥타르

볼게리는 티레니아해의 항구 도시 리보르노Livorno 바로 남쪽에 위치한 아주 작은 마을로, 볼게리 DOC는 이 마을의 이름을 딴 원산지 명칭입니다. 1970년대까지 무명의 산지였던 볼게리는 1983년 DOC로 인정되었지만, 당시 DOC로 생산 가능한 와인은 화이트·로제 와인뿐이었습니다. 포도 품종의 규정 역시 베르멘티노와 산지오베제 등의 토착 품종에 한정되어 있었습니다. 그러나 1994년에 레드 와인을 추가로 승인해주었는데, 포도 품종의 규정이 까베르네 쏘비뇽, 까베르네 프랑, 메를로 등의 프랑스계 품종이 중심이 된 것은 사씨카이아와 같은 슈퍼 토스카나 와인을 염두에 두고 있었기 때문입니다.

DOC 규정에 따라 볼게리 비안코는 쏘비뇽 블랑, 베르멘티노, 비오니에를 비율 제한 없이 사용 가능하며, 허가된 토착 품종은 최대 40%까지 블렌딩이 가능합니다. 또한 라벨에 쏘비뇽 블랑 및 베르멘티노를 표기한 경우, 각 품종을 최소 85% 사용해야 합니다. 볼게리 비안코와 베르멘티노의 법적 최저 알코올 도수는 11%, 쏘비뇽 블랑은 10.5%입니다.

볼게리 로쏘·로자토는 까베르네 프랑, 까베르네 쏘비뇽, 메를로를 비율 제한 없이 사용가능하며, 산지오베제 및 씨라는 최대 50%, 허가된 토착 품종은 최대 30%까지 블렌딩할 수 있습니다. 볼게리 로쏘·로자토의 법적 최저 알코올 도수는 11.5%로, 로쏘의 경우 포도밭 명칭과 수페리오레 표기가 가능합니다. 이런 경우 법적 최저 알코올 도수는 11.5%입니다. 로쏘의 최소 숙성 기간은 대략 10개월로 규정하고 있으며, 수페리오레는 최소 24개월 동안 숙성을 거쳐야 하며, 이 기간 중 12개월은 오크통에서 숙성시켜야 합니다.

- 볼게리 사씨카이아(Bolgheri Sassicaia DOC): 84헥타르

볼게리 사씨카이아는 테누타 산 구이도 포도원에서만 생산되는 와인으로, 2013년 볼게리 DOC에서 독립되어 독자적인 원산지 명칭을 갖게 되었습니다. DOC 규정에 따라 볼게리 사씨카이아는 까베르네 쏘비뇽을 최소 80% 사용해야 합니다. 법적 최저 알코올 도수는 12%로, 최소 24개월 동안 숙성을 거쳐야 하며, 이 기간 중 18개월은 오크통에서 숙성시켜야 합니다.

BOLGHERI SASSICAIA
볼게리 사씨카이아

볼게리 사씨카이아는 테누타 산 구이도 포도원에서만 생산되는 와인으로, 2013년 볼게리에서 독립되어 독자적인 원산지 명칭을 갖게 되었습니다. DOC 규정에 따라서 볼게리 사씨카이아는 까베르네 쏘비뇽을 최소 80% 사용해야 합니다. 법적 최저 알코올 도수는 12%로, 최소 24개월 동안 숙성을 거쳐야 하며, 이 기간 중 18개월은 오크통에서 숙성시켜야 합니다.

SUPER TOSCANA

슈퍼 토스카나(Super Toscana)

토스카나 주의 해안 지역에서 생산되고 있는 고품질 와인을 지칭하는 용어로, 이탈리아 와인법에서는 공식적으로 인정되지 않는 와인입니다. 이 범주에 속한 생산자들은 해외 시장에서 경쟁력 있는 와인을 만들기 위해 의도적으로 DOCG 및 DOC 규정을 탈피해 비노 다 타볼라로 출시했습니다. 그러나 낮은 등급임에도 불구하고 뛰어난 품질을 인정받으면서 높은 가격에 판매되었는데, 이런 와인들을 총칭해 슈퍼 토스카나라 부르게 되었습니다.

슈퍼 토스카나의 선두를 이끈 와인이 사씨카이아입니다. 마리오 인치자 델라 로께따 후작이 만든 사씨카이아는 1970년대 중반부터 세계적인 와인이 되어 비싼 가격에 거래되기 시작했습니다. 뒤를 이어 티냐넬로와 오르넬라이아Ornellaia 등의 와인이 등장하면서 이탈리아 와인의 국제적인 이미지는 전환점을 맞이하게 되었습니다. 이 생산자 그룹은 양을 중시 여기는 이탈리아 생산자와는 달리 생산량을 과감히 줄이고 현대적인 양조 기술을 도입해 품질 향상을 이뤄냈으며, 토스카나 와인의 품질, 명성을 크게 개선시켰습니다.

사씨카이아와 함께 최고의 보르도 스타일의 슈퍼 토스카나로 평가 받는 오르넬라이아는 안티노리 일가의 로도비코 안티노리가 볼게리 마을에 있는 테누타 델오르넬라이아Tenuta dell'Ornellaia 포도원에서 만든 와인입니다. 1981년, 로도비코는 오르넬라이아 포도밭에서 까베르네 쏘비뇽, 메를로, 까베르네 프랑, 쁘띠 베르도를 블렌딩한 와인을 만들어 1985년에 오르넬라이아라는 단일 포도밭 명칭으로 첫 빈티지를 출시했습니다. 또한 1986년에는 메를로 100%로 와인을 만들었는데, 그 유명한 마쎄토Masseto가 이렇게 탄생하게 되었습니다. 2012년, 메를로 품종의 중요성이 높아짐에 따라 테누타 델오르넬라이아에서 오르넬라이아 에 마쎄토Ornellaia e Masseto로 포도원의 이름을 변경했고, 현재 안티노리 일가가 지분을 매각해 다국적 기업인 컨스텔레이션이 소유하고 있습니다.

오늘날 토스카나 주의 수많은 와인들이 슈퍼 토스카나라고 주장하고 있지만, 실제로 모두가 인정하는 슈퍼 토스카나 와인은 그렇게 많지 않습니다. 여전히 이탈리아 정부는 슈퍼 토스카나를 공식적으로 인정하고 있지 않기 때문에, 생산자들의 일방적인 주장에만 의존할 수 밖에 없으며, 마케팅 수단으로 높은 가격을 받기 위해 사용되는 경우도 흔한 것이 사실입니다. 현재, 수백 명의 생산자들이 프랑스계 품종과 산지오베제를 기반으로 슈퍼 토스카나라 자칭하는 다양한 스타일의 와인을 만들고 있으며, 1992년에 IGT 등급이 신설됨에 따라 토스카나 IGT 또는 비노 다 타볼라로 출시하고 있습니다. 또한 슈퍼 토스카나의 물결은 볼게리 DOC에서 시작되어 마렘마 DOC, 그리고 발 디 코르니아 DOCVal di Cornia, 수베레토 DOCGSuvereto 등의 토스카나 주의 해안 남부로 번지고 있는 추세입니다.

특히, 이탈리아 중서부의 티레니아해와 접해 있는 마렘마 해안 지역에서 그 움직임이 크게 일었습니다. 2011년 IGT 등급에서 DOC로 승격된 마렘마는 지난 20년 동안 이 지역 전역에서 포도밭 쟁탈전이 벌어졌고, 외부로부터 많은 투자가 쏟아졌습니다. 슈퍼 토스카나의 선구자인 안티노리 일가, 프레스코발디Frescobaldi, 루삐노Ruffino 등의 대규모 생산자들과 함께, 끼안티 지역의 수많은 소규모 생산자들도 마렘마 지역에 투자하기 시작했으며, 재배 면적은 1,078헥타르까지 크게 증가했습니다. 이들은 어렵게 손에 넣은 비옥한 포도밭에 보르도 품종을 재배해 와인을 만들었고, 지금은 더 우수한 품질의 와인을 생산하기 위해 남부 해안까지 포도밭을 넓혀가고 있는 중입니다. 향후 발 디 코르니아 DOC, 수베레토 DOCG에서 생산되는 보르도 스타일의 와인과 함께 몬테쿠꼬 산지오베제 DOCGMontecucco Sangiovese, 몬테레지오 디 마싸 마리띠마 DOCMonteregio di Massa Marittima에서 생산되는 세련된 스타일의 산지오베제 와인도 기대할만합니다.

TIP!

프리멈 파밀리아에 비니(Primum Familiae Vini)에 관해

프리멈 파밀리아에 비니, 약자로 PFV는 가족 소유의 포도원 협회로 현재 12개의 회원으로 구성되어 있습니다. 1990년에 미구엘 또레스와 로베르 드루앵Robert Drouhin이 처음 제안해 1993년에 설립되었으며, 회원 자격은 국제적인 명성을 지닌 가족 소유의 포도원만 가입할 수 있습니다. 신규 회원이 되기 위해서는 기존 회원이 만장일치로 승인해야 하는데, 2005년 2월 로버트 몬다비가 다국적 기업인 컨스텔레이션Constellation에 매각되면서 회원 자격을 상실하게 되었고, 2006년 6월 페랭 가문이 그 자리를 대신해 합류하게 되었습니다. 2021년 기준으로 PFV는 티냐넬로의 마르께지 안티노리, 샤또 무똥-로칠드의 바롱 필립 드 로칠드Baron Philippe de Rothschild, 부르고뉴 지방의 메종 조셉 드루앵Maison Joseph Drouhin, 독일 모젤 지방의 에곤 뮐러Egon Müller, 알자스 지방의 위겔Hugel, 샹빠뉴 지방의 폴 로저Pol Roger, 샤또 드 보까스텔의 페랭Perrin, 포르투갈 도오루 밸리의 시밍턴 패밀리Symington Family, 사씨카이아의 테누타 산 구이도, 스페인 페네데스의 또레스Torres, 스페인 리베라 델 두에로 베가 시실리아Vega Sicilia, 샤또 오-브리옹의 도멘 클라렌스 딜롱Domaine Clarence Dillon이 회원으로 있으며, 매년 모든 회원들은 연례 회의를 위해 모이고 있습니다.

SUPER TOSCANA
슈퍼 토스카나

슈퍼 토스카나의 선두를 이끈 와인이 사씨카이아입니다. 마리오 인치자 델라 로께따 후작이 만든 사씨카이아는 1970년대 중반부터 세계적인 와인이 되어 비싼 가격에 거래되기 시작했습니다. 뒤를 이어 티냐넬로와 오르넬라이아 등의 와인이 등장하면서 이탈리아 와인의 국제적인 이미지는 전환점을 맞이하게 되었습니다. 이 생산자 그룹은 양을 중시 여기는 이탈리아 생산자와는 달리 생산량을 과감히 줄이고 현대적인 양조 기술을 도입해 품질 향상을 이뤄냈으며, 토스카나 와인의 품질, 명성을 크게 개선시켰습니다.

SUPER TOSCANA

대표적인 슈퍼 토스카나

2004년, 이건희 회장이 계열사 임원에게 티냐넬로
사씨카이아 등의 슈퍼 토스카나 와인을 선물하면서
국내에서 큰 인기를 끌게 되었습니다.

대표적인 슈퍼 토스카나 와인
사씨카이아, 티냐넬로, 레 페르골레 토르테, 마쎄토
오르넬라이아, 솔라이아, 체빠렐로

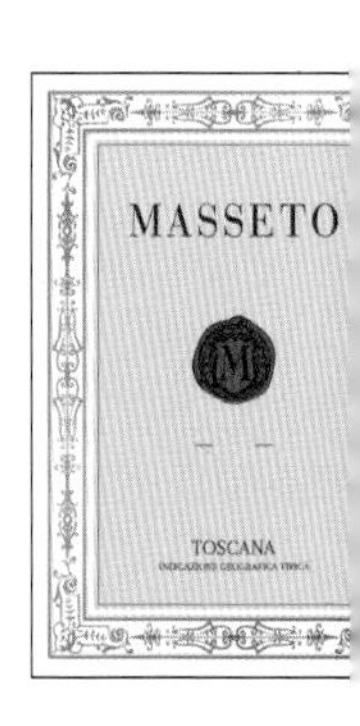

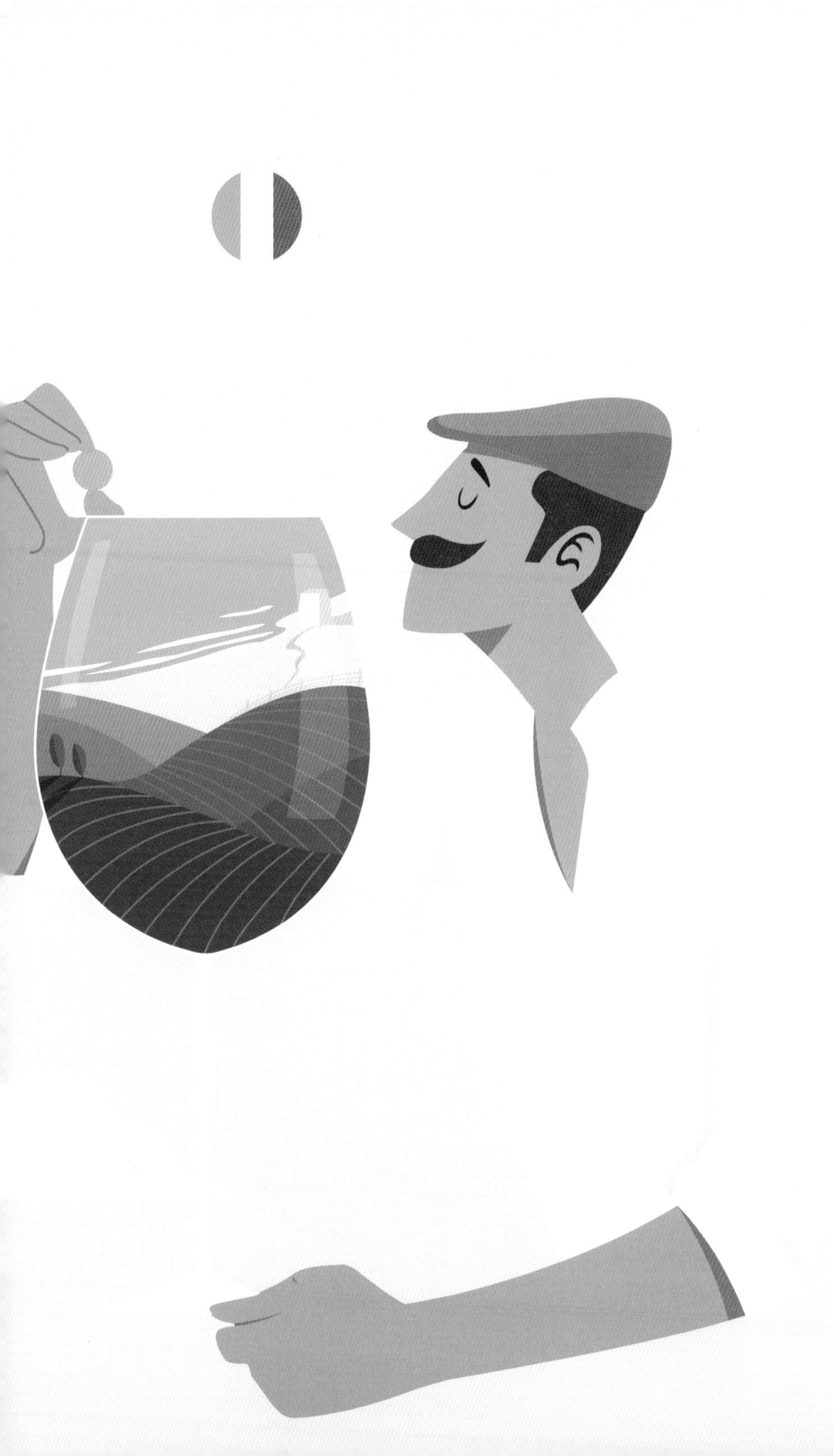

BRUNELLO DI MONTALCINO

MONTALCINO

탈치노의 와인 역사는 에트루리아 시대로 거슬러 올라가며, 라틴어로 털가시나무 산을 뜻하는 스 일키누스에서 지명이 유래되었을 것이라고 추측하고 있습니다. 털가시나무는 참나무의 한 류로 이 지역에서 흔히 볼 수 있는데, 현재 브로넬로 디 몬탈치노 와인을 상징하는 문장으로도 용되고 있습니다.

- 브루넬로 디 몬탈치노(Brunello di Montalcino DOCG): 1,067헥타르

1966년 DOC 지위를 획득해 1980년 DOCG로 승격된 브루넬로 디 몬탈치노는 시에나 시에서 남쪽으로 40km 떨어진 몬탈치노 지역의 구릉지 주변에서 생산되는 와인입니다. 브루넬로는 이탈리아어로 '암갈색'을 의미하는 브루노Bruno에서 유래된 명칭이자, 이곳에서 재배되고 있는 품종의 이름으로, 1879년 시에나의 포도 품종학 위원회는 다년간의 연구를 통해 몬탈치노의 브루넬로가 산지오베제와 동일한 품종임을 밝혀냈습니다.

1970년대까지만 해도 몬탈치노는 남부 토스카나 주에서 가장 빈곤한 지역 중 하나로 이탈리아 내에서도 거의 인지도가 없었습니다. 그러나 1980년에 DOCG 등급으로 인정되면서 지금은 이탈리아를 대표하는 유명 산지가 되었고, 해외 시장에서 큰 인기와 함께 외국 자본의 투자도 많이 쏟아졌습니다. 그 결과, 지난 20년 동안 생산자의 수는 2배로 증가했으며, 포도밭의 재배 면적도 3배 가까이 늘어나게 되었습니다.

브루넬로 디 몬탈치노 와인의 역사

몬탈치노의 와인 역사는 에트루리아 시대로 거슬러 올라가며, 라틴어로 '털가시나무Holm Oak 산'을 의미하는 몬스 일키누스Mons Ilcinus에서 지명이 유래되었을 것이라고 추측하고 있습니다. 털가시나무는 참나무의 한 종류로 이 지역에서 흔히 볼 수 있는데, 현재 브로넬로 디 몬탈치노를 상징하는 문장으로도 사용되고 있습니다.

중세 시대, 몬탈치노는 비아 프란치제나Via Francigena로 불리는 성지 순례길에 위치해 있었기 때문에 상업 도시로 발전하게 되었습니다. 비아 프란치제나는 영국의 캔터베리 대성당에서 프랑스와 스위스, 그리고 이탈리아를 거쳐 베드로의 무덤이 있는 바티칸까지 가는 순례길로, 총 2,000km에 달합니다. 이 시기에 몬탈치노는 모스카델로Moscadello 품종으로 스위트 와인을 주로 만들었지만, 와인보다는 가죽 공장과 가죽 제품이 더 유명했습니다.

이후 수세기에 걸쳐, 몬탈치노는 시에나 공화국을 상대로 치열한 군사적 충돌에 직면했고,

결국, 1260년 시에나 공화국에 합병되어 1555년까지 지배를 받게 되었습니다. 그러나 1555년, 시에나 공화국이 스페인의 침공을 받아 함락되었는데, 당시 스페인의 국왕인 펠리페 2세가 메디치 가문에 엄청난 빚을 지고 있었기 때문에 메디치 가문의 수장이었던 코시모 데 메디치 Cosimo de'Medici에게 토스카나 대공국을 넘겨주었습니다. 그때부터 1861년 이탈리아가 통일될 때까지 몬탈치노는 토스카나 대공국에 속하게 되었습니다.

1880년대에 들어설 때까지, 몬탈치노에서는 여전히 스위트 와인을 만들었으며, 주요 품종인 모스카델로는 14세기부터 20세기 초반까지 이어져오던 메짜드리아 제도로 인해 다른 농작물과 함께 재배되었습니다. 소작인들은 절도 사고와 악천후에 따른 농작물의 손실을 막기 위해 꽤 일찍 수확을 진행했는데, 그로 인해 모스카델로는 잘 익지 않아 신맛이 매우 강하고 향도 밋밋했습니다. 또한 와인은 제경 작업을 거치지 않고 오래된 헛간이나 비위생적인 환경에서 온도 조절도 이루어지지 않은 채 만들어졌습니다. 이러한 관행을 바로 잡은 인물이 부유한 지주이자 약사 출신의 클레멘테 산티Clemente Santi입니다. 그는 메짜드리아 제도의 폐해와 당시 낙후된 와인 제조 방식을 강하게 비판하며, 새로운 스타일의 몬탈치노 와인을 구축하기 시작했습니다.

우선, 클레멘테 산티는 자신이 소유하고 있는 테누타 일 그레뽀Tenuta Il Greppo 농장의 가장 뛰어난 토지에 브루넬로 품종을 심었는데, 이는 몬탈치노 지역 최초로 포도만을 재배한 포도밭이었습니다. 게다가 일찍 수확하는 관행에서 벗어나 포도가 잘 익을 때까지 기다려 수확했으며, 화학 전공자답게 발효 및 숙성 기간은 더 길게 시도했습니다. 또한 그는 1840년대에 브루넬로 품종의 클론을 발견해 별도로 양조한 최초의 인물이기도 합니다. 이렇게 탄생한 비노 로쏘 쉘토 브루넬로 델 1865Vino Rosso Scelto Brunello del 1865 와인은 1869년에 개최된 몬테풀치아노 농업 박람회에서 두 개의 은메달을 수상했습니다. 이때 브루넬로 단어가 처음 사용되었고, 클레멘테 산티는 브루넬로 디 몬탈치노의 창시자가 되었습니다. 이후, 그의 와인은 다른 국제 품평회에서 그 품질을 인정 받아 심지어 파리에서 프랑스 와인보다 더 인기가 많았습니다.

클레멘테 산티의 철학은 그의 손자 페루쪼 비온디-산티Ferruccio Biondi-Santi가 계승해 현재의 브루넬로 디 몬탈치노를 완성시켰습니다. 페루쪼 비온디-산티는 이탈리아 통일운동 당시에

쥬세뻬 가리발디Giuseppe Garibaldi 부대에서 싸운 군인으로, 전쟁 이후, 고향으로 돌아와 할아버지의 포도원을 상속받았으며, 아버지의 성인 비온디와 어머니 성인 산티를 합쳐 비온디-산티라는 명칭을 사용하기 시작했습니다.

페루쪼는 할아버지와 마찬가지로 브루넬로 품종에 가장 큰 신경을 썼습니다. 그러나 당시에 흰 가루병과 필록세라 해충이 전국의 포도밭을 위협하고 있었기에 페루쪼는 병충해에 저항력이 강한 클론을 찾아야만 했습니다. 결국, 산지오베제 그로쏘를 발견해 이전 포도 나무와의 교체 작업을 진행했고, 이후 필록세라 병충해를 막고자 새로 발견한 클론의 싹을 미국산 대목에 접붙이기해 옮겨심기를 진행했습니다. 또한 포도 나무 수형을 더 낮게 유지해 땅의 열기를 최대한 받게 했으며, 식재 밀도도 높여 포도 나무가 서로 경쟁할 수 있도록 해주었습니다. 양조 방식에 있어서도 제경 작업을 진행해 발효 기간을 더 길게 진행했고, 큰 용량의 오크통에서 10년 이상 숙성시키기도 했습니다. 마침내 1888년에 페루쪼 비온디-산티는 지금과 같은 산지오베제 그로쏘 100%의 와인을 출시했는데, 이때 처음으로 브루넬로 디 몬탈치노란 이름을 사용했습니다. 그의 엄격한 품질 관리 덕분에 와인의 구조감은 더욱더 견고해지고 안정적으로 생산이 가능해져 먼 곳으로 수출할 수 있게 되었습니다.

제1차 세계대전이 발생하면서 고급 와인 시장은 크게 쇠퇴했습니다. 비온디-산티 역시 힘든 상황을 맞이했고, 1917년에 페루쪼가 사망하자 아들 탄크레디 비온디-산티Tancredi Biondi-Santi가 가업을 계승했습니다. 이후, 지역 경제가 회복되자마자 1930년대에 필록세라 병충해가 발생해 몬탈치노 지역의 거의 모든 포도밭은 파괴되었으며, 제2차 세계대전이 발생하면서 와인 산업은 다시 침체기를 맞았습니다.

이 시기에 탄크레디는 장기적인 안목을 가지고 오래된 빈티지 와인을 지하 저장고에 차곡차곡 쌓아두었습니다. 심지어 그는 제2차 세계대전 이전에 가장 오래된 리제르바 와인을 은폐하기 위해 지하 저장고의 일부를 벽으로 막아 위장하기도 했습니다. 탄크레디의 선견지명으로 인해 마침내 브루넬로 디 몬탈치노가 얼마나 오랜 수명을 가지고 복합적인 맛을 지니고 있는지를 세상에 보여줄 수 있게 되었습니다. 제2차 세계대전이 끝나고 비온디-산티의 브루넬로 디 몬탈치노는 이탈리아에서 가장 희소가치가 높은 와인 중 하나로 큰 명성을 얻었습니다.

탄크레디는 마케팅의 파급력을 잘 알고 있었던 인물로, 비온디-산티 와인을 국제적으로 홍보하기 시작했습니다. 동시에 브루넬로 디 몬탈치노 와인의 일관된 품질을 위해 협동조합을 설립하기도 했습니다. 또한 탄크레디는 리콜마투라Ricolmatùra 서비스를 도입했는데, 리콜마투라는 영어로 토핑-업Topping-Up, '가득 채워줌'을 의미하며, 1927년부터 브루넬로 디 몬탈치노 리제르바에 한해 이 서비스를 해주고 있습니다. 리콜마투라는 탄크레디의 아들 프란코 비온디-산티Franco Biondi-Santi가 설계한 장치와 도구를 사용해 와인의 손실량 수준Ullage Level을 검사한 뒤 코르크 마개를 제거하고 동일한 빈티지의 와인으로 보충해주는 서비스입니다. 이때, 새로운 코르크 마개로 교체해주는 리코르킹Recorking 서비스도 함께 진행되며, 작업이 끝난 와인은 새로운 라벨과 인증서를 붙여줍니다. 리콜마투라 서비스를 수행하는 이유는 와인은 수십 년 동안 병 안에서 숙성되면서 자연스럽게 양이 줄어들기 때문이며, 손실된 양만큼 보충해 줌으로써 또다시 와인의 수명을 보장받을 수 있습니다. 1927년부터 시작된 비온디-산티의 리콜마투라 서비스는 일 그레뽀 포도원에서만 진행되었는데, 아쉽게도 2010년에 서비스가 중단되었습니다.

탄크레디 비온디-산티가 포도원을 새로운 차원으로 끌어올렸다면, 그의 아들 프란코 비온디-산티는 포도원을 세상에 알리는데 큰 역할을 한 인물입니다. 1960년대 후반까지 비온디-산티의 와인은 대부분 이탈리아에서만 소비되고 있었습니다. 프란코는 브루넬로 디 몬탈치노 리제르바의 잠재성을 해외 시장에 알리기 위해 홍보에 전념했고, 드디어 엘리자베스 2세 여왕Queen Elizabeth II에 의해 그 진가가 세상에 널리 알려지게 되었습니다. 1969년, 이탈리아의 쥬세뻬 사라카트Giuseppe Saragat 대통령은 런던 주재 이탈리아 대사관에서 엘리자베스 2세 여왕과 고위 인사들에게 비온디-산티 브루넬로 디 몬탈치노 리제르바 1955년 와인을 대접했습니다. 이를 맛본 엘리자베스 2세 여왕은 감탄을 금치 못했고, 행사는 성공적으로 끝났습니다. 그리고 이 행사는 이탈리아 및 영국 신문에 비온디-산티에 대한 기사로 이어졌으며, 국제적으로 큰 관심과 함께 명성 또한 높아졌습니다.

프란코 비온디-산티는 여기에 만족하지 않았습니다. 기존의 브루넬로 품종의 품질을 더욱 높이기 위해 새로운 클론 개발에 힘썼고, 산지오베제 그로쏘 클론인 BBS11Brunello Biondi Santi,

Vine 11을 개발해 1978년에 당국으로부터 공식적인 인정을 받았습니다. 프란코는 가문의 이름을 사용한 BBS11 클론을 누구나 쉽게 재배할 수 있게 해주었습니다. 또한 브루넬로 디 몬탈치노 이름을 처음 사용한 상징적인 생산자임에도 불구하고 브루넬로 디 몬탈치노 브랜드에 관한 저작권을 모두가 사용할 수 있게 해주었습니다. 지역 와인 산업의 발전을 도모한 비온디-산티 가문은 지금까지도 몬탈치노 지역에서 가장 존경받고 있는 생산자입니다.

현재, 비온디-산티는 로쏘 디 몬탈치노, 브루넬로 디 몬탈치노, 브루넬로 디 몬탈치노 리제르바 세 종류의 와인만 만들고 있습니다. 특히 리제르바는 가장 오래된 수령의 포도 나무에서 아주 뛰어난 해에만 생산되는 최상급 와인으로, 1888년 빈티지를 시작으로 지금까지 43개 빈티지만 생산되었으며, 1955, 1964, 1975빈티지를 역대 최고로 꼽고 있습니다.

19세기 말부터 제2차 세계대전이 끝날 때까지, 몬탈치노에서 브루넬로를 재배한 생산자는 비온디-산티가 유일했습니다. 또한 이탈리아 정부 문서에 기록된 유일한 생산자이기도 하며, 그때까지 공식적으로 생산한 와인은 1888, 1891, 1925, 1945년 4개 빈티지 밖에 없었습니다. 1950년대 중반에 들어 비온디-산티의 특별한 와인은 명성과 희소성, 그리고 인상적인 힘을 가지고 있어 모방할 가치가 있었습니다. 곧바로 파또리아 데이 바르비Fattoria dei Barbi, 콘티 코스탄티Conti Costanti 등과 같은 생산자들도 브루넬로 품종을 사용해 레드 와인을 만들기 시작했습니다. 그러나 1950~1960년대에 몬탈치노 지역은 농촌을 떠나는 이농 현상이 일어나 토지 소유자들을 빈털터리로 만들었고, 많은 사람들이 땅을 헐값에 처분했습니다. 결국, 1960년대에 몬탈치노의 포도밭은 60헥타르에 불과했으며, 생산자도 고작 11명밖에 되지 않았습니다. 그럼에도 불구하고 비온디-산티 와인의 품질과 명성으로 인해 마침내 브루넬로 디 몬탈치노는 1966년에 DOC 지위를 획득했습니다. DOC로 인정될 당시, 탄크레디는 이탈리아 정부를 도와 브루넬로 디 몬탈치노에 관한 규정을 만드는 것에 동참하기도 했습니다. 이후 1975년, 몬탈치노의 생산자는 25명으로 두 배가 증가했고, 1980년대 들어서는 53명까지 증가했습니다.

Franco Biondi Santi

프란코 비온디-산티는 산지오베제 그로쏘 클론인 BBS11을 개발해 1978년에 당국으로부터 공식적인 인정을 받았습니다. 또한 비온디-산티 가문은 BBS11 클론을 누구나 쉽게 재배할 수 있게 해주었습니다.

RISERVA 2012
BRUNELLO DI MONTALCINO
BIONDI-SANTI
MARCA
PROPRIA
TENUTA "GREPPO"
RISERVA
DEDICATO A
FRANCO BIONDI SANTI
BIONDI-SANTI

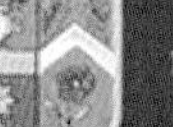

1970년대, 미국에서 와인 수입사를 운영하던 존과 해리 매리아니John & Harry Mariani 형제는 에밀리아-로마냐 주에 위치한 리우니테Riunite 협동조합의 람브루스코 와인을 미국으로 수입해 큰 성공을 거두었습니다. 이후, 이탈리아계 미국인이었던 존과 해리는 1978년에 몬탈치노 지역의 카스텔로 반피Castello Banfi 포도원을 설립해 모스카델로 품종을 대량으로 심었습니다. 그리고 모스카델로 디 몬탈치노Moscadello di Montalcino DOC의 달콤한 화이트 와인으로 람브루스코의 성공을 재현하려고 했지만, 결국 실패하고 말았습니다. 형제는 곧바로 브루넬로 품종으로 바꿔서 심었고, 1980년부터 카스텔로 반피의 브루넬로 디 몬탈치노는 강력한 영향력과 유통망 덕분에 미국 시장을 사로잡은 다음 세계 시장을 공략하기 시작했습니다. 존과 해리 형제를 두고 침략자라고 부르는 사람들도 있었지만, 이들이 몬탈치노에 미친 영향력은 대단했습니다. 이들은 람브루스코 와인으로 번 막대한 자본을 기반으로 카스텔로 반피를 캘리포니아와 같이 큰 규모로 포도원을 지었고, 몬탈치노를 관광지로 개발했습니다. 이로 인해 몬탈치노에 새로운 투자를 끌어 들였는데, 대표적인 포도원이 프레스코발디 가문의 카스텔지오콘도Castelgiocondo, 마르께지 안티노리의 피안 델레 비녜Pian delle Vigne, 안젤로 가야의 피에베 산타 레스티투타Pieve Santa Restituta입니다.

1980년, DOCG로 승격된 브루넬로 디 몬탈치노에서는 카자노바 디 네리Casanova di Neri, 살비오니Salvioni, 시로 판첸티Siro Pacenti, 레 마치오께Le Macioche, 우첼리에라Uccelliera 등의 고품질을 지향하는 소규모 생산자들도 등장했습니다. 21세기에 들어서자 몬탈치노의 생산자는 약 250명 정도로 급격히 늘어나 1960년에 비해 재배 면적은 18배나 증가했고, 생산량이 증가하면서 해외 시장도 공략하기 시작했습니다.

위상이 달라진 브루넬로 디 몬탈치노는 와인 저널리즘에서 높은 평가를 받았습니다. 1999년 미국을 대표하는 유명 매거진, 와인 스펙테이터에서 브루넬로 디 몬탈치노는 21세기 최고의 와인 12개 중 하나로 선정되었으며, 2006년 와인 스펙테이터에서 발표된 탑 100에서 카자노바 디 네리 테누타 누오바 브루넬로 디 몬탈치노Casanova di Neri Tenuta Nuova, Brunello di Montalcino DOCG가 1위를 차지하는 영광을 누리기도 했습니다.

오늘날 브루넬로 디 몬탈치노는 이탈리아를 대표하는 고급 와인 중 하나로, 해외 시장에서 큰 인기와 함께 비싼 가격에 거래되고 있습니다. 특히 미국 레스토랑에서 판매되고 있는 와인 3병 중 1병이 브루넬로 디 몬탈치노일 정도로 인기가 높습니다.

브루넬로 디 몬탈치노의 떼루아

몬탈치노 지역은 해안의 지중해성 기후와 아펜니노 산맥 중심부의 산악 기후가 교차하는 곳으로, 불과 50km 떨어진 곳에 바다가 있어 이탈리아 북부 지역에 비해 기후 변화가 적고 안정적이며, 토스카나 주에서 가장 따뜻하고 건조한 기후를 띠고 있습니다. 또한 몬탈치노 지역 바로 남쪽에 자리잡고 있는 해발 1,700미터의 아미아타 화산Monte Amiata은 남동부에서 유입되는 여름 폭풍우를 막아주고 있어, 여름은 아주 덥고 극도로 건조한 날씨가 이어지고 있습니다. 또한 이곳은 토스카나 주에서 가장 건조한 지역으로 연간 강우량은 700mm 정도이며, 연간 강우량 900mm 정도의 끼안티 지역과는 대조적입니다. 그 결과, 근교에 있는 몬테풀치아노 지역에 비해 산지오베제가 일주일 정도 빨리 익는 것이 특징입니다.

몬탈치노 지역은 구릉 지대로, 포도밭은 120~600미터 사이의 경사지에 자리잡고 있습니다. 북향의 경사지에 위치한 포도밭은 남향보다 일조량이 적고 서늘하기 때문에 포도가 천천히 익어 방향성이 풍부하고 섬세한 와인이 생산되고 있습니다. 반면, 남서향의 경사지에 위치한 포도밭은 햇볕과 해풍에 더 많이 노출되기 때문에 힘있고 복합적인 풍미를 지닌 와인이 생산되고 있습니다. 최고의 생산자들은 북향과 남서향의 경사지 모두에 포도밭을 가지고 있으며, 두 곳에서 생산된 와인을 블렌딩해 만들고 있습니다.

토양은 석회암, 점토, 편암, 화산성 토양, 그리고 갈레스트로 등 다채롭게 구성되어 있으며, 끼안티 클라씨코 지역의 토양에 비해 암석이 많고 척박한 편입니다. 이곳 포도밭의 다양한 표고와 토양은 브루넬로 디 몬탈치노의 개성과 품질, 숙성 잠재력에 기여하고 있지만, 공식적인 하위 구역은 존재하지 않습니다. 하위 구역을 지정하는 일이 정치적으로 아주 민감한 사항이기 때문에 앞으로의 상황을 지켜봐야 할 것 같습니다.

하위 구역으로 가능성 있는 마을로는 북동부의 토레니에리Torrenieri와 중심부의 몬탈치노, 그리고 남부의 타베르넬레Tavernelle, 산탄젤로 인 콜레Sant'Angelo in Colle 등이 있습니다. 북동쪽에 위치한 토레니에리 마을은 무거운 점토질 토양에서 타닌이 강한 와인이 생산되고 있으며, 사쏘 디 솔레Sasso di Sole 포도원에서 우수한 품질의 브루넬로 디 몬탈치노를 생산하고 있습니다.

브루넬로 디 몬탈치노 와인의 대부분은 중심부에 있는 몬탈치노 마을 주변에서 생산되고 있습니다. 마을 바로 남쪽의 포도밭은 표고가 400~500미터에 달하며 갈레스트로라 불리는 이회토에서 가장 우아하고 긴 수명을 지닌 브루넬로 디 몬탈치노가 만들어지고 있습니다. 특히, 높은 표고로 인한 큰 일교차는 포도의 자연적인 산도를 높게 유지시켜 주며, 석회질을 함유한 이회토는 와인의 방향성을 풍부하게 만들어 복합적인 풍미를 제공하고 있습니다. 최고 생산자로는 선구자인 비온디-산티의 일 그레뽀와 파또리아 데이 바르비, 콘티 코스탄티와 함께 최근 떠오르는 잔니 브루넬리Gianni Brunelli, 레 포타찌네Potazzine 포도원을 들 수 있는데, 많은 전문가들이 이곳의 브루넬로 디 몬탈치노를 진짜 맛이라고 평가하고 있습니다.

몬탈치노 마을 바로 북쪽은 석회암과 점토 토양이 지배적이며, 300~400미터 사이의 포도밭에서 매혹적인 향을 지닌 브루넬로 디 몬탈치노가 생산되고 있습니다. 일 마로네토Il Marroneto, 일 파라디조 디 만프레디Il Paradiso di Manfredi, 알테지노Altesino, 바리찌Baricci 포도원이 이곳에서 최고의 브루넬로 디 몬탈치노를 생산하고 있습니다.

또한 몬탈치노 마을에는 그랑 크뤼로 불리는 몬토졸리Montosoli도 있는데, 몬탈치노 마을의 최고 포도밭으로 평가 받고 있습니다. 1970년대 알테지노 포도원이 최초로 몬토졸리 단일 포도밭 명칭으로 출시했고, 1971년 바리찌 포도원 역시 콜롬바이오 디 몬토졸리Colombaio di Montosoli 와인을 출시했습니다. 몬토졸리 포도밭에서 만든 와인은 복합적인 향과 견고함, 우아함을 동시에 지니고 있으며, 최고의 품질을 자랑합니다.

MONTALCINO
몬탈치노

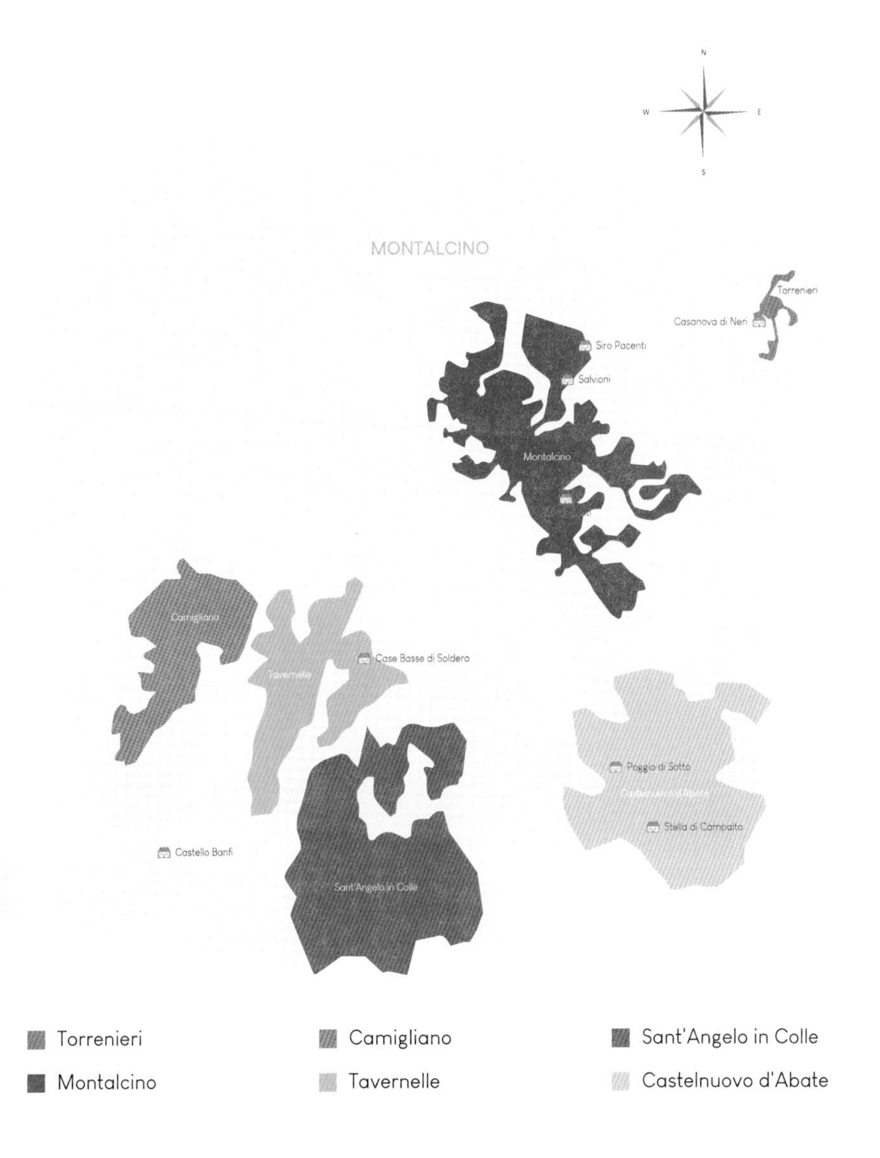

몬탈치노의 하위 구역으로 가능성 있는 마을로는 북동부의 토레니에리와 중심부의 몬탈치노, 타베르넬레, 산탄젤로 인 콜레 등이 있으며, 브루넬로 디 몬탈치노의 대부분이 중심부에 있는 몬탈치노 마을 주변에서 생산되고 있습니다. 몬탈치노 마을 바로 남쪽 포도밭은 표고가 400~00미터에 달하며 갈레스트로라 불리는 이회토에서 가장 우아하고 긴 수명을 지닌 브루넬로 의 몬탈치노가 만들어지고 있습니다.

타베르넬레는 남서쪽에 위치한 작은 마을로, 포도밭은 300~350미터 사이의 언덕 중간에 위치해 있어 따뜻한 기온이 유지되고 있습니다. 또한 서늘한 바람이 계속 불어와 서리와 안개가 없고 포도가 잘 익을 수 있는 이상적인 조건을 갖추고 있습니다. 안젤로 가야의 피에베 산타 레스티투타, 잔프란코 솔데라의 카제 바쎄Gianfranco Soldera's Case Basse, 카프릴리Caprili 포도원이 이곳에서 최고의 브루넬로 디 몬탈치노를 생산하고 있습니다.

남부에 위치한 산탄젤로 인 콜레 마을 주변은 몬탈치노에서 가장 덥고 건조한 지역으로, 이곳에서 생산되는 브루넬로 디 몬탈치노의 대다수가 더운 기후의 영향을 받고 있습니다.

브루넬로 디 몬탈치노 와인에 관해

산지오베제는 몬탈치노를 대표하는 품종이지만, 재배 역사는 의외로 길지 않습니다. 1880년대까지 몬탈치노는 프랑스의 뮈스까 달렉상드리Muscat d'Alexandrie와 동일한 품종인 모스카델로를 사용해 스위트 와인을 만드는 산지였습니다. 1888년, 비온디-산티가 산지오베제 100%로 만든 와인에 브루넬로란 이름을 붙여 처음 출시하기 전까지, 몬탈치노에서는 산지오베제를 재배하지 않았으며, 1980년에 DOCG로 승격된 이후부터 본격적으로 재배를 시작했습니다.

오늘날, 몬탈치노는 토스카나 주 제일의 산지오베제 산지로, 이제는 역사적으로 유명한 끼안티와 끼안티 클라씨코를 가격과 명성 면에서 능가하고 있습니다. 현지에서 브루넬로 또는 브루넬리노Brunellino라고 불리는 산지오베제 그로쏘는 몬탈치노의 떼루아에 적합하게 개발된 산지오베제 클론이며, 브루넬로 디 몬탈치노 DOCG에 유일하게 허가된 품종입니다. 몬탈치노의 기후와 고도는 산지오베제가 토스카나 주의 어느 곳보다 더 완벽하게 익는 조건을 제공합니다. 이러한 조건은 브루넬로 디 몬탈치노 와인의 색상과 타닌, 그리고 무게감 등에 영향을 미치며, 끼안티 클라씨코 와인과는 대조적으로 블랙베리, 체리, 라즈베리, 가죽, 제비꽃 등의 아로마와 함께 좀 더 견고한 구조감을 지니고 있습니다. 또한 브루넬로 디 몬탈치노는 뛰어난 빈티지에 놀라울 정도의 숙성 잠재력을 보여주기도 하는데, 최소 10년 이상 병 숙성을 해야 시음 적정기를 맞볼 수 있습니다.

전통적으로 브루넬로 디 몬탈치노는 포도 껍질에서 색과 타닌, 향 성분을 최대한 추출하기 위해 발효 및 침용 과정을 오랫동안 진행했습니다. 이후 숙성 과정에서 대다수 생산자들은 오크 향과 풍미를 최소화하기 위해 보떼라 불리는 커다란 슬로베니아 중고 오크통을 사용했지만, 최근 들어, 일부는 오크의 풍미를 얻기 위해 작은 용량의 프랑스 오크통에서 숙성시키는 경우도 있습니다.

DOCG 규정에 따라 브루넬로 디 몬탈치노의 법적 최저 알코올 도수는 12.5%로, 최소 48개월 동안 숙성을 거쳐야 하며, 이 기간 중 24개월은 오크통에서, 4개월은 병에서 숙성시켜야 합니다. 1997년 이전까지 오크통에서 48개월 숙성시켜야 했지만, 1998년 숙성 규정이 개정되면서 24개월로 기간이 짧아져 지금의 소비자의 입맛에 상당히 맞춰졌습니다.

브루넬로 디 몬탈치노 리제르바의 경우, 최소 60개월 동안 숙성을 거쳐야 하며, 이 기간 중 24개월은 오크통에서, 6개월은 병에서 숙성시켜야 합니다. 이러한 규정을 의도적으로 어기는 생산자는 최대 6년의 징역형과 함께 상업적인 사기 혐의로 유죄 판결을 받을 수 있습니다.

몬탈치노 지역에서는 브루넬로 디 몬탈치노와 함께 로쏘 디 몬탈치노Rosso di Montalcino DOC도 생산되고 있습니다. 이 와인은 예전에 '브루넬로 포도밭의 레드 와인'을 의미하는 비노 로쏘 다이 비네티 디 브루넬로Vino Rosso dai Vigneti di Brunello란 명칭으로 판매되었지만, 1983년 DOC로 승인되면서 지금의 로쏘 디 몬탈치노 명칭을 갖게 되었습니다.

로쏘 디 몬탈치노는 주력 와인인 브루넬로 디 몬탈치노의 숙성 규정을 완화해 주어 더 일찍 와인을 출시할 수 있게 되었는데, 이를 통해 생산자들은 브루넬로 디 몬탈치노가 숙성되는 동안 현금 자산의 유동성을 확보할 수 있게 되었습니다. DOC 규정에 따라 로쏘 디 몬탈치노는 산지오베제 100%로 만들어야 하며, 법적 최저 알코올 도수는 12%, 최소 숙성 기간은 대략 10개월로 규정하고 있습니다.

살비오니와 같은 일부 생산자의 경우, 작황이 안 좋은 빈티지에는 브루넬로 디 몬탈치노 생산을 포기하고 로쏘 디 몬탈치노만 생산하기도 합니다. 또한 2~3년 숙성된 브루넬로 디 몬탈치노의 품질이 기대에 미치지 못할 때에도 로쏘 디 몬탈치노로 출시할 수 있습니다. 일반적으로 로쏘 디 몬탈치노는 브루넬로 디 몬탈치노에 비해 더 가볍고 신선하며, 보다 편하게 마실 수 있는 와인이지만, 몇몇 생산자는 브루넬로 디 몬탈치노와 유사한 캐릭터를 지닌 와인을 만들기도 합니다. 와인 애호가 사이에서 '베이비 브루넬로'라고 불리며 브루넬로 디 몬탈치노의 절반 정도의 가격으로 판매되고 있습니다.

이외에 몬탈치노 지역에서는 산탄티모 DOCSant'Antimo와 모스카델로 디 몬탈치노 DOC, 그리고 토스카나 IGT 등급 와인도 생산되고 있습니다. 산탄티모는 9세기에 샤를마뉴가 세운 수도원의 이름이자 원산지 명칭으로, 1970년대에 끼안티 생산자들이 산지오베제에 까베르네 쏘비뇽, 메를로 등의 외래 품종을 블렌딩해 국제적으로 성공을 거두자 몬탈치노 생산자들도 영향을 받아 그와 유사한 스타일의 와인을 만들기 시작했습니다. 결국, 1996년에 이탈리아 당국은 몬탈치노 지역에 외래 품종을 허가하며 산탄티모 DOC를 승인해 주었습니다. 현재 산탄티모의 재배 면적은 97헥타르에 불과하지만, 화이트·레드·스위트 와인까지 다양하며 샤르도네, 쏘비뇽 블랑, 피노 그리지오, 까베르네 쏘비뇽, 메를로, 피노 네로의 품종 명칭을 라벨에 표기할 수 있습니다.

1984년 DOC로 인정된 모스카델로 디 몬탈치노는 모스카델로로 만든 스위트 와인으로 과거 몬탈치노에서 널리 생산되었지만 제2차 세계대전 이후 인기가 떨어졌습니다. 1980년대 초반, 카스텔로 반피는 모스카델로 디 몬탈치노를 대량으로 만들어 예전의 인기를 재현하고자 했으나 실패했으며, 현재 몬탈치노에서 재배 면적은 10헥타르 밖에 되지 않습니다.

DOC 규정에 따라 모스카델로 디 몬탈치노 비안코는 모스카델로를 최소 85% 사용해야 하며, 리터당 잔당은 최소 46g 이상 되어야 합니다. 또한 늦게 수확한 포도로 만든 벤뎀미아 타르디바의 생산도 가능한데, 리터당 잔당은 최소 60g 이상 되어야 하며, 최소 숙성 기간은 12개월로 규정하고 있습니다.

브로넬로 디 몬탈치노 스캔들(Brunellopoli)

2008년, 이탈리아 정부는 일부 몬탈치노 생산자들이 산지오베제 100%를 사용해야 하는 DOCG 규정을 위반하고 까베르네 쏘비뇽, 메를로 등의 외래 품종을 사용했다는 제보를 받아 조사에 착수했습니다. 이러한 내용이 2008년 3월 21일, 이탈리아 저널리스트인 프란코 칠리아니Franco Ziliani와 전 와인 스펙테이터의 평론가인 제임스 서클링James Suckling에 의해 보도되었는데, 칠리아니와 서클링은 일부 몬탈치노 생산자들이 이윤을 늘리기 위해 생산량을 부풀리고 산지오베제 외에 허가되지 않은 품종을 불법적으로 사용했다는 주장에 대한 조사가 시작되었다고 보도했습니다. 또한, 이탈리아의 시사 주간지인 레스프레쏘L'espresso 역시 2008년 4월 4일자 신문에서 몬탈치노 생산자의 사기 혐의와 함께 20곳의 포도원이 의심을 받고 조사 중이라 보도하면서 세간에 더 큰 관심을 받게 되었습니다. 혐의를 받고 있는 브루넬로 디 몬탈치노 2003 빈티지의 대부분은 고가 제품으로, 조사관들은 포도밭을 조사함과 동시에 해당 와인 수십만 병을 압수해 검사를 실시했습니다. 당시, 아르지아노Argiano와 카스텔지오콘도, 카스텔로 반피와 같은 유명 생산자들도 조사를 받았다고 인정했습니다.

1985년, 바르베라 와인에 공업용 메탄올을 섞어 30명 이상의 사상자가 발생한 바르베라 스캔들만큼 치명적인 위험이 우려되지는 않았지만, 몬탈치노 및 이탈리아 와인 명성에 큰 피해를 입혀 지속적인 경제 손실을 초래할 수 있다고 판단해 사건 담당 검사는 사기 혐의에 대해 최대 6년의 징역형을 선고할 수 있다고 밝혔습니다. 또한 브루넬로의 통제 기관인 브루넬로 와인 협회Consorzio del Vino Brunello에서도 만약 규정을 위반한 것으로 밝혀진다면 해당 포도원을 협회에서 영원히 추방시키겠다고 엄포했습니다.

브루넬로 디 몬탈치노의 가장 큰 시장인 미국의 대처는 더욱 단호했습니다. 2008년 5월, 미국 정부는 산지오베제 100%라는 사실 인증이 없는 브루넬로 디 몬탈치노의 수입을 금지할 것이라고 발표했습니다. 당시 주류 무역 대변인에 따르면 이탈리아 정부의 정보 요청이 불충분했기에 이와 같은 조치를 취했다고 말했습니다.

브루넬로 스캔들은 일부 전문가 사이에서 그다지 놀라운 일이 아니었습니다. 프란코 칠리아니는 일부 몬탈치노 생산자들이 허가되지 않은 품종을 사용하고 있다는 소문이 수년 동안 존재해왔다고 주장했고, 다른 전문가는 이미 오래 전부터 몇몇 몬탈치노 생산자들이 와인의 색과 타닌을 보충하고 영할 때 쉽게 마실 수 있게 산지오베제 이외의 이탈리아 남부 포도를 첨가해 만들었다고 주장하기도 했습니다.

2009년 7월, 이탈리아 정부는 압수된 670만 리터의 브루넬로 디 몬탈치노에 대한 조사 결과를 발표했는데, 대부분 브루넬로 품종으로 만들었다는 것을 확인했고, 이 중에 20%는 토스카나 IGT로 강등시켰습니다. 2010년 5월 1일, 이탈리아 언론에 따르면 이 사건으로 17명이 기소되었는데, 아르지아노, 카스텔지오콘도, 카스텔로 반피 등 6곳을 제외한 11곳의 포도원은 압수된 와인을 판매할 수 있는 대신 최소한의 법적 비용과 약간의 벌금만 부과했다고 전했습니다. 몬탈치노 생산자들은 결국 투표를 통해 외국 품종을 허용하지 않고 100% 산지오베제라는 규칙을 유지하기로 결정했는데, 당시 4% 정도의 생산자들은 품종 규정을 변경하는데 찬성한다고 투표했습니다.

2008년 3월, 프란코 칠리아니와 제임스 서클링에 의해 최초 보도된 브루넬로 디 몬탈치노의 사기 혐의에 관한 스캔들은 이탈리아 언론에서 브루넬로폴리Brunellopoli라 명명했습니다. 이 명칭은1900년대에 이탈리아 정치 스캔들인 탄젠토폴리Tangentopoli에서 유래된 이름으로 해외에서는 브루넬로 스캔들 또는 브루넬로게이트Brunellogate라고 불리고 있습니다.

- 베르나차 디 산 지미냐노(Vernaccia di San Gimignano DOCG): 522헥타르

베르나차 디 산 지미냐노는 토스카나 주를 대표하는 화이트 와인입니다. 1966년 DOC 지위를 획득해 1993년 DOCG 등급으로 승격되었으며, 끼안티 클라씨코 지역의 서쪽에 위치한 산 지미냐노 마을 언덕에서 베르나차 주체로 만들고 있습니다.

산 지미냐노 마을은 '중세의 맨하튼'으로 불렸고, 우뚝 솟아있는 중세 탑들로 유명한 관광지입니다. 당시 부유한 귀족들은 자신의 힘을 과시하기 위해 서로 더 높은 탑을 세우려고 경쟁을 벌였습니다. 또한 비아 프란치제나 순례길에 위치해 있었기 때문에 중세 시대에 상업 도시로 크게 발전했습니다. 당시, 산 지미냐노 와인은 단테의 신곡과 보까치오Boccaccio의 데카메론Decameron에 등장할 정도로 유명했고, 왕족과 귀족의 식탁에서 큰 사랑을 받으며 메디치 가문의 결혼식 답례품으로도 사용되기도 했습니다. 특히, 교황 마르티노 4세Pope Martin IV는 베르나차 와인으로 조리한 장어 요리를 좋아했다고 알려져 있습니다.

베르나차 품종의 원산지는 아직 확실히 밝혀지지 않았지만, 리구리아 주의 친퀘 테레의 베르나짜Vernazza 마을에서 유래되었거나, 라틴어로 '장소'를 의미하는 베르나쿨룸Vernaculum에서 파생되었을 것이라 추측하고 있습니다. 8세기 후반, 베르나차 품종은 그리스에서 친퀘 테레의 베르나짜 마을로 유입되었으며, 산 지미냐노의 기록 보관소 자료에 따르면 1276년 산 지미냐노 마을에 그레코Greco를 대신해 베르나차를 심었다고 기록되어 있습니다.

산 지미냐노 마을에서 베르나차는 재배상의 어려움으로 인해 20세기 초반에 트레비아노, 말바지아 등과 같은 저품질 품종으로 대체되면서 인기가 없었습니다. 그러나 1960년대 들어, 베르나차 화이트 와인은 시트러스 계열의 과실 및 꽃 향기와 균형 잡힌 신맛, 상쾌한 맛 등의 품질을 인정받으면서 트레비아노, 말바지아의 대안으로 자리잡았고 서서히 부활하기 시작했습니다.

산 지미냐노 마을은 지중해성 기후로 일년 내내 환기가 잘 되고 안개가 끼는 경우가 거의 없습니다. 토양은 모래와 황토, 사암으로 이루어져 있는데, 특히 사암 토양에서 우수한 품질의 베르나차 화이트 와인이 생산되고 있습니다. 포도밭은 모두 경사지에 위치하며, 표고는 최고

500미터로 규제하고 있습니다.

DOCG 규정에 따라 베르나차 디 산 지미냐노는 베르나차를 최소 85% 사용해야 하며, 리슬링 또는 쏘비뇽 블랑을 최대 10%까지 블렌딩할 수 있습니다. 법적 최저 알코올 도수는 11.5%로, 리터당 잔당은 최대 4g까지 허용되고 있습니다. 리제르바의 경우 법적 최저 알코올 도수는 12.5%로, 최소 11개월 동안 숙성을 거쳐야 하며, 이 기간 중 3개월은 병에서 숙성시켜야 합니다.

빈 산토(Vin Santo)

말린 포도로 만든 빈 산토는 토스카나 주의 고전적인 스위트 와인입니다. 그리스로부터 포도를 건조시켜 달콤한 와인을 만드는 기술을 배운 이탈리아는 이러한 전통을 이어가며 다양한 형태의 스위트 와인을 생산하게 되었습니다. 오늘날 빈 산토의 주요 산지인 토스카나 주에서는 주로 트레비아노와 말바지아 등의 청포도 품종을 사용해 만들지만, 산지오베제를 사용해 빈 산토 오끼오 디 페르니체Vin Santo Occhio di Pernice, 자고새의 눈을 의미라는 로제 스위트 와인을 만들기도 합니다.

빈 산토의 기원에 관해서는 다양한 설이 존재합니다. 가장 유력한 것이 종교와 관련된 설로, 역사적으로 가톨릭 미사 때 와인이 사용되었는데, 당시 미사용으로 달콤한 와인을 선호했습니다. '성스로운 와인'을 의미하는 빈 산토는 아마도 이때 사용되었던 것으로 추측하고 있습니다. 또한 빈 산토의 가장 오래된 기록 중 하나는 르네상스 시대 때, 피렌체 와인 상인들이 달콤한 와인을 로마와 그 외 지역으로 판매한 일지에서 비롯됩니다. 결국, 빈 산토는 이탈리아 전역에서 생산되는 건포도 와인의 포괄적인 명칭이 되었고, 1990년대 중반부터 토스카나 주를 중심으로 DOC로 지정되기 시작했습니다. 현재 토스카나 주에는 빈 산토 델 끼안티Vin Santo del Chianti DOC, 빈 산토 델 끼안티 클라씨코Vin Santo del Chianti Classico DOC, 빈 산토 디 카르미냐노Vin Santo di Carmignano DOC, 빈 산토 디 몬테풀치아노Vin Santo di Montepulciano DOC 4개의 DOC에서 빈 산토를 생산하고 있습니다.

토스카나 주의 빈 산토는 트레비아노와 말바지아 품종을 주로 원료로 사용합니다. 수확은 9월 또는 10월에 진행되며, 반드시 손으로 수확해야 합니다. 이후 포도는 건조 과정을 거치는데, 전통적으로 포도는 대나무 및 짚 매트 위에서 건조시켰지만, 지금은 따뜻하고 통풍이 잘 되는 건조실에서 진행되고 있습니다. 포도는 건조 과정을 통해 수분이 증발해 농축된 당분을 얻게 되는데, 건조 기간이 길면 길수록 최종적인 빈 산토의 잔당 역시 높아지게 됩니다. 생산자 입장에서 포도 나무에 매달린 채로 자연 건조를 시키면 작업은 훨씬 수월하겠지만, 그렇게 하면 포도의 아로마가 현저히 줄어들기 때문에 수확 이후에 건조 과정을 진행하고 있습니다.

건조 과정이 끝나면 부패하거나 상태가 안 좋은 포도들은 솎아내어 압착 과정을 행하며, 짜낸 과즙은 카라텔리Caratelli라고 불리는 50리터 용량의 나무통에 넣고 알코올 발효를 진행합니다. 카라텔리는 밤나무, 향나무, 체리 나무 등으로 만든 나무통으로, 예전에 널리 사용되었지만, 최근에는 200~300리터 용량의 나무통을 사용하는 경우도 있습니다. 알코올 발효는 빈산타이Vinsantai라고 하는 환기가 잘 되는 특별한 공간에서 진행되며, 발효 기간은 2~4년 정도 지속됩니다.

빈 산토 제조용 포도는 당분이 높기 때문에 발효 개시가 더딘 편으로, 알코올 발효는 몇 주 후에 시작되거나 늦으면 3월 말에 시작되는 경우도 있습니다. 따라서 생산자들은 알코올 발효를 개시하기 위해 마드레Madre를 사용할 수 있습니다. 마드레는 이전 해에 생산된 빈 산토가 소량 포함된 효모 배양액으로, 이를 사용하면 와인에 복합성을 더할 수 있다고 생산자들은 믿고 있습니다.

알코올 발효가 끝난 와인은 나무통에서 숙성 과정을 거치게 됩니다. 토스카나 주의 빈 산토 DOC에서는 최소 숙성 기간을 3년으로 규정하고 있지만, 포도원에 따라 5~10년 동안 숙성시키는 경우도 드물지 않습니다. 숙성 과정에서 나무통은 봉인되어 침전물 제거 및 증발된 술을 보충하는 작업을 절대 행하지 않습니다. 또한 전통적으로 카라텔리에서 숙성시켰는데, 재질이 참나무가 아닌 밤나무, 향나무, 체리 나무로 만들어졌기 때문에 매우 다공성이어서 과도한 증발을 촉진시켜 줄 뿐만 아니라 나무에서 유래되는 많은 양의 타닌이 더해졌습니다. 특히 카라텔리 안에 와인은 증발해 큰 공간이 발생하고 다량의 산소와 접촉해 산화가 일어나게 됩니다. 이로 인해 빈 산토는 특유의 호박색을 띠며, 강한 산화 뉘앙스 독특한 풍미와 특성이 부여됩니다.

20세기 말, 빈 산토 생산자의 대다수가 카라텔리에 와인을 가득 채우지 않고 의도적으로 빈 공간을 만들어 산화시켜 만들고 있으며, 카라텔리에서 오크통으로 바꾸기 시작했습니다. 참나무 재질의 오크통은 기존의 카라텔리에 비해 증발이 심하지는 않지만, '천사의 몫'이라 불리는 증발은 여전히 어느 정도의 산화를 일으키고 있습니다. 이러한 현대적인 기술은 빈 산토의 산화 뉘앙스를 줄여주고 신선한 풍미를 증대시켜 줍니다. 그러나 토스카나 주의 빈 산토 델 끼안티 클라씨코 DOC, 빈 산토 디 카르미냐노 DOC에서는 여전히 숙성 과정에서 카라텔리 사용을 의무화하고 있으며, 종종 카라텔리에 성스러움을 표현하기 위해 십자가 표시를 하는 경우도 있습니다.

몇몇 빈 산토 생산자들은 서로 다른 나무 재질의 카라텔리를 사용해 나중에 블렌딩하기도 합니다. 이 방식은 에밀리아-로마냐 주의 발사미코Balsamico 생산자들이 발사미코의 복합성을 더해주기 위해 다양한 재질의 나무통을 사용하는 것과 거의 동일한 방식으로, 빈 산토에 더 많은 복합성을 부여할 수 있습니다. 반면, 산화 뉘앙스가 너무 심하거나, 생산자가 만족할 만한 수준의 품질이라고 여기지 않으면 의도적으로 조리용 목적의 식초로 판매되는 경우도 있습니다.

토스카나 주에서 생산되는 빈 산토는 이탈리아의 다른 지역에서 생산된 빈 산토를 합한 것보다 더 많지만, 포도원의 대다수가 아주 적은 양의 빈 산토를 생산하고 있습니다. 토스카나 주의 빈 산토 생산자 60% 이상이 1,000리터 이하로만 생산하며, 유명 생산자의 경우, 희소가치가 높기 때문에 매우 높은 가격에 거래되고 있습니다.

빈 산토는 피노 셰리와 같은 드라이 타입부터 프랑스, 독일의 귀부 와인과 동등한 극도의 스위트 타입까지 모든 종류의 단맛 수준에 맞게 만들 수 있습니다. 2006년, 시행된 조사에 따르면 토스카나 주에서 생산되는 빈 산토의 약 77% 정도가 리터당 50g 이상의 잔당을 갖고 있었고, 23%는10~50g의 잔당을 갖고 있었다고 합니다. 또한, 포트 와인과 같이 발효 중간에 증류주를 첨가해 주정 강화 와인을 만들 수 있는데, 이러면 빈 산토 리쿼로소Vin Santo Liquoroso라 표기합니다.

빈 산토는 옅은 호박색에서 짙은 호박색, 심지어 오렌지 색까지 다양한 색상을 띠며, 건포도와 꿀, 크림을 가미한 견과류 등의 향과 풍미를 지니고 있습니다. 이탈리아에서 빈 산토는 전통적으로 칸투찌니Cantuccini와 함께 제공되며, 빈 산토에 칸투찌니를 담가 먹으면 훨씬 맛있습니다.

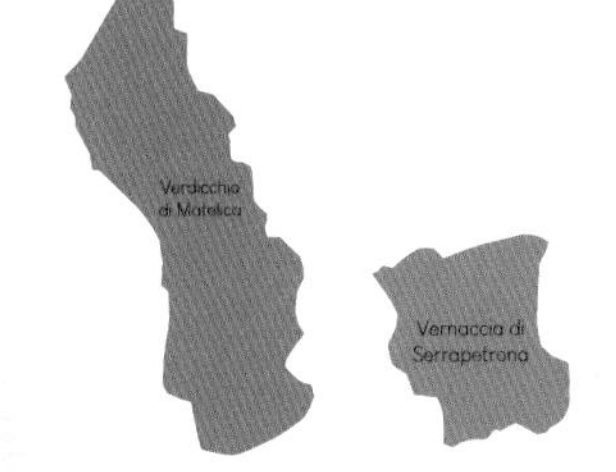

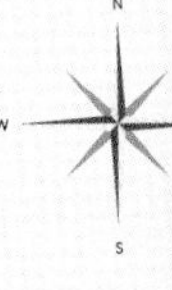

- Verdicchio dei Castelli di Jesi DOC
- Verdicchio dei Castelli di Jesi Classico DOC
- Cònero DOCG
- Verdicchio di Matelica DOC
- Vernaccia di Serrapetrona DOCG
- Offida DOCG

5 DOCG

15 DOC

- SANGIOVESE
- MONTEPULCIANO
- VERDICCHIO

마르께(Marche): 15,972헥타르

이탈리아의 중동부에 위치한 마르께 주는 북쪽으로는 에밀리아-로마냐 주, 서쪽은 토스카나 및 움브리아 주, 남쪽은 아브루쪼 및 라치오 주, 동쪽은 아드리아해와 경계를 접하고 있습니다. 와인 산지는 서쪽의 아펜니노 산맥과 동쪽의 아드리아해 사이에 자리잡고 있으며, 주도인 안코나Ancona 주변의 해안 언덕에서 베르디끼오 품종으로 만든 화이트 와인이 품질 면에서 주목을 받고 있습니다.

마르께 주는 산이 많은 지역으로, 주의 1/3정도는 산악 지대이고, 나머지는 구릉지를 이루고 있습니다. 기후는 전반적으로 온화한 편이지만, 내륙 지역은 아펜니노 산맥에 의해 서늘한 대륙성 기후를 띠고 있습니다. 반면, 해안 지역은 지중해성 기후로, 호수와 강뿐만 아니라 동쪽에 바다가 있어 온난한 기후를 보이고 있습니다. 따라서 이 지역은 서늘한 기후와 온난한 기후에서 화이트 와인 52%, 레드 와인 48% 비율로 와인을 생산하고 있습니다. 토양은 지형에 따라 차이가 있지만, 석회질과 점토, 그리고 석회암이 풍부한 편입니다.

현재, 마르께 주는 5개의 DOCG, 15개의 DOC, 1개의 IGT가 존재합니다. 주 내에서 생산되는 DOCG 및 DOC 와인의 비율은 37% 정도로, 대다수는 비노 다 타볼라와 마르께 IGT 등급으로 생산되고 있는데, 여전히 협동조합에서 생산되는 밋밋하고 개성 없는 와인들이 주를 이루고 있어 이미지 쇄신을 위해 더 노력할 필요가 있습니다.

주요 포도 품종으로는 산지오베제 21%, 몬테풀치아노Montepulciano 19%, 베르디끼오Verdicchio 14% 등이 있고, 대표적인 산지로는 베르디끼오 데이 카스텔리 디 예지 DOC, 카스텔리 디 예지 베르디끼오 리제르바 DOCG, 코네로 DOCG, 베르나차 디 세라페트로나 DOCG가 있습니다.

- 베르디끼오 데이 카스텔리 디 예지(Verdicchio dei Castelli di Jesi DOC): 1,806헥타르

1968년 DOC 지위를 획득한 베르디끼오 데이 카스텔리 디 예지는 마르께 주에서 가장 유명한 화이트 와인 산지입니다. 이곳의 주요 품종인 베르디끼오는 이탈리아어로 '녹색'을 뜻하는 베르데Verde라는 단어에서 유래했으며, 포도의 색상과 연관성이 있습니다. 원산지는 예지 마을의 북서쪽 구릉지 주변에 위치한 25개 마을로 이루어져 있는데, 역사적으로 이 마을들은 성으로 연결되어 있었기에 성Castello의 복수형인 카스텔리로 불리게 되었습니다. 또한 오래 전부터 와인을 생산했던 미자Misa 강 좌안에 위치한 지역은 클라씨코로 지정되어 있어 베르디끼오 데이 카스텔리 디 예지 클라씨코 DOC로 출시되고 있으며, 전체 지역의 90% 정도를 차지하고 있습니다.

베르디끼오 데이 카스텔리 디 예지는 전형적인 대륙성 기후의 산지이지만, 아드리아해와 체자노Cesano, 미자, 에지노Esino, 무조네Musone 4개 강의 영향을 받아 대륙성 기후가 완화되어 온화한 해양성 기후를 띠고 있습니다. 또한 오전과 늦은 오후에 서쪽의 아펜니노 산맥에서 강과 해안을 따라 시원하고 건조한 산들바람이 지속적으로 불어와 곰팡이 질병을 예방해주고 있습니다.

베르디끼오 데이 카스텔리 디 예지의 성공에 가장 큰 역할을 한 포도원이 파치-바딸리아Fazi-Battaglia입니다. 1949년, 파치-바딸리아 포도원을 설립한 안코나 시장 출신의 프란체스코 안젤리니Francesco Angelini는 고대 에트루리아인이 사용했던 용기에 영감을 받아 암포라 형태의 병을 사용했고, 병목 주위에는 카르롤리오Carloglio라는 작은 종이 두루마리를 부착해 와인을 판매하기 시작했습니다. 머지 않아 이 독특한 병에 담긴 베르디끼오 데이 카스텔리 디 예지 와인은 전 세계 이탈리아 레스토랑에서 큰 인기를 거두었고, 미국에서는 병이 육감적인 몸매를 닮았다는 이유로 소피아 로렌Sofia Loren이라는 별칭으로 불리기도 했습니다. 그러나 품질이 뒷받침되지 않았기에 1970년대 후반부터 판매는 감소했습니다. 그제서야 파치-바딸리아 포도원을 비롯한 다른 생산자들은 병보다 와인의 품질을 개선하는데 집중하기 시작했으며, 오늘날 베르디끼오 데이 카스텔리 디 예지는 독특한 암포라 모양의 병이 아닌 품질로 인정을 받는 산지

가 되었습니다. 전형적인 베르디끼오 데이 카스텔리 디 예지는 밀짚 빛깔의 녹색을 띠며, 사과 향과 상쾌한 신맛, 구운 아몬드를 연상시키는 약간의 쓴맛을 지니고 있어 해산물 스튜와 페코리노Pecorino 치즈와 매우 잘 어울립니다.

DOC 규정에 따라 베르디끼오 데이 카스텔리 디 예지는 베르디끼오를 최소 85% 사용해야 하며, 트레비아노와 말바지아는 최대 15%까지 블렌딩이 가능합니다. 법적 최저 알코올 도수는 베르디끼오 데이 카스텔리 디 예지가 11.5%, 베르디끼오 데이 카스텔리 디 예지 클라씨코 및 수페리오레는 12%로 규정하고 있습니다. 과거 클라씨코 지역에서 생산되는 와인은 수페리오레 및 리제르바 표기가 가능했지만, 2010년에 리제르바가 분리되면서 카스텔리 디 예지 베르디끼오 리제르바 DOCG라는 독자적인 원산지 명칭을 갖게 되었습니다.

또한 스푸만테 및 파씨토의 생산도 가능한데, 포도 품종의 규정은 화이트 와인과 동일합니다. 샤르마 방식 및 메토도 클라씨코 방식을 선택해 생산되는 스푸만테의 경우, 리제르바 표기가 가능하나, 반드시 빈티지로 출시되어야 하며, 최소 숙성 기간은 12개월, 이 기간 중 최소 9개월은 효모 숙성을 시켜야 합니다. 포도를 건조시켜 만든 파씨토의 법적 최저 알코올 도수는 12%로, 최소 숙성 기간은 8~13개월로 규정하고 있습니다.

베르디끼오 데이 카스텔리 디 예지의 우수한 생산자로는 파치-바딸리아, 빌라 부찌Villa Bucci, 우마니 론끼Umani Ronchi, 죠끼노 가로폴리Gioacchino Garofoli 등이 있습니다.

- 카스텔리 디 예지 베르디끼오 리제르바(Castelli di Jesi Verdicchio Riserva DOCG): 94헥타르

카스텔리 디 예지 베르디끼오 리제르바는 베르디끼오 데이 카스텔리 디 예지 클라씨코 지역에서만 생산되는 화이트 와인으로, 2010년 베르디끼오 데이 카스텔리 디 예지 DOC에서 DOCG로 승격된 후, 2011년에 지금과 같은 명칭으로 변경되었습니다.

포도 품종의 규정은 베르디끼오 데이 카스텔리 디 예지와 동일하지만, 법적 최저 알코올 도수는 12.5%, 최소 18개월 동안 숙성을 거쳐야 하며, 이 기간 중 6개월은 병에서 숙성시켜야 합니다.

FAZI-BATTAGLI
파치-바딸리이

베르디끼오 데이 카스텔리 디 예지의 성공에 가장 큰 역할을 한 포도원이 파치-바딸리아입니다
1949년, 파치-바딸리아의 프란체스코 안젤리니는 고대 에트루리아인이 사용했던 용기에 영감을
받아 암포라 형태의 병을 사용했고, 병목 주위에는 카르롤리오라는 작은 종이 두루마리를 부착하
와인을 판매하기 시작했습니다. 머지 않아 이 독특한 병에 담긴 베르디끼오 데이 카스텔리 디 예지
와인은 전 세계 이탈리아 레스토랑에서 큰 인기를 거두었습니다.

- 베르디끼오 디 마텔리카(Verdicchio di Matelica DOC): 260헥타르

베르디끼오 디 마텔리카는 아펜니노 산맥 기슭에 위치한 마텔리카 마을 주변 언덕에서 생산되는 와인으로, 1967년에 DOC 지위를 획득했습니다. 포도밭은 마텔리카 마을을 중심으로 300~350미터 표고에 자리잡고 있으며, 재배 면적은 베르디끼오 데이 카스텔리 디 예지에 비해 1/7 정도로 아주 작습니다. 또한 생산되는 와인의 성격도 상당히 다릅니다. 아드리아해와 인접한 베르디끼오 데이 카스텔리 디 예지와는 달리 마텔리카는 내륙의 깊은 계곡에 위치해 있어 대륙성 기후를 띠고 있으며, 토양도 석회질 점토의 비중이 높아 미네랄 성분이 풍부한 편입니다. 그 결과, 베르디끼오 디 마텔리카는 방향성이 풍부하고 장기 숙성 능력이 뛰어난 와인이 생산되고 있습니다. 그럼에도 불구하고 생산량이 워낙 적었기 때문에 1970년대 이전까지는 잘 알려지지 않았으나, 이후 주변 레스토랑의 소믈리에들에게 입 소문이 나면서 지금은 개성적인 와인으로 인정받기 시작했습니다.

DOC 규정에 따라 베르디끼오 디 마텔리카는 베르디끼오를 최소 85% 사용해야 하며, 트레비아노, 말바지아는 최대 15%까지 블렌딩이 가능합니다. 대부분 화이트 와인으로 생산되고 있지만 스푸만테와 파씨토도 생산 가능합니다. 또한 2010년에 베르디끼오 디 마텔리카 리제르바Verdicchio di Matelica Riserva가 DOCG로 분리되면서 독자적인 원산지 명칭이 되었습니다. 베르디끼오 디 마텔리카 리제르바 DOCG는 화이트 와인만 생산 가능한데, 법적 최저 알코올 도수는 12.5%, 최소 숙성 기간은 18개월로 규정하고 있습니다.

- 로쏘 코네로(Rosso Cònero DOC): 143헥타르

1967년 DOC 지위를 획득한 로쏘 코네로는 마르께 주를 대표하는 레드 와인 산지로, 주도 안코나의 남서쪽에 위치해 있습니다. 오늘날 코네로는 '해안가의 레드 와인'으로 홍보되고 있지만, 실제로 바다를 바라보는 포도밭은 거의 없습니다. 대부분의 포도밭이 코네로 산Monte Cònero 주변 경사지에 원형 극장 모양으로 자리잡고 있으며, 표고는 570미터에 달합니다. 그로 인해 코네로는 아드리아해의 영향을 받지 않아 대륙성 기후를 띠며, 미네랄 성분이 풍부한 백악질과 점토질 토양에서 몬테풀치아노를 재배하고 있습니다.

DOC 규정에 따라 로쏘 코네로는 몬테풀치아노를 최소 85% 사용해야 하며, 산지오베제는 최대 15%까지 블렌딩할 수 있습니다. 로쏘 코네로의 법적 최저 알코올 도수는 11.5%로, 최소 숙성 기간에 대한 규정은 없습니다. 반면, 2004년 로쏘 코네로 DOC에서 분리된 코네로 DOCG는 리제르바 생산만 가능합니다. 코네로 리제르바 DOCG의 경우, 포도 품종의 규정은 동일하지만, 법적 최저 알코올 도수는 12.5, 최소 숙성 기간은 24개월로 규정하고 있습니다.

- 베르나차 디 세라페트로나(Vernaccia di Serrapetrona DOCG): 13헥타르

베르나차 디 세라페트로나는 마르께 주의 중부에서 생산되는 스푸만테 원산지 명칭으로, 레드 타입의 스파클링 와인만을 생산하고 있습니다. 1971년 DOC 지위를 획득해 2004년 DOCG로 승격되었으며, 원산지는 세라페트로나 마을과 마체라타Macerata 지역의 일부 마을을 포함하고 있습니다. 베르나차 디 세라페트로나는 이탈리아에서 가장 작은 원산지 중 하나로, 2019년 기준으로 연간 생산량은 8,000케이스 미만밖에 되지 않습니다. 포도밭은 아펜니노 산맥의 450~600미터 사이 경사지에 자리잡고 있으며, 표고는 최고 700미터로 규제하고 있습니다.

DOCG 규정에 따라 베르나차 디 세라페트로나는 그르나슈와 유전적으로 동일한 품종인 베르나차 네라Vernaccia Nera를 최소 85% 사용해야 하며, 최대 15%까지 허가된 품종의 블렌딩이 가능합니다. 당도 규정은 리터당 잔당 17~32g 미만의 세꼬Secco/Sec, 리터당 잔당 32~50g 미만의 아보까토Abboccato/Demi-Sec, 리터당 잔당 50g 이상의 돌체Dolce 3가지 타입만 생산 가능하고, 최소 숙성 기간은 9개월로 규정하고 있습니다.

TIP!

이탈리아 중부와 남부, 그리고 섬

이탈리아 중·남부 지역은 반도를 종단하는 아펜니노 산맥의 동쪽에 있는 아드리아해 연안의 주와 서쪽에 있는 티레니아해 연안의 주, 그리고 두 개의 섬으로 나눌 수 있습니다. 일반적으로 반도의 동부보다 서부에서 고품질 와인이 생산되고 있으며, 남쪽으로 갈수록 저렴하고 낮은 품질의 와인 생산 비율이 높은 편입니다. 또한 이탈리아는 북부와 남부 간의 경제 격차가 심해 이러한 요인이 와인 가격에도 반영되고 있습니다.

UMBRIA
움브리아

2 DOCG 13 DOC

SANGIOVESE SAGRANTINO

TREBBIANO GRECHETTO

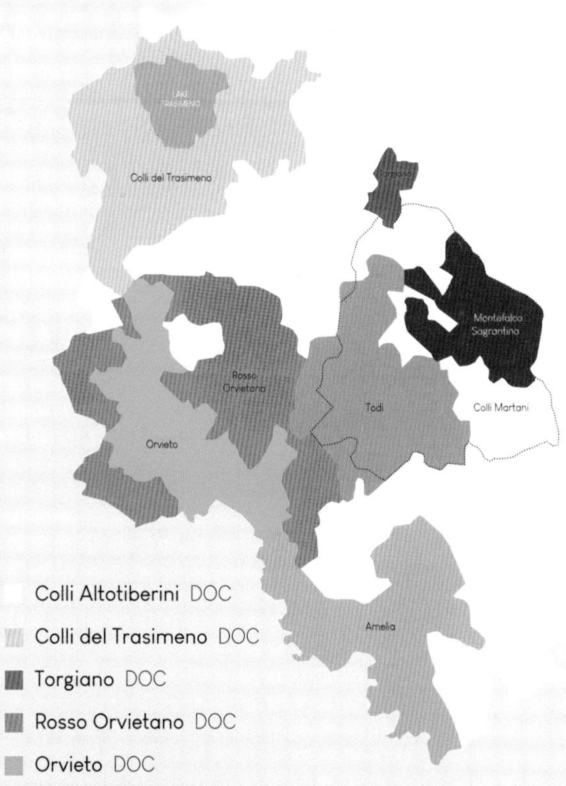

- Colli Altotiberini DOC
- Colli del Trasimeno DOC
- Torgiano DOC
- Rosso Orvietano DOC
- Orvieto DOC
- Montefalco Sagrantino DOCG
- Todi DOC
- Colli Martani DOC
- Amelia DOCG

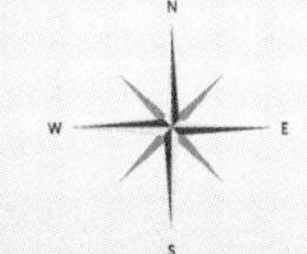

움브리아(Umbria): 12,400헥타르

움브리아 주는 토스카나 주의 남동쪽, 마르께 주의 서쪽에 위치하며 이탈리아 중·남부 지역에서 유일하게 바다 없이 육지로만 둘러싸여 있습니다. 이곳은 '이탈리아의 녹색 심장'을 뜻하는 쿠오레 베르데 디 이탈리아Cuore Verde d'Italia라고 불리는 풍요로운 지역으로, 푸른 언덕의 아름다운 경치를 자랑합니다. 주도인 페루자Perugia는 이탈리아 예술 문화의 중심지로 유서 깊은 건축물이 많고, 와인과 함께 섬유 제조업, 식료품 공업도 활발하게 이뤄지고 있습니다.

토스카나 주의 남쪽에 위치한 움브리아 주는 토스카나 주와 유사한 지형과 기후를 지니고 있지만 바다의 영향을 전혀 받지 않으며, 북쪽의 트라지메노Trasimeno 호수 인근은 끼안티의 구릉지보다 더 서늘하고 남쪽은 지중해성 기후로 매우 온난한 편입니다. 와인 생산에 있어서도 토스카나 주와 공통점이 많습니다. 다만, 움브리아 주는 오랫동안 토스카나 주의 그늘에 가려 눈에 띄지 않았지만, 최근에는 현대적인 양조 기술을 기반으로 품질 향상이 이루어져 이전보다 훨씬 주목 받는 존재가 되었습니다.

현재, 움브리아 주는 2개의 DOCG, 13개의 DOC, 6개의 IGT가 존재하며, DOCG 및 DOC 와인의 비율은 48% 정도입니다. 주요 포도 품종은 산지오베제 20%, 트레비아노 12%, 그레께또Grechetto 11% 등이 있고, 대표적인 산지로는 오르비에토 DOC, 몬테팔코 사그란티노 DOCG, 토르지아노 로쏘 리제르바 DOCG가 있습니다.

- 오르비에토(Orvieto DOC): 1,569헥타르

오리비에토는 움브리아 주의 남서쪽 모퉁이에 위치한 와인 산지로 1971년 DOC 지위를 획득했습니다. 이곳의 와인 역사는 기원전 7세기경, 에트루리아인에 의해 시작되었으며, 당시 오르비에토는 에트루리아의 중요한 도시였습니다. 에트루리아인은 화산암 언덕의 꼭대기에 동굴을 파서 와인을 만들었는데, 동굴 셀러의 낮은 온도 때문에 발효가 더디게 진행되어 잔당이 남아있는 달콤한 와인이 생산되었습니다. 오르비에토의 달콤한 와인은 중세 시대부터 20세기 중

반까지 생산되었고, 특히 귀부 와인이 유명했습니다. 그러나 1960~70년대 소비자들이 드라이 화이트 와인에 열광하면서 오르비에토는 지금과 같은 드라이 화이트 와인으로 변하게 되었고, 현재 움브리아 주에서 생산되는 DOC 와인의 80%를 차지하고 있습니다. 또한 전통적인 달콤한 와인도 소량 생산되고 있는데, 약한 단맛은 아보카토Abbocato, 세미-스위트 타입은 아마빌레Amabile, 그리고 스위트 타입은 돌체Dolce로 표기하고 있습니다.

오르비에토는 움브리아 주와 라치오 주의 경계선에 걸쳐 있습니다. 원산지는 오르비에토 마을을 중심으로 7개 마을을 포함하며, 포도밭의 표고는 최저 100미터, 최고 500미터로 규제하고 있습니다. 반면, 오르비에토 마을에서 동쪽의 코르바라Corbara 호수 주변은 클라씨코로 지정되어 있으며, 응회암Tufa과 석회암, 화산성 토양에서 좀 더 괜찮은 품질의 와인이 생산되고 있습니다.

DOC 규정에 따라 오르비에토는 그레께또 또는 현지에서 프로카니코Procanico로 불리는 트레비아노 토스카노를 최소 60% 사용해야 하며 최대 40%까지 허가된 품종을 블렌딩할 수 있습니다. 또한 늦 수확한 포도로 만든 오르비에토 수페리오레의 드라이 타입의 화이트 와인과 클라씨코로 지정된 지역에서 만든 오르비에토 클라씨코도 생산되고 있으며, 전통적인 스위트 와인인 무빠 노빌레Muffa Nobile와 벤뎀미아 타르디바의 생산도 가능합니다. 스위트 와인 모두 포도 품종의 규정은 오르비에토와 동일하지만 무빠 노빌레는 반드시 귀부병에 걸린 포도만을 사용해야 하고, 늦 수확 와인인 벤뎀미아 타르디바의 경우, 포도는 10월 1일 이전까지 수확할 수 없습니다. 법적 최저 알코올 도수는 오르비에토 비안코는 11.5%, 오르비에토 수페리오레는 12%, 무빠 노빌레는 10.5%, 벤뎀미아 타르디바는 10%이고, 오르비에토 수페리오레만 최소 숙성 기간을 대략 5개월로 규정하고 있습니다.

오르비에토의 우수한 생산자로는 마르께지 안티노리의 카스텔로 델라 살라Marchesi Antinori Castello della Sala, 루삐노Ruffino, 로칸다 팔라쪼네Locanda Palazzone, 비지Bigi, 테누타 레 벨레떼Tenuta Le Velette 등이 있습니다.

1998년에는 동일한 지역에서 생산되는 레드 와인의 원산지 명칭, 로쏘 오르비에타노Rosso Orvietano DOC가 인정되었습니다. 알레아티코Aleatico, 까베르네 프랑, 까베르네 쏘비뇽, 카나이올로, 칠리에졸로Ciliegiolo, 메를로, 산지오베제, 피노 네로 등을 사용해 만들고 있는데, 각각의 포도 품종이 최소 85%를 사용하면 라벨에 품종 명칭을 표기할 수 있습니다.

- 몬테팔코 사그란티노(Montefalco Sagrantino DOCG): 404헥타르

몬테팔코 사그란티노는 페루자 시의 남쪽에 위치한 몬테팔코 마을 주변에서 생산되는 와인입니다. 이전까지는 몬테팔코 DOC의 일부였지만, 1992년 아르날도 카프라이Arnaldo Caprai 생산자 덕분에 품질을 인정받으면서 사그란티노 디 몬테팔코Sagrantino di Montefalco 명칭으로 DOCG가 되었고, 2009년 지금과 같은 명칭으로 변경했습니다.

몬테팔코 사그란티노의 핵심인 사그란티노Sagrantino는 라틴어로 '신성한Sacer'을 의미하는 단어에서 유래된 토착 품종으로, 중세 시대부터 이 지역에서 재배되고 있었습니다. 이 품종은 오랫동안 몬테팔코 지역의 전통 와인인 파씨토 생산에 주로 사용되었는데, 몬테팔코 로쏘 DOC에서는 산지오베제와 함께 블렌딩되어 색과 타닌을 제공하는 역할을 담당하기도 했습니다. 오늘날 사그란티노는 대부분 드라이 타입의 레드 와인으로 생산되고 있습니다.

사그란티노 생명력이 강하고 질병에도 강한 품종이지만 수확량이 적은 것이 단점입니다. 또한 개화와 착색은 빠르지만 포도가 익는데 긴 시간과 따뜻한 기온을 필요로 하기 때문에 움브리아 주에서는 일반적으로 10월말에 수확을 행하고 있습니다. 껍질이 두껍고 풍미가 가득한 사그란티노는 전 세계 적포도 품종 중에서 가장 많은 타닌을 지니고 있습니다. 이탈리아 남부의 알리아니코Aglianico, 프랑스 마디랑 지역의 따나Tannat에 비해 더 많은 타닌을 함유하고 있으며, 까베르네 쏘비뇽, 네비올로와 비교하면 두 배 정도 더 많습니다. 몬테팔코 지역에서는 220~470미터 표고의 경사지 포도밭에서 사그란티노를 재배하고 있는데, 미사질의 점토와 석회암이 풍부한 퇴적물 토양에서 우수한 품질의 와인이 생산되고 있습니다. 이 품종으로 만든 와인은 짙은 검은 색상을 띠며 자두, 라즈베리, 계피, 흙 등의 복합적인 향을 지니고 있습니다.

맛에서는 달콤한 풍미와 함께 타닌이 아주 높아 20년 이상 숙성 가능할 정도로 긴 수명을 자랑합니다.

DOCG 규정에 따라 몬테팔코 사그란티노는 사그란티노 100%로 만들어야 합니다. 법적 최저 알코올 도수는 13%, 포도밭 명칭을 표기할 경우 13.5%, 최소 37개월 동안 숙성을 거쳐야 하며, 이 기간 중 12개월은 오크통에서, 4개월은 병에서 숙성을 시켜야 합니다. 또한 파씨토의 생산도 가능한데 사그란티노 100%로 만들어야 하며, 잔여 당분은 리터당 80~180g 지니고 있습니다. 파씨토의 법적 최저 알코올 도수는 11%로, 최소 37개월 동안 숙성을 거쳐야 하며, 이 기간 중 4개월은 병에서 숙성을 시켜야 합니다.

몬테팔코 사그란티노의 우수한 생산자로는 아르날도 카프라이, 파올로 베아Paolo Bea, 안토넬리Antonelli, 룬가로띠Lungarotti, 콜페트로네-테누테 델 체로Colpetrone-Tenute del Cerro, 로까 디 파브리Rocca di Fabbri 등이 있습니다.

- 몬테팔코(Montefalco DOC): 524헥타르

1979년 DOC 지위를 획득한 몬테팔코는 페루자의 남쪽과 움브리아 주의 중심부에 위치한 와인 산지입니다. 몬테팔코 마을을 중심으로 주변의 구릉지에서 생산되고 있으며, 토양의 대부분은 석회질 점토로 이루어져 있습니다. 몬테팔코는 레드 와인뿐만 아니라 화이트 와인의 생산도 가능한데, 모두 가격대비 품질이 괜찮은 편입니다.

화이트 와인은 트레비아노, 그레께또 품종을 주체로 만들고 레드 와인은 산지오베제 주체로 만들고 있습니다. 레드 와인의 경우, 최소 30개월 동안 숙성을 거쳐야 하며, 이 기간 중 12개월은 오크통에서 숙성을 시키면 리제르바 표기가 가능합니다.

- 토르지아노(Torgiano DOC): 81헥타르

토르지아노는 페루자 시에서 남동쪽으로 약 10km 떨어져 있는 마을로, 1968년 DOC로 인정되었습니다. 1970년대 말, 조르지오 룬가로띠Giorgio Lungarotti 박사는 토르지아노 마을에 있는 자신의 포도원에서 산지오베제로 우수한 품질의 와인을 만들 수 있다는 것을 처음 증명했습니다. 박사는 전 세계의 유명 산지를 답사한 후 고품질 와인 생산을 결의해 투자를 아끼지 않았습니다. 또한 움브리아 와인을 세계에 알리기 위해 미술사학자 출신의 아내 마리아 그라치아 마르께띠Maria Grazia Marchetti와 함께 재단을 설립하여 1974년에 최초로 와인 박물관MUVIT을 설립하기도 했습니다. 참고로, 토르지아노의 올리브 오일 박물관도 룬가로띠 재단의 일부입니다. 조르지오 룬가로띠 박사의 노력이 결실을 맺어 마침내 토르지아노는 DOC 지위를 획득했고, 1990년에는 토르지아노 로쏘 리제르바Torgiano Rosso Riserva가 분리되어 독자적인 DOCG 명칭을 얻게 되었습니다.

DOC 규정에 따라 토르지아노 비안코는 트레비아노 토스카노 주체로 생산되며, 샤르도네, 피노 그리지오, 리슬링 이탈리코Riesling Italico는 해당 품종을 최소 85% 사용할 경우, 라벨에 품종 명칭을 표기할 수 있습니다. 토르지아노 로쏘는 산지오베제 주체로 만들며, 까베르네 쏘비뇽, 메를로, 피노 네로는 해당 품종을 최소 85% 사용할 경우 라벨에 품종 명칭을 표기할 수 있습니다. 이 외에 스푸만테와 벤뎀미아 타르디바, 빈 산토의 생산도 인정되고 있습니다.

- 토르지아노 로쏘 리제르바(Torgiano Rosso Riserva DOCG): 8헥타르

1962년, 조르지오 룬가로띠가 만든 루베스코 리제르바 비냐 몬티끼오Rubesco Riserva Vigna Monticchio가 점차 인정을 받으면서, 마침내 1990년에 토르지아노 DOC에서 분리되어 토르지아노 로쏘 리제르바 DOCG의 독립적인 원산지 명칭을 얻게 되었습니다. 현재 토르지아노 로쏘 리제르바는 토르지아노 마을의 있는 룬가로띠 포도원의 몬티끼오 포도밭을 포함해 테레 마르가리텔리Terre Margaritelli, 파또리아 마니 디 루나Fattoria Mani di Luna, 테누테 발도Tenute Baldo 4곳의 포도원에서 생산되고 있는데, 프랑스 오-메독 지구의 최고급 와인과 비교될 정도로 품질이 뛰어납니다.

DOCG 규정에 따라 토르지아노 로쏘 리제르바는 산지오베제를 최소 70% 사용해야 하며, 최대 30%까지 허가된 품종의 블렌딩이 가능합니다. 법적 최저 알코올 도수는 12.5%로, 최소 36개월 동안 숙성을 거쳐야 하며, 이 기간 중 6개월은 병에서 숙성을 시켜야 합니다.

MONTEFALCO
SAGRANTINO DOCG

LAZIO

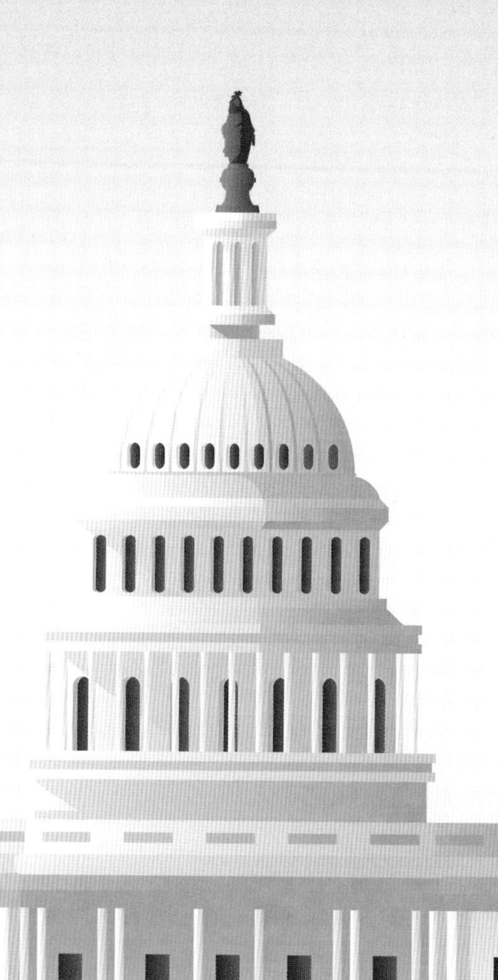

LAZI
라치

Est! Est!! Est!!! di Montefiascone
LAKE BOLSENA
Orvieto
Colli Etruschi Viterbesi
Vignanello
Cerveteri
Bianco Capena
Colli della Sabina
ROMA
Frascati
Castelli Romani
Cesanese di Olevano Romano
Cesanese del Piglio
Circeo
3 DOCG
27 DOC
SANGIOVESE
MONTEPULCIANO
MALVASIA
TREBBIANO
Est! Est!! Est!!! di Montefiascone DOC
Orvieto DOC
Colli Etruschi Viterbesi DOC
Vignanello DOC
Cerveteri DOC
Colli della Sabina DOCG
Bianco Capena DOC
Frascati DOC
Castelli Romani DOC
Cesanese di Olevano Romano DOC
Cesanese di Affile DOC
Cesanese del Piglio DOCG
Circeo DOC
Atina DOC
N
W
E
S

라치오(Lazio): 20,326헥타르

라치오 주는 이탈리아 반도 서쪽 중간 지점의 아펜니노 산맥과 티레니아해 사이에 위치하고 있습니다. 고대 로마 제국의 중심지이자 이탈리아의 수도인 로마가 있는 곳으로 유명하며, 바티칸 교황청을 품고 있기도 합니다. 라치오 주의 와인 역사는 에트루리아인의 정착과 함께 시작되어 고대 로마인에 의해 발전했습니다. 로마 제국 당시, 이 지역은 라티움Latium 와인으로 불리며 칭송을 받았고, 심지어 고대 문헌에서도 프라스카티 화이트 와인은 이미 절대적인 선두주자로 자리매김하면서 큰 인기를 얻기도 했습니다. 그러나 로마 제국이 멸망한 후, 중세 시대에 프랑스 와인이 교황의 사랑을 독차지하면서 라티움 와인 산업은 침체기를 맞이했으며, 로마가 이탈리아의 수도가 된 1870년대에 들어서야 라치오 주의 와인 산업은 다시 번성하기 시작했습니다. 그럼에도 불구하고 오늘날 라치오 주는 특이하게도 와인 산업이 다른 지역에 비해 발달하지 않아 와인에 관해서는 대체로 품질이 높다고는 말할 수 없습니다

라치오 주는 구릉 지대가 54%, 산악 지대가 26%, 평야 지대가 20%로, 이탈리아에서는 비교적 완만한 지형을 이루고 있습니다. 서쪽의 트레니아해에서 시원한 바닷바람이 불어와 따뜻한 온도를 완화시키는 반면, 동쪽의 아펜니노 산맥이 북동쪽에서 불어오는 찬 바람으로부터 보호하고 있어 기후는 전반적으로 온화한 편입니다.

화산 언덕의 구릉 지대는 비옥하고 배수가 잘 되는 다공성 토양 덕분에 포도 재배에 적합한 환경을 제공하고 있는데, 포도를 위한 영양분은 칼륨이 풍부한 용암 및 석회질이 퇴적된 응회암Tufa 토양에 의해 제공되고 있습니다. 이러한 토양은 포도의 산도를 잘 유지시켜주기 때문에 특히 화이트 와인 생산에 적합합니다.

현재, 라치오 주는 3개의 DOCG, 27개의 DOC, 6개의 IGT가 존재하며, 주요 포도 품종으로는 말바지아 30%, 트레비아노 28% 등이 있습니다. 화이트 와인의 생산 비율은 73%, 레드 와인은 23%로, 전체 생산량의 3/4정도가 화이트 와인으로 생산되고 있습니다. 대표적인 산지로는 칸넬리노 디 프라스카티 DOCG, 체자네제 델 필리오 DOCG, 프라스카 DOC, 에스트!에스트!!에

스트!!! 디 몬테피아스코네 DOC 등이 있으며, 특히 에스트!에스트!!에스트!!! 디 몬테피아스코네 DOC가 세계적으로 가장 잘 알려져 있습니다.

- 프라스카티(Frascati DOC): 418헥타르

프라스카티는 로마에서 남동쪽으로 25km 떨어진 프라스카티 마을 주변에서 생산되는 와인으로, 1966년 DOC 지위를 획득했습니다. 고대 로마 시대부터 화이트 와인 산지로 유명했던 프라스카티는 중세 시대에 산림 노동자들이 오두막을 짓기 위해 사용한 땔감 나무Frascato에서 지명이 유래되었습니다. 당시 이 지역 사람들은 지명에 영감을 받아 새로 만든 프라스카티 와인이 나오면 작은 여관Osteria 문 위에 나뭇가지나 나무를 매달아 놓아 판매 개시를 알렸습니다. 프라스카티 와인의 인기에 힘입어 1450년경에는 프라스카티 마을에 1,022곳에 달하는 선술집이 존재했다고 기록되어 있습니다.

2,000년 이상의 오래된 역사를 지닌 프라스카티는 인기가 절정에 달했을 때 '교황의 와인'으로 유명했지만, 20세기 중반까지 과잉 생산으로 인해 와인은 단조롭고 밋밋했습니다. 낮은 품질의 프라스카티 와인은 소비자들에게 외면을 받았는데, 이를 변화시킨 것이 폰타나 칸디다Fontana Candida 포도원의 양조가인 마우로 메르츠Mauro Merz입니다. 그는 과잉 생산에 따른 품질 저하가 인기 하락의 원인이라 판단해, 이를 개선시키기 위해 노력했습니다. 1980년대 메르츠는 엄격한 수확량 관리와 품질 개선, 지역 외부에서 병입하는 것을 금지하며 우수한 품질의 프라스카티 화이트 와인을 선보였습니다. 그의 노력으로 인해 조금씩 프라스카티의 품질도 개선되기 시작했고, 오늘날 프라스카티의 화인트 와인은 옛 명성을 재현하기 위해 다시 한번 도약을 준비하고 있습니다.

프라스카티는 완만한 구릉 지대로 티레니아해에서 시원한 바닷바람이 불어와 서늘하고 약간 습한 기후를 띠고 있습니다. 포도밭은 60~300미터 표고에 자리잡고 있으며, 비옥하고 배수가 잘 되는 화산성 토양 덕분에 말바지아, 트레비아노 등 청포도 품종 재배에 적합한 떼루아를 지니고 있습니다.

DOC 규정에 따라 프라스카티 비안코와 스푸만테는 말바지아를 최소 70% 사용해야 하며, 허가된 품종은 최대 30%까지 블렌딩이 가능합니다. 비안코의 법적 최저 알코올 도수는 11%, 스푸만테는 11.5%로, 최소 숙성 기간에 관한 규정은 없습니다.

- 프라스카티 수페리오레(Frascati Superiore DOCG): 144헥타르

프라스카티 수페리오레는 2011년에 프라스카티 DOC에서 분리되어 DOCG로 인정을 받았습니다. 프라스카티와 같은 원산지에서 생산되며 포도 품종의 규정은 동일하지만, 최대 수확량 및 법적 최저 알코올 도수, 그리고 최소 숙성 규정에 차이가 있습니다.

DOCG 규정에 따라 프라스카티 수페리오레의 법적 최저 알코올 도수는 12%, 리제르바는 13%로, 리제르바의 경우 최소 12개월 동안 숙성을 거쳐야 하며, 이 기간 중 3개월은 병에서 숙성을 시켜야 합니다.

- 칸넬리노 디 프라스카티(Cannellino di Frascati DOCG): 8헥타르

2011년, 프라스카티 DOC에서 분리되어 독자적인 원산지 명칭을 갖게 된 것이 칸넬리노 디 프라스카티입니다. 프라스카티와 같은 원산지에서 늦게 수확한 포도로 스위트 와인만을 생산하고 있으며, 포도 품종의 규정도 동일합니다. DOCG 규정에 따라 칸넬리노 디 프라스카티의 법적 최저 알코올 도수는 10%, 잔여 당분은 리터당 최소 35g을 지니고 있어야 하며 최소 숙성에 관한 규정은 없습니다.

- 체자네제 델 필리오(Cesanese del Piglio DOCG): 124헥타르

체자네제 델 필리오는 라치오 주를 대표하는 레드 와인 산지로 필리오라고도 불리며, 1973년 DOC 지위를 획득해 2008년에 DOCG로 승격되었습니다. 원산지는 프로지노네Frosinone 지방에 있는 필리오 마을을 중심으로 세로네Serrone, 아쿠토Acuto, 아냐니Anagni, 팔리아노Paliano 마을의 구릉 지대로 이루어져 있고, 토착 품종인 체자네제 품종을 주체로 만들고 있습니다.

체자네제 델 필리오는 와인과 음식을 사랑하는 중세 성직자들에게 큰 사랑을 받았는데, 특히

이노켄티우스 3세Innocent III 교황과 보니파티우스 8세Boniface VIII 교황은 이 와인을 '왕의 와인이자 와인의 왕'이라고 명명하며 칭송을 아끼지 않았습니다. 그럼에도 불구하고 오늘날 옛 명성에 비해 잘 알려지지는 않았지만, DOCG로 승격되면서 '왕의 와인이자 와인의 왕'이라는 역사적인 명성을 입증했습니다.

DOCG 규정에 따라 체자네제 델 필리오는 체자네제를 최소 90% 사용해야 하는데, 체자네제 코무네Cesanese Comune, 체자네제 디 아펠레Cesanese di Affile 2개의 클론이 사용 가능합니다. 법적 최저 알코올 도수는 체자네제 델 필리오 로쏘가 12%, 체자네제 델 필리오 수페리오레가 13%, 체자네제 델 필리오 수페리오레 리제르바가 14%입니다. 체자네제 델 필리오 로쏘의 최소 숙성 기간은 대략 4월, 체자네제 델 필리오 수페리오레는 대략 18개월, 체자네제 델 필리오 수페리오레 리제르바의 경우 최소 20개월 동안 숙성을 거쳐야 하며, 이 기간 중 6개월은 병에서 숙성을 시켜야 합니다.

체자네제 델 필리오에서 생산되는 와인은 대체로 약간의 향기로운 향과 향신료 풍미, 그리고 우아하면서 견고한 타닌을 지니고 있어 장기 숙성도 가능합니다.

- 에스트! 에스트!! 에스트!!! 디 몬테피아스코네(Est! Est!! Est!!! di Montefiascone DOC): 330헥타르

1966년 DOC 지위를 획득한 에스트!에스트!!에스트!!! 디 몬테피아스코네는 라치오 주에서 가장 유명한 화이트 와인이자, 세계에서 가장 흥미로운 이름으로 전설에 따라 12세기로 거슬러 올라갑니다. 1110~1111년경, 독일 주교 요한 푸거Johann Fugger는 신성 로마 제국의 하인리히 5세Heinrich V 황제 대관식 참석과 더불어 교황을 만나기 위해 바티칸 대성전으로 여행을 떠나게 됩니다. 평소 와인을 좋아했던 푸거 주교는 가장 좋은 와인을 찾기 위해 자신의 집사를 먼저 보냈으며, 와인 정찰병 역할을 한 집사에게 방문한 여관에서 제공한 와인이 뛰어난 품질을 지니고 있으면, 문이나 벽에 분필로 '있다'는 뜻의 라틴어 에스트Est를 쓰라고 지시를 내렸습니다. 집사의 표시를 따라 주교가 그 뒤를 따랐습니다. 그러던 와중에 집사는 몬테피아스코네 마을의 여관에서 제공한 와인에 너무 압도되어 문에 무려 에스트! 에스트!! 에스트!!!를 3번이나 썼는데, 이 표시가 결국에 에스트!에스트!!에스트!!! 디 몬테피아스코네라는 이름이 되었습니다. 이 와

인을 맛 본 요한 푸거 주교 역시 너무 감명을 받아 남은 여행을 취소하고 죽을 때까지 몬테피아스코네 마을에 머물렀다고 합니다. 오늘날 몬테피아스코네 마을의 한 교회에는 라틴어로 '지나친 에스트로 인해 주교 요한 푸거 이 곳에 잠들다.'라는 비문이 새겨진 요한 푸거 주교의 안식처로 여겨지는 무덤이 있습니다.

에스트!에스트!!에스트!!! 디 몬테피아스코네는 흥미로운 전설과는 달리 일부 전문가들에게 안 좋은 평가를 받고 있습니다. 영국의 저명한 와인 전문가 휴 존슨과 잰시스 로빈슨는 이 와인을 '세상에서 가장 이상한 이름을 가진 가장 무미건조한 화이트 와인'이라고 비판하기도 했습니다. 어찌 됐든, 에스트!에스트!!에스트!!! 디 몬테피아스코네는 오늘날 로마 관광객들을 위한 와인 관광지로 알려져 있으며, 현지에서 주로 소비되고 있는 인기 와인입니다.

로마 북쪽의 볼제나Bolsena 호수 주변에 위치한 에스트!에스트!!에스트!!! 디 몬테피아스코네는 7개 마을들이 호수를 둘러싸고 있습니다. 원산지는 몬테피아스코네와 함께 볼제나, 산 로렌초 누오보San Lorenzo Nuovo, 그로떼 디 카스트로Grotte di Castro, 카포디몬테Capodimonte, 그라돌리Gradoli, 마르타Marta 마을을 포함하고 있으며, 화산성 토양에서 트레비아노와 말바지아 등의 토착 품종을 사용해 산뜻한 스타일의 드라이 화이트 와인을 생산하고 있습니다.

DOC 규정에 따라 에스트!에스트!!에스트!!! 디 몬테피아스코네는 트레비아노 토스카노는 50~65%, 말바지아는 10~20%, 트레비아노 잘로Trebbiano Giallo는 5~40% 사용해야 하며, 최대 35%까지 허가된 품종을 블렌딩할 수 있습니다. 클라씨코로 지정된 몬테피아스코네와 볼제나 마을은 라벨에 클라씨코 표기가 가능합니다. 또한 스푸만테 생산도 허가하고 있지만 대부분 화이트 와인으로 생산되고 있습니다.

에스트!에스트!!에스트!!! 디 몬테피아스코네의 우수한 생산자로는 팔레스코Falesco가 있습니다. 팔레스코는 라치오 주를 대표하는 포도원으로 라치오와 움브리아 주의 경계에 위치하며, 1979년에 이탈리아를 대표하는 양조 컨설턴트 리까르도 코타렐라Riccardo Cotarella와 안티노리의 양조 책임자인 렌초 코타렐라Renzo Cotarella 형제가 설립했습니다. 라치오 주에 100헥타르, 움브리아 주에 200헥타르의 포도밭에서 토착 품종과 함께 메를로, 까베르네 쏘비뇽, 산지오베제 등 다양한 품종을 재배하고 있습니다.

대표적인 와인은 에스트!에스트!!에스트!!! 디 몬테피아스코네와 함께 메를로 100%의 몬티아노Montiano, 까베르네 쏘비뇽 70%, 까베르네 프랑 30% 비율로 블렌딩한 마르칠리아노Marciliano가 있는데, 몬티아노와 마르칠리아노는 라치오 IGT 등급으로 출시되고 있습니다. 특히, 1993년 첫 빈티지를 출시한 몬티아노는 라치오 주에서 처음으로 만들어진 세계적 클래스의 레드 와인으로, 인근 생산자에게도 커다란 영향을 주었으며, 높은 평가를 받고 있습니다.

EST!EST!!EST!!! DI MONTEFIASCONE
에스트!에스트!!에스트!! 디 몬테피아스코네

세기 초반, 독일 주교 요한 푸거는 신성 로마 제국의 하인리히 5세 황제 대관식 참석과 더불어
황을 만나기 위해 바티칸 대성전으로 여행을 떠나게 됩니다. 평소 와인을 좋아했던 푸거 주교는
장 좋은 와인을 찾기 위해 자신의 집사를 먼저 보냈고, 집사에게 방문한 여관에서 제공한 와인이
어난 품질을 지니고 있으면, 문이나 벽에 분필로 '있다'는 뜻의 라틴어 에스트를 쓰라고 지시를
렸습니다. 집사의 표시를 따라 주교가 그 뒤를 따랐습니다.
러던 와중에 집사는 몬테피아스코네 마을의 여관에서 제공한 와인에 너무 압도되어 문에 무려
스트! 에스트!! 에스트!!!를 3번이나 썼는데, 결국 에스트!에스트!!에스트!!! 디 몬테피아스코네라는
름이 되었습니다. 이 와인을 맛 본 요한 푸거 주교 역시 너무 감명을 받아 남은 여행을 취소하고
을 때까지 몬테피아스코네 마을에 머물렀다고 합니다.

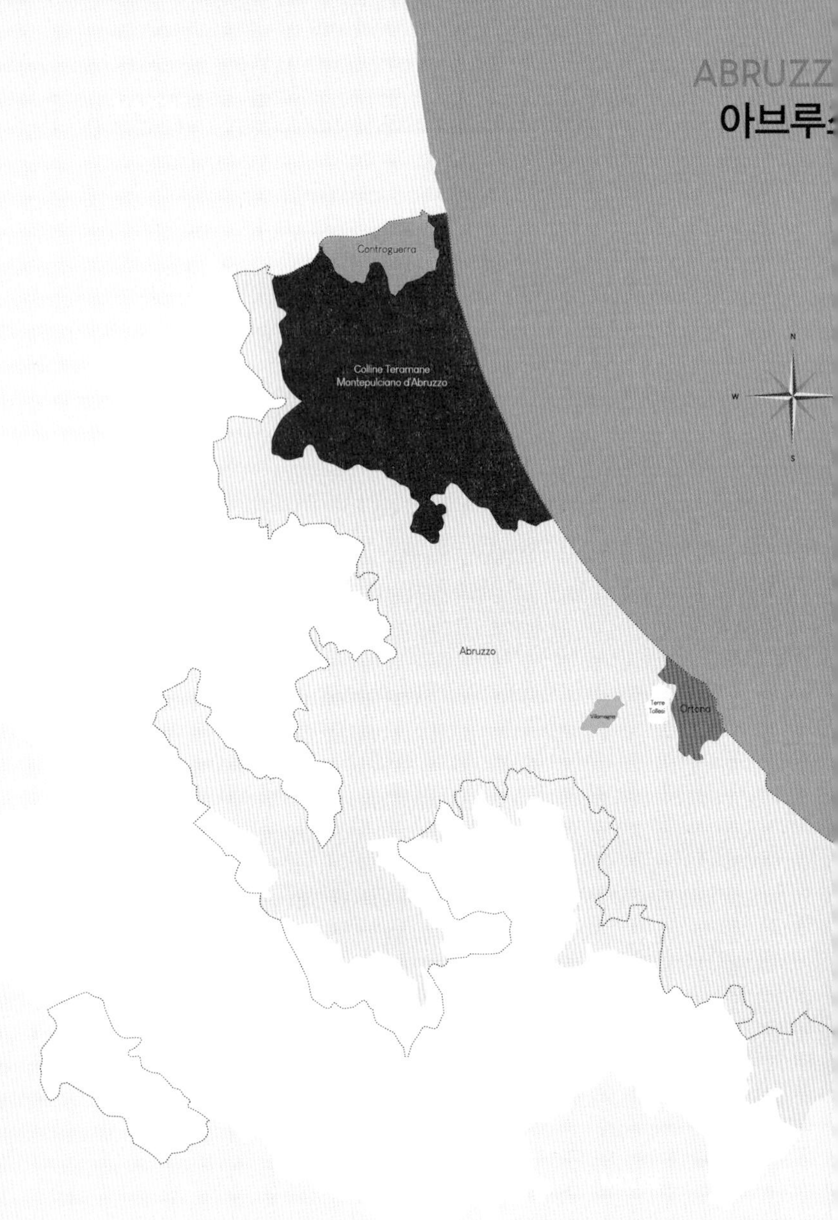

Controguerra DOC

Colline Teramane Montepulciano d'Abruzzo DOCG

Abruzzo DOC

Villamagna DOC

Terre Tollesi DOCG

Ortona DOC

Montepulciano d'Abruzzo DOC
Trebbiano d'Abruzzo DOC
Cerasuolo d'Abruzzo DOC

2 DOCG

7 DOC

MONTEPULCIANO

TREBBIAN

아브루쪼(Abruzzo): 32,685헥타르

아브루쪼 주는 이탈리아 반도의 중부, 아드리아해 연안에 위치한 산지로, 아펜니노 산맥의 중심부에서 아드리아해로 뻗어있으며, 서쪽으로 라치오 주와 남쪽으로 몰리제 주, 그리고 북쪽으로 마르께 주를 접하고 있습니다. 몬테풀치아노 품종의 본고장으로 알려진 아브루쪼 주는 기원전 6세기경 에트루리아인에 의해 포도 재배를 시작했으며, 라퀼라 지역의 펠리냐Peligna 계곡 주변을 중심으로 포도밭이 밀집해 있었습니다.

로마 제국이 멸망한 후, 아브루쪼 지역은 여러 왕조의 지배를 받았고, 13세기 후반부터 수백 년 동안 나폴리 왕국의 일부가 되어 통치를 받게 되었습니다. 나폴리 왕국 시절에 아브루쪼는 몰리제 지역에 통합되어 아브루찌Abruzzi라는 명칭으로 불렸습니다. 이후 스페인, 프랑스 등의 지배를 받다가 1861년에 이탈리아가 통일되면서 나폴리 지방의 북부에서 독립되어 중부 이탈리아 지역으로 바뀌었습니다. 그로 인해 아브루쪼 지역은 와인 생산의 기회를 맞이했으며, 중부 이탈리아에서 가장 생산적인 와인 산지로 자리매김할 수 있게 되었습니다.

역사적으로 아브루쪼 주는 이탈리아에서 가장 빈곤한 지역 중 하나였습니다. 또한 불행하게도 1960~70년대에 이 지역의 인구가 감소함에 따라 인력 부족으로 포도 재배에 어려움을 겪게 되었습니다. 이를 타계하기 위해 재배업자는 협동조합을 설립했으며, 지난 40~50년 동안 협동조합의 노력을 통해 와인 산업은 점차 살아나기 시작했습니다. 더불어 와인 생산량도 증가해 시칠리아, 풀리아, 베네토, 에밀리아-로마냐 주에 이어 다섯 번째로 많았습니다. 그러나 와인 산업의 부흥과 함께 협동조합에서 만든 벌크 형태의 와인이 등장해 오랜 기간 동안 이 지역을 지배했습니다. 전체 생산량의 2/3 이상이 협동조합에서 생산되고 있었을 뿐만 아니라 피에몬테, 토스카나, 베네토 주 등의 다른 지역에 있는 네고시앙에게 대량으로 판매되었습니다. 결국, 협동조합의 과잉 생산은 와인의 품질 저하로 이어졌으며, 아브루쪼 와인의 이미지는 크게 망가졌습니다.

20세기 후반이 되어서야, 아브루쪼 주는 에도아르도 발렌티니Edoardo Valentini와 같은 몇몇 생산자에 의해 변화가 일기 시작했습니다. 이들은 고품질 와인을 생산하며 아브루쪼 와인의 이미지를 개선하기 위해 노력했고, 마침내 대외적으로 성공을 거두게 되었습니다. 그로 인해 고품질 와인 생산을 지향하는 포도원이 증가함에 따라 조금씩 아브루쪼 와인의 품질도 향상되기 시작했습니다.

아브루쪼 주는 산악 지형의 비율이 65%로 높은 지역입니다. 따라서 잠재적으로는 뛰어난 떼루아를 가지고 있다고 볼 수 있지만 아직도 높은 평가를 받는 원산지는 없습니다. 다만 소수이지만 뛰어난 품질의 와인을 만들어내는 생산자는 존재합니다. 지리적으로 동쪽의 아드리아해의 긴 해안선과 서쪽의 아펜니노 산맥의 험준한 산악 지형이 공존하고 있는데, 특히 아펜니노 산맥이 서쪽에서 불어오는 잦은 폭풍우를 막아주고 있기 때문에 기후는 온화한 편입니다. 다만, 해안 지역은 따뜻하고 건조한 지중해성 기후인 반면, 내륙으로 갈수록 대륙성 기후를 띠고 있습니다. 게다가 포도밭의 표고도 300미터 이상으로 높아 큰 일교차를 보이고 있으며, 특히 테라모 언덕의 콜리네 테라마네 몬테풀치아노 다브루쪼 DOCG는 아펜니노 산맥의 차가운 기류가 온도를 낮춰주고 있어 이상적인 떼루아를 지니고 있습니다. 토양은 이회토, 사암과 이암이 번갈아 층을 이루는 플리시Flysch, 석회암, 충적토까지 다양합니다.

아브루쪼 주는 끼에티Chieti, 페스카라Pescara, 테라모Teramo, 라퀼라L'Aquila 4개 지방으로 이뤄져 있으며, 포도밭의 75%는 끼에티 지방에 밀집되어 있습니다. 이곳의 주요 DOC 산지의 최대 수확량은 헥타르당 100헥토리터로 비교적 높은 편인데, 이는 1970년대에 높은 생산량을 얻기 위해 정부가 페르골라 수형 방식을 의무화 했기 때문입니다. 이탈리아에서 텐도네Tendone라고 부르는 페르골라 방식은 특히, 남부에 위치한 끼에티 지방의 비옥한 언덕과 평야 지대에서 아드리아해의 따뜻하고 건조한 지중해성 기후로 인해 엄청난 수확량을 산출하고 있습니다. 참고로 끼에티 지방은 이탈리아 지방 중 다섯 번째로 큰 와인 산지입니다. 현재, 아브루쪼 주는 전체 포도 나무의 80% 정도가 페르골라 방식을 채택하고 있지만, 지금은 새로 심은 포도 나무의 경우, 품질 관리를 위해 프랑스와 같이 줄지어 심고 있는 추세입니다.

2020년 기준으로 아브루쪼 주는 2개의 DOCG, 7개의 DOC, 8개의 IGT가 존재하며, DOCG 및 DOC 와인의 비율은 31% 정도입니다. 주요 포도 품종은 몬테풀치아노 57%, 트레비아노

29% 등이 있고, 레드 와인이 전체 생산량의 58%를 차지하고 있습니다. 대표적인 산지로는 몬테풀치아노 다브루쪼 DOC, 트레비아노 다브루쪼 DOC, 체라주올로 다브루쪼 DOCG, 콜리네 테라마네 몬테풀치아노 다브루쪼 DOCG 등이 있습니다.

- 몬테풀치아노 다브루쪼(Montepulciano d'Abruzzo DOC): 9,964헥타르

1968년 DOC 지위를 획득한 몬테풀치아노 다브루쪼는 아브루쪼 주에 속한 끼에티, 페스카라, 테라모, 라퀼라 지방에서 생산되는 레드 와인입니다. 남부의 비옥한 끼에티 지방에서 가장 많은 양을 생산하고 있으며, 아드리아해 연안에서 재배되는 몬테풀치아노 품종을 주체로 만들고 있습니다. 20세기 후반과 21세기 초반에 걸쳐 몬테풀치아노 다브루쪼는 이탈리아에서 가장 널리 수출되는 와인 중 하나로 인기를 얻었습니다. 그러나 와인 생산량의 80%가 카잘 따우레노Casal Thaulero, 칸티나 톨로Cantina Tollo, 카잘 보르디노Casal Bordino, 치트라Citra 4개의 거대한 협동조합에서 생산되었고, 그마저도 대부분은 끼에티Chieti 지방과 같이 무더운 지역이었습니다. 여기에 이탈리아 정부가 페르골라 수형 방식을 의무화하면서 협동조합에서는 막대한 양의 와인이 공급되기 시작하면서 곧 아브루쪼의 와인은 과잉 생산과 품질 저하의 문제에 직면하게 되었습니다.

저품질의 저렴한 산지라는 꼬리표를 달고 있었던 아브루쪼 주에 새로운 변화가 일어난 것은 20세기 중·후반으로, 협동조합에서 벗어나 재배업자가 직접 와인을 생산하려는 움직임이 일기 시작했는데, 1930년대부터 프랑스 부르고뉴 지방에서 일어난 '도멘 자체 병입 운동'과 유사합니다. 이러한 운동에 앞장섰던 생산자가 에도아르도 발렌티니와 에미디오 페페Emidio Pepe, 지안니 마쉬아렐리Gianni Masciarelli, 산토렐리Santoleri로, 이들은 혁신적인 양조 방식을 도입해 고품질 와인을 만드는데 앞장섰습니다. 특히, 에도아르도 발렌티니는 아브루쪼의 안젤로 가야로 묘사되는 인물로, 페스카라 지방 인근에 위치한 포도원에서 뛰어난 숙성 잠재력을 지닌 와인을 생산하고 있습니다. 에도아르도 발렌티니는 1956년 첫 빈티지를 시작으로 2006년 72세의 나이로 사망할 때까지 반 세기 가까이 와인을 만들었으며, 전정 및 그린 하베스트 작업을 통해 수확량을 낮게 유지해 몬테풀치아노 다브루쪼는 장기간 침용을 거치고, 트레비아노 다브루쪼는

오크통 숙성을 거쳐 출하하고 있습니다. 현재 그의 아들 프란체스코Francesco가 아버지의 가업을 이어받아 포도원을 운영하고 있습니다.

에도아르도 발렌티니에게 영향을 받은 에미디오 페페Emidio Pepe 역시 몬테풀치아노 다브루쪼를 대표하는 생산자입니다. 테라모 지방에 위치한 포도원에서 유기농 방식으로 포도를 재배해 손과 발로 파쇄 작업을 하며, 이산화황뿐만 아니라 정제 및 여과 작업을 하지 않고 와인을 만들고 있습니다. 또한 에미디오 페페는 병에서 와인을 숙성하며 출시될 준비가 되면 병 안의 침전물을 걸러내고 새 병에 다시 담아 출시하는 독특한 판매 방식을 고집하고 있습니다.

몬테풀치아노 다브루쪼는 아브루쪼 전역에서 생산되고 있지만, 북부 테라모와 페스카라 지방의 산기슭에 위치한 포도밭에서 우수한 품질의 와인이 생산되고 있습니다. 북부 지방은 석회암과 철분을 함유한 점토의 비중이 높고 남부에 비해 척박한 토양으로 구성되어 있습니다. 또한 포도밭의 표고도 비교적 높아 방향성이 풍부하고 농축미와 숙성 잠재력이 뛰어난 와인이 생산되고 있습니다. 포도밭의 표고는 최고 500미터, 남향의 포도밭은 최고 600미터로 규제하고 있습니다. 또한 몬테풀치아노 다브루쪼는 알토 티리노Alto Tirino, 카자우리아Casauria or Terre di Casauria, 테아테Teate, 테레 데이 펠리니Terre dei Peligni, 테레 데이 베스티니Terre dei Vestini 5개의 하위 구역이 존재하며, 생산자마다 차이가 있지만 전반적으로 가격이 비싸지 않습니다.

DOC 규정에 따라 몬테풀치아노 다브루쪼 로쏘는 몬테풀치아노를 최소 85% 사용해야 합니다. 하위 구역에 따라 포도 품종의 규정 차이가 있는데, 알토 티리노와 테레 데이 펠리니는 몬테풀치아노를 최소 95%, 카자우리아는 100%, 테아테와 테레 데이 베스티니는 최소 90% 사용해야 합니다.

숙성 규정의 경우, 몬테풀치아노 다브루쪼 로쏘의 최소 숙성 기간은 대략 4개월로 규정하고 있으며, 리제르바는 최소 24개월 동안 숙성을 거쳐야 하며, 이 기간 중 9개월은 오크통에서 숙성시켜야 합니다. 하위 구역에 따라 숙성 규정에 차이가 있는데, 다음과 같습니다.

-알토 티리노의 최소 숙성 기간은 대략 12개월로 규정하고 있습니다.

-카자우리아는 최소 18개월 동안 숙성을 거쳐야 하며, 이 기간 중 9개월은 오크통에서 숙성시켜야 합니다.

-테레 데이 베스티니는 최소 18개월 동안 숙성을 거쳐야 하며, 이 기간 중 9개월은 오크통에서, 3개월은 병에서 숙성시켜야 합니다.

-테아테는 최소 21개월 동안 숙성을 거쳐야 하며, 이 기간 중 9개월은 오크통에서 숙성시켜야 합니다.

-테레 데이 펠리니는 최소 24개월 동안 숙성을 거쳐야 하며, 이 기간 중 9개월은 오크통에서 숙성시켜야 합니다.

-카자우리아 리제르바 및 테레 데이 베스티니 리제르바는 최소 24개월 동안 숙성을 거쳐야 하며, 이 기간 중 9개월은 오크통에서, 6개월은 병에서 숙성시켜야 합니다.

-알토 티리노 리제르바의 최소 숙성 기간은 30개월로 규정하고 있으며, 테아테 리제르바 및 테레 데이 펠리니 리제르바는 최소 30개월 동안 숙성을 거쳐야 하며, 이 기간 중 9개월은 오크통에서 숙성시켜야 합니다.

- 트레비아노 다브루쪼(Trebbiano d'Abruzzo DOC): 2,091헥타르

1972년 DOC 지위를 획득한 트레비아노 다브루쪼는 화이트 와인의 원산지 명칭으로, 몬테풀치아노 다브루쪼와 동일하게 아브루쪼 주 전역에서 생산되고 있습니다. 오늘날 트레비아노 다브루쪼는 굉장히 많은 양이 생산되고 있지만, 대부분은 개성이 없고 품질도 낮은 편입니다. 그럼에도 불구하고 대량 생산되는 이유는 DOC 규제 때문입니다. 트레비아노 다브루쪼의 최대 수확량은 헥타르당 약 140헥토리터 정도로 규제하고 있는데, 이는 이탈리아 전역에서 허용되는 수확량 중 가장 높은 수치에 해당됩니다. 그 결과, 와인에 포도 품종의 특성을 담아내는 것은 거의 불가능하다고 볼 수 있습니다. 그러나 예외는 존재합니다. 에도아르도 발렌티니와 에미디오 페페, 그리고 지안니 마쉬아렐리 등의 생산자는 뛰어난 품질의 트레비아노 다브루쪼를 생산하고 있으며, 그 중에서도 에도아르도 발렌티니의 트레비아노 다브루쪼를 최고로 평가하고 있습니다.

DOC 규정에 따라 트레비아노 다브루쪼는 트레비아노 아브루쩨제Trebbiano Abruzzese 또는 트레비아노 토스카노Trebbiano Toscano 또는 봄비노 비안코Bombino Bianco를 최소 85% 사용해야 하며, 여전히 생산자들은 필드 블렌드Field Blend 방식으로 와인을 만들고 있습니다. 필드 블렌드는 프랑스의 멜랑주Mélange와 동일한 방식으로 동일한 포도밭에서 함께 재배된 서로 다른 품종을 동시에 수확해 혼합한 다음 함께 발효하는 기술입니다. 이로 인해 생산자는 보다 편하게 와인을 만들 수 있지만, 각 품종의 개성적인 아로마를 잃는 단점이 있습니다.

트레비아노 다브루쪼에서 트레비아노가 아닌 봄비노 비안코를 허가하고 있는 것은 매우 흥미로운 일입니다. 이 품종은 트레비아노와 연관성이 있는지 확인 중이며, 여전히 일부 포도밭에 트레비아노와 함께 봄비노 비안코가 재배되고 있습니다. 그러나 재배 면적은 봄비노 비안코가 12헥타르에 불과한 반면, 트레비아노는 9,000헥타르가 넘습니다

포도밭의 표고는 최고 500미터, 남향의 포도밭은 최고 600미터로 규제하고 있습니다. 법적 최저 알코올 도수는 트레비아노 다브루쪼 비안코는 11.5%, 트레비아노 다브루쪼 수페리오레는 12%, 트레비아노 다브루쪼 리제르바는 12.5%입니다.

트레비아노 다브루쪼 비안코의 최소 숙성 기간은 대략 3개월, 트레비아노 다브루쪼 수페리오레의 최소 숙성 기간은 대략 5개월, 트레비아노 다브루쪼 리제르바의 최소 숙성 기간은 18개월로 규정하고 있습니다.

- 콜리네 테라마네 몬테풀치아노 다브루쪼(Colline Teramane Montepulciano d'Abruzzo DOCG): 159헥타르

이전까지 몬테풀치아노 다브루쪼 DOC에 속해있었던 콜리네 테라마네 몬테풀치아노 다브루쪼는 2003년에 DOCG로 승격되면서 몬테풀치아노 다브루쪼 콜리네 테라마네Montepulciano d'Abruzzo Colline Teramane의 독립적인 원산지가 되었고, 2016년 개명을 통해 지금과 같은 명칭으로 변경되었습니다.

콜리네 테라마네 몬테풀치아노 다브루쪼는 레드 와인만 생산 가능합니다. 원산지는 테라

모, 페스카라 지방의 언덕에 있는 30개의 마을을 포함하고 있는데, 오래 전부터 이 언덕은 콜리네 테라마네Colline Teramane라고 불렸습니다. 콜리네 테라마네 몬테풀치아노 다브루쪼는 몬테풀치아노 다브루쪼에 비해서 품질이 우수하다는 평가를 받고 있는데, 이유는 포도 나무의 수형 관리 방식과 최대 수확량이 낮기 때문이며, 포도밭의 표고는 최고 550미터로 규제하고 있습니다.

DOCG 규정에 따라 콜리네 테라마네 몬테풀치아노 다브루쪼는 몬테풀치아노를 최소 90% 사용해야 하며, 산지오베제는 최대 10%까지 블렌딩이 가능합니다. 콜리네 테라마네 몬테풀치아노 다브루쪼의 법적 최저 알코올 도수는 12.5%로, 최소 12개월 동안 숙성을 거쳐야 하며, 이 기간 중 2개월은 병에서 숙성시켜야 합니다. 콜리네 테라마네 몬테풀치아노 다브루쪼 리제르바는 최소 36개월 동안 숙성을 거쳐야 하며, 이 기간 중 2개월은 병에서 숙성시켜야 합니다.

- 체라주올로 다브루쪼(Cerasuolo d'Abruzzo DOC): 1,028헥타르

체라주올로 다브루쪼는 로제 와인을 위한 원산지 명칭으로, 이전까지 몬테풀치아노 다브루쪼 DOC에 속했으나, 2010년 분리되면서 이제는 독자적인 DOC가 되었습니다. 아브루쪼 주에 속한 4개 지방에서 생산되고 있지만, 가장 뛰어난 체라주올로 다브루쪼는 라퀼라 지방에서 만들어지고 있습니다.

체라주올로 다브로쪼는 일반적으로 알코올 발효 전에 파쇄 과정에서 껍질과 과즙을 접촉시켜 만들고 있습니다. 대략 8~18시간 정도의 짧은 침용을 통해 껍질로부터 색소 침착이 현저히 줄어들어 와인은 체리와 유사한 색상을 지니게 되는데, 현지 방언으로 체라주올로는 '체리 색'을 의미하기도 합니다. 실제로 체라주올로 다브루쪼는 옅은 체리 색상을 띠며, 오렌지 껍질, 딸기, 체리, 계피 향의 풀-바디한 드라이 타입의 로제 와인입니다. 이탈이아에서는 아브루쪼 외에 동일한 양조 방식으로 시칠리아 섬에서 체라주올로 디 비또리아Cerasuolo di Vittoria DOCG를 생산하고 있습니다.

DOC 규정에 따라 체라주올로 다브루쪼는 몬테풀치아노를 최소 85% 사용해야 하며, 최대 15%까지 허가된 품종의 블렌딩이 가능합니다. 체라주올로 다브루쪼의 법적 최저 알코올 도수는 12%, 최소 숙성 기간은 대략 2~3개월로 규정하고 있습니다. 또한 수페리오레 표기가 가능합니다. 체라주올로 다브루쪼 수페리오레의 법적 최저 알코올 도수는 12.5%, 최소 숙성 기간은 대략 4~5개월로 규정하고 있습니다.

DOARDO VALENTINI

도아르도 발렌티니는 아브루쪼의 안젤로 가야로 묘사되는 인물로, 페스카라 지방 인근에 위치한
도원에서 뛰어난 숙성 잠재력을 지닌 와인을 생산하고 있습니다. 에도아르도 발렌티니는 1956년
빈티지를 시작으로 2006년 72세 나이로 사망할 때까지 반 세기 가까이 와인을 만들었습니다.
정 및 그린 하베스트 작업을 통해 수확량을 낮게 유지해 몬테풀치아노 다브루쪼는 장기간 침용을
치고, 트레비아노 다브루쪼는 오크통 숙성을 거쳐 출하하고 있습니다.

남부, 섬 지역

N
W
S
Molise
Campania
Puglia
Basilicata
Sardegna
Calabria
Sicilia

MOLISE
몰리제

Biferno DOC
Pentro di Isernia DOC
Molise DOC
Tintilia del Molise DOC

이탈리아 남부
몰리제(Molise): 5,375헥타르

이탈리아 남부에 위치한 몰리제 주는 발레 다오스타 주에 이어 두 번째로 면적이 작고 인구 밀도도 적은 지역으로, 나폴리 왕국 시절에 아브루쪼와 함께 아브루찌라고 불렸습니다. 주도는 캄포바쏘Campobasso이며, 북동부는 아드리아해에 접해 있지만, 서부의 아펜니노 산맥에서 이어지는 구릉 지대로 이루어져 있어 내륙적인 인상이 강합니다.

몰리제 주는 아펜니노 산맥과 아드리아해 사이에 위치해 있어 기후가 다양한데, 아드리아해의 좁은 해안 지역은 해양성 기후, 계곡 상류는 온난한 기후, 아펜니노 산맥의 산악 및 내륙 지역은 대륙성 기후를 보이고 있습니다. 토양은 빙퇴석과 석회질로 이루어져 있어 미네랄 성분이 풍부하고 보수성이 좋은 편입니다. 이곳의 지형은 55% 산악 지대, 나머지 45%는 구릉 지대로 평야 지대는 거의 없습니다. 곡물과 포도 등의 농업과 축산업이 지역 경제의 중심이며, 산업화는 뒤쳐져 있습니다. 와인 생산량의 대부분은 협동조합에서 생산되고 있고, 전체 생산량의 2% 정도만 DOC 와인으로 판매되고 있습니다.

현재, 몰리제 주는 DOCG가 존재하지 않고, 4개의 DOC, 2개의 IGT가 존재합니다. 주요 포도 품종은 아브루쪼 주와 유사하게 몬테풀치아노 51%, 트레비아노 12% 등이 있으며, 대표적인 산지로는 몰리제 DOC, 비페르노 DOC, 틴틸리아 델 몰리제 DOC 등이 있습니다.

- 몰리제(Molise DOC): 187헥타르

몰리제 주 전역에서 생산되는 와인으로, 1998년 DOC 지위를 획득했습니다. 거의 모든 종류의 와인이 생산되고 있지만, 품질적으로 뛰어나지는 않습니다. DOC 규정에 따라 몰리제 비안코는 트레비아노, 팔랑기나Falanghina, 피아노Fiano, 그레코Greco, 말바지아, 모스카토 등의 토착 품종과 함께 샤르도네, 쏘비뇽 블랑을 허가하고 있으며, 각 품종을 최소 85% 사용하면 라벨에 품종 명칭을 표기할 수 있습니다.

몰리제 로쏘는 몬테풀치아노, 산지오베제, 알리아니코Aglianico, 피노 네로, 까베르네 쏘비뇽, 메를로를 허가하며, 각 품종을 최소 85% 사용하면 라벨에 품종 명칭을 표기할 수 있습니다. 또한 로자토와 스푸만테, 그리고 파씨토의 생산도 가능합니다.

- 비페르노(Biferno DOC): 58헥타르

비페르노는 비페르노 강의 이름을 딴 원산지 명칭으로, 1983년 DOC 지위를 획득했습니다. 이 강은 고대에 티페르누스Tifernus로 알려졌으며, 중세 시대부터 지금과 같은 명칭으로 불리기 시작했습니다. 원산지는 주도인 캄포바쏘와 아드리아해 연안 사이의 비페르노 강을 따라 40개 마을의 구릉 지대를 포함하고 있으며, 포도밭의 표고는 적포도 품종은 최고 500미터, 청포도 품종은 최고 600미터로 규제하고 있습니다.

DOC 규정에 따라 비페르노 비안코는 트레비아노를 70~80%, 나머지는 허가된 품종의 사용이 가능합니다. 비페르노 로자토 및 로쏘는 몬테풀치아노를 70~80% 사용해야 하며, 알리아니코는 10~20%, 허가된 품종은 최대 20%까지 블렌딩이 가능합니다. 법적 최저 알코올 도수는 비페르노 비안코가 10.5%, 비페르노 로자토 및 로쏘가 11.5%입니다.

또한 비페르노 로쏘의 경우 수페리오레 및 리제르바 표기가 가능한데, 법적 최저 알코올 도수는 비페르노 로쏘 수페리오레가 12.5%, 비페르노 로쏘 리제르바가 13%로, 최소 숙성 기간은 비페르노 로쏘 리제르바만 36개월로 규정하고 있습니다.

- 틴틸리아 델 몰리제(Tintilia del Molise DOC): 67헥타르

2011년에 DOC 지위를 획득한 틴틸리아 델 몰리제는 토착 품종인 틴틸리아를 위한 원산지 명칭으로, 몰리제 주 전역에서 생산되고 있습니다. 틴틸리아는 아직까지 원산지가 밝혀지지 않았지만, 한때 몰리제 주에서 가장 많이 심었던 적포도 품종이었습니다. 그러나 이 품종이 악명 높을 정도로 수확량이 낮았기 때문에 제2차 세계 대전 이후, 재배업자들은 더 높은 수확량과 수익성을 얻기 위해 틴틸리아를 뽑아버리고 다른 품종으로 대체했습니다. 그럼에도 불구하고 일부 생산자에 의해 명맥을 유지하다, 1998년 몰리제 DOC가 인정되면서 새로운 추진력을 얻게

되었습니다. 틴틸리아의 재배 면적은 조금씩 증가하기 시작했고 결국, 2011년 틴틸리아 델 몰리제 DOC로 승인되면서 입지가 더욱 확고해졌습니다. 오늘날 틴틸리아의 97%가 몰리제 주에서 재배되고 있지만 상대적으로 여전히 희귀한 품종입니다. 평야 지대가 거의 없는 몰리제 주는 틴틸리아가 잘 익을 수 있게 포도밭의 표고는 최고 200미터로 비교적 낮게 규제하고 있습니다.

DOC 규정에 따라 틴틸리아 델 몰리제 로자토 및 로쏘는 토착 품종인 틴틸리아를 최소 95% 사용해야 합니다. 두 와인 모두 법적 최저 알코올 도수는 11.5%이며, 로자토의 경우, 리터당 최대 10g까지 잔여 당분을 허가하고 있습니다. 또한 틴틸리아 델 몰리제 로쏘에 한해 리제르바 표기가 가능한데, 법적 최저 알코올 도수는 13%로, 최소 숙성 기간은 24개월로 규정하고 있습니다.

틴틸리아 델 몰리제는 루비 색상을 띠며 자두, 말린 자두, 체리, 감초 및 후추 향과 함께 높은 타닌과 알코올 도수, 풀-바디한 레드 와인입니다.

CAMPANIA

CAMPAN
캄파니

Galluccio
Falanghina del Sannio & Sannio
Falerno del Massico
Casavecchia di Pontelatone
Aversa
Greco di Tufo
Taurasi
Irpinia
N
W
E
S
Campi Flegrei
Vesuvio
Fiano di Avellino
Penisola Sorrentina
Costa d'Amalfi
Castel San Lorenzo
Cilento
4 DOCG
15 DOC
AGLIANICO
BARBERA & SANGIOVESE
FALANGHINA
FIANO
Galluccio DOC
Falerno del Massico DOC
Aversa DOC
Casavecchia di Pontelatone DOC
Campi Flegrei DOC
Vesuvio DOC
Penisola Sorrentina DOC
Costa d'Amalfi DOC
Falanghina del Sannio & Sannio DOC
Aglianico del Taburno DOCG
Greco di Tufo DOCG
Fiano di Avellino DOCG
Taurasi DOCG
Irpinia DOC
Castel San Lorenzo DOC
Cilento DOC

캄파니아(Campania): 25,600헥타르

캄파니아 주는 이탈리아 반도의 남서부에 위치하며, 서쪽으로는 티레니아해를 접하고 있습니다. 이곳은 이탈리아에서 가장 오래된 와인 산지 중 하나로, 주도인 나폴리Napoli와 함께 폼페이 유적, 카프리 섬과 아름다운 아말피 해변 등의 관광지로 유명합니다.

고대 로마 시대에 캄파니아 북부 지역에서 생산되던 팔레르눔은 최고의 와인으로서 높은 품질을 칭송 받았으며, 로마인들은 '행복한 대지'를 의미하는 캄파니아 펠릭스Campania Felix라고 불렀습니다. 이는 태양과 비 모두 풍부하기 때문이며, 실제로 캄파니아 주는 이탈리아 남부에서 평균 강우량이 가장 높은 지역이기도 합니다. 그러나 캄파니아 주의 와인 생산량은 다른 지역에 비해 매우 낮은 편입니다. 그럼에도 불구하고 잠재력이 높은 산지로, 풍부한 일조량과 포도 재배에 적절한 화산성 토양 그리고 고품질의 개성 있는 토착 품종 등의 훌륭한 조건을 갖추고 있습니다.

햇살이 풍부한 캄파니아 주는 덥고 건조한 여름과 온화한 겨울을 지니고 있어 포도의 생장기간이 길 뿐만 아니라 화산성 토양 덕분에 필록세라 병충해를 피할 수 있었습니다. 또한 지중해 연안의 산들바람이 티레니아해와 아펜니노 산맥을 가로지르며 불어와 열기를 식혀주고 있어 포도의 산도를 촉진시켜주는데 도움을 주고 있습니다. 특히, 내륙 지역은 비가 더 많이 내리는 대륙성 기후로 경사지의 포도밭에서 팔랑기나 품종을 재배하고 있습니다. 토양은 점토와 화산암이 혼합되어 있으며, 일부 지역에서는 이회토와 석회암도 볼 수 있습니다. 이러한 떼루아는 캄파니아 와인의 다양성에 기여하고 있습니다.

캄파니아 주의 지형은 구릉 지대가 51%, 산악 지대가 35%, 평야 지대가 14%로, 포도밭은 구릉 지대의 300~400미터 표고에 자리잡고 있습니다. 이전까지는 농경지의 7% 정도만 포도를 재배했고, 포도 및 와인은 농업 생산량에 대략 5%에 불과했습니다. 실제로 캄파니아 주는 수출보다 수입하는 와인의 양이 더 많았는데, 이는 이 지역이 경작하기 힘든 지형으로 이뤄졌기 때문입니다. 따라서 재배업자들은 가능한 토지를 곡물 등의 식량 생산에 사용되는 것이 바람직하다고 생각했기에 와인 생산량은 다른 지역에 비해 훨씬 뒤떨어질 수밖에 없었습니다. 당시 캄파니아 주의 와인 산업은 안토니오 마스트로베라르디노Antonio Mastroberardino가 거의 대부분을 주도하고 있었으며, 20세기 전반에 걸쳐 마스트로베라르디노는 캄파니아 와인 생산량의 절반 이상과 타우라지 와인 생산량의 90% 이상을 담당했습니다.

20세기 후반에 들어 캄파니아 주의 상황은 급격히 바뀌기 시작했습니다. 비교적 짧은 기간 동안, 캄파니아 주에 여러 DOC 산지가 생겨나기 시작하면서 젊은 생산자들이 증가하기 시작했습니다. 이전까지 가장 잘 알려진 생산자는 안토니오 마스트로베라르디노 밖에 없었지만 이제는 더 이상 그렇지 않습니다. 생산자들은 포도밭 관리와 수확 방법, 양조 기술 등의 현대적인 방식에 집중적인 투자를 통해 와인의 품질이 향상되었는데, 이러한 전환 덕분에 캄파니아 주는 19개의 원산지 명칭을 갖게 되었습니다.

현재, 캄파니아 주는 4개의 DOCG, 15개의 DOC, 10개의 IGT가 존재합니다. 아직까지 DOCG 및 DOC 와인의 비율은 17%에 불과하지만, 와인의 품질은 해마다 일관되게 생산되고 있습니다. 주요 포도 품종은 알리아니코Aglianico 28%, 팔랑기나Falanghina 12% 등이 있습니다. 특히 캄파니아 주를 상징하는 알리아니코는 원래 명칭이 헬라니카Hellanica였는데, 15세기 말, 나폴리 왕국 시절에 엘레니코Ellenico로 불리다 이후에 지금과 같은 명칭으로 변경되었습니다. 대표적인 산지로는 타우라지 DOCG, 알리아니코 델 타부르노 DOCG, 피아노 디 아벨리노 DOCG, 그레코 디 투포 DOCG 등이 있습니다.

TIP!

포도 고고학자, 안토니오 마스트로베라르디노

캄파니아 주의 아트리팔다Atripalda 마을에 자신의 이름으로 포도원을 소유하고 있는 안토니오 마스트로베라르디노는 이 지역에서 가장 존경 받는 생산자로, 풍부한 경험과 해박한 지식을 바탕으로 전통과 현대의 혁신적인 조합을 통해 캄파니아 와인을 세상에 알리는데 큰 역할을 했습니다. 이러한 능력이 인정되어 1996년, 이탈리아 정부는 고대 폼페이 와인을 복원하기 위한 프로젝트를 안토니오 마스트로베라르디노에게 맡겼습니다.

빌라 데이 미스테리Villa dei Misteri라는 이름으로 시작된 프로젝트는 마스트로베라르디노를 주축으로 고고학자와 포도 품종학자가 한 팀이 되어, 서기 79년 베수비오 화산 폭발로 파괴된 포도밭을 복원해 고대 시대와 동일한 품종과 재배 및 양조 기술로 와인을 재현하는 것을 목표로 두었습니다. 마스트로베라르디노 팀은 포도 나무 뿌리에서 남아있는 토양의 흔적과 화산재에서 발견된 포도 씨에 대한 DNA 조사를 통해 고대 품종인 피에디로쏘Piedirosso와 올리벨라Olivella로 알려진 샤쉬노조Sciascinoso 품종을 가장 가능성이 높은 품종으로 식별했습니다. 또한 로마 시대의 저명한 농업학자인 콜루멜라Columella의 서적 및 대 플리니우스가 편찬한 '박물지', 그리고 폼페이 유적의 기록에 따라 고대 로마 시대와 동일한 방식으로 포도를 재배했습니다. 특히, 1990년 발굴된 폼페이 유적의 기록에서 당시 헥타르당 8,000그루의 높은 식재 밀도로 포도 나무를 재배했다는 사실을 알게 되었습니다.

마스트로베라르디노 팀은 2천년 전에 사용되었던 밤나무 말뚝 자리가 꽂혀있는 구멍을 찾아 포도 나무를 심었고, 그때와 동일한 방식으로 가지치기와 수형 관리, 수확 기술을 사용해 재배했습니다. 양조에 있어서도 장기간 침용 및 숙성을 진행하여, 정제·여과 작업을 하지 않고 병입했습니다. 마침내 2003년, 빌라 데이 미스테리 2001 첫 빈티지가 1,721병 출시되어, 같은 해 4월 23일, 로마에서 최초로 대중에게 선보였습니다. 빌라 데이 미스테리 와인의 대부분은 경매를 통해 판매되었고, 수익금은 폼페이를 비롯한 캄파니아 주의 역사적인 와인 산지를 위한 연구 자금으로 사용되었습니다. 참고로 빌라 데이 미스테리를 시음한 일부 와인 평론가는 붉은 과일, 향신료, 그리고 농축된 풍미를 칭찬했지만, 일부는 지나치게 타닌이 강해 시음 적정기에 다다를 때까지 수년간의 병 숙성이 필요하다고 비판하기도 했습니다.

VILLA DEI MISTER
빌라 데이 미스테리

1996년, 이탈리아 정부는 고대 폼페이 와인을 복원하기 위해 프로젝트를 진행했습니다. 빌라 데이 미스테리라는 이름으로 시작된 프로젝트는 마스트로베라르디노를 주축으로 고고학자와 포도 품종학자가 한 팀이 되어, 서기 79년 베수비오 화산 폭발로 파괴된 포도밭을 복원해 고대 시대와 동일한 품종과 재배 및 양조 기술로 와인을 재현하는 것을 목표로 두었습니다.

마스트로베라르디노 팀은 2천년 전에 사용되었던 밤나무 말뚝 자리가 꽂혀있는 구멍을 찾아서 포도 나무를 심었고, 그때와 동일한 재배 방식으로 재배했습니다. 양조에 있어서도 장기간 침용 및 숙성을 진행하여, 정제 • 여과 작업을 하지 않고 병입했습니다. 2003년, 빌라 데이 미스테리 2001 첫 빈티지가 1,721병 출시되어, 같은 해 4월 23일, 로마에서 최초로 선보였습니다.

NTONIO MASTROBERARDINO

파니아 주에 자신의 이름으로 포도원을 소유하고 있는 안토니오 마스트로베라르디노는 이곳에서 장 존경 받는 생산자로, 풍부한 경험과 해박한 지식을 바탕으로 전통과 현대의 혁신적인 조합을 해 캄파니아 와인을 세상에 알리는데 큰 역할을 했습니다. 또한 안토니오 마스트로베라르디노는 세기 전반에 걸쳐 캄파니아 와인 생산량의 절반 이상과 함께 타우라지 와인 생산량의 90% 이상을 당했습니다.

- 타우라지(Taurasi DOCG): 405헥타르

타우라지는 캄파니아 주의 아벨리노Avellino 지방에서 알리아니코 주체로 생산되는 레드 와인으로, 1970년 DOC 지위를 획득해 1993년에 DOCG로 승격되었습니다. 1990년대 초반까지만 해도 해외 시장으로 수출되는 타우라지 와인은 마스트로베라르디노 포도원 단 하나였습니다. 그러나 최근 들어 인기가 높아지면서 오늘날에는 300곳에 달하는 포도원이 존재하며, 캄파니아 주에서 가장 유명한 와인 산지로 자리매김하게 되었습니다.

타우라지는 이탈리아 남부 산지 중 최초로 DOCG 등급을 인정받았는데, 원산지는 아벨리노 지방의 타우라지 마을을 중심으로 17개 마을로 이루어져 있습니다. 타우라지 지역은 화산 언덕으로, 칼로레Calore 강이 이 지역의 한가운데를 지나고 있습니다. 북쪽 좌안 지역의 포도밭은 300~400미터 표고에 포도밭이 자리잡고 있으며, 토양은 대부분 이회토로 견고한 구조감을 지닌 와인이 생산되고 있습니다. 반면, 남쪽 지역의 포도밭의 표고는 700미터에 달하며, 화산성 토양에서 특유의 훈 향과 미네랄 풍미를 지니고 있습니다.

알리아니코는 높은 표고에서도 잘 자라는 품종으로, 타우라지 지역의 포도밭은 300~400미터 이상의 표고에 위치하며, 더 높은 표고의 포도밭에서 우수한 와인이 생산되고 있습니다. 특히, 화산성 토양은 알리아니코 품종이 피에몬테 주의 네비올로와 동등한 수준의 와인을 생산할 수 있는 잠재력을 제공하고 있습니다. 또한 이 지역의 알리아니코는 보통 11월까지 기다려 최대한 늦게 수확하기 때문에 타닌이 많고 구조감이 좋아 장기 숙성 능력이 뛰어난 편입니다. 이러한 이유로 타우라지는 '남부의 바롤로'라 불리고 있습니다. 타우라지 와인은 루비 색상을 띠며 자두, 체리, 제비꽃, 향신료 등의 향과 균형 잡힌 신맛, 강한 타닌을 지니고 있어 병 숙성이 필요합니다. 특히, 마스트로베라르디노의 타우라지 1968 빈티지는 전설적인 와인으로, 혹시 찾는다면 주저하지 말고 구매하는 것이 좋습니다.

DOCG 규정에 따라 타우라지는 알리아니코를 최소 85% 사용해야 합니다. 법적 최저 알코올 도수는 12%로, 최소 36개월 동안 숙성을 거쳐야 하며, 이 기간 중 12개월은 오크통에서 숙성시켜야 합니다. 타우라지 리제르바의 경우, 법적 최저 알코올 도수는 12.5%로, 최소 48개월 동안 숙성을 거쳐야 하며, 이 기간 중 18개월은 오크통에서 숙성시켜야 합니다.

타우라지의 우수한 생자라로는 마스트로베라르디노, 페우디 디 산 그레고리오Feudi di San Gregorio, 퀸토데치모Quintodecimo, 콘트라데 디 타우라지Contrade di Taurasi, 구아스타페로Guastaferro 등이 있습니다.

- 알리아니코 델 타부르노(Aglianico del Taburno DOCG): 110헥타르

알리아니코 델 타부르노는 타부르노 마을 주변의 산악 지대에서 생산되는 와인으로, 1986년 DOC 지위를 획득해 2011년 DOCG 등급으로 승격되었습니다. 원산지는 베네벤토Benevento 지방에 있는 타부르노 마을을 포함해 13개 마을로 이루어져 있으며, 알리아니코 주체로 로제 및 레드 와인을 생산하고 있습니다.

타부르노 지역은 300~600미터 표고의 화산성 토양에서 알리아니코를 재배하고 있습니다. 또한 이 지역은 주변 산에 불어오는 산들바람이 더위를 식혀주고 있기 때문에 매우 늦게 익는 알리아니코의 긴 생육 기간을 확보해 주고 있으며, 높은 표고로 인해 큰 일교차의 이점도 누리고 있습니다. 그로 인해 포도는 자연적인 산도를 유지하며, 품종이 지닌 높은 타닌 덕분에 숙성 잠재력이 좋은 와인이 생산되고 있습니다.

DOC 규정에 따라 알리아니코 델 타부르노 로자토 및 로쏘는 알리아니코를 최소 85% 사용해야 하며, 법적 최저 알코올 도수는 모두 12%로 동일합니다. 알리아니코 델 타부르노 로자토의 최소 숙성 기간은 대략 4~5개월, 알리아니코 델 타부르노 로쏘는 최소 24개월로 규정하고 있습니다. 다만, 알리아니코 델 타부르노 로쏘에 한해 리제르바 표기가 가능한데, 법적 최저 알코올 도수는 13%로, 최소 36개월 동안 숙성을 거쳐야 하며, 이 기간 중 12개월은 오크통에서, 6개월은 병에서 숙성시켜야 합니다.

- 피아노 디 아벨리노(Fiano di Avellino DOCG): 434헥타르

1978년 DOC 지위를 획득한 피아노 디 아벨리노는 아벨리노 마을 주변의 높은 언덕에서 생산되는 화이트 와인입니다. 2003년 DOC에서 DOCG로 승격되었으며, 원산지는 아벨리노 마을을 포함해 26개 마을을 포함하고 있습니다. 이곳의 주요 품종인 피아노는 고대 그리스 또는 로마 시대부터 재배되어왔던 고전적인 품종으로, 일부 고고학자들은 로마 시대에 아벨리노 언덕에서 만든 아피아눔Apianum 와인이 피아노 품종으로 만들었을 것이라고 추측하고 있습니다.

피아노는 비티스 아피아나Vitis Apiana 종에서 파생된 품종으로, 아피아나는 라틴어로 '꿀벌'을 의미합니다. 실제로 이 품종은 당도가 높기 때문에 꿀벌이 많이 모여들며, 지금도 포도밭에서 흔하게 볼 수 있습니다. 오늘날, 피아노는 캄파니아 주의 여러 지역에서 재배되고 있지만, 아벨리노 지역이 아펜니노 산맥과 가깝고 포도밭의 표고도 500미터로 높아 이곳에서 잘 번성하고 있습니다. 또한 온화한 기후와 큰 일교차, 그리고 화산성 및 석회질 토양 덕분에 미네랄 성분이 풍부한 이점도 가지고 있습니다.

전통적으로 피아노는 당도가 매우 높게 올라가는 품종이라 알코올 발효 과정에서 온도 조절이 어려웠습니다. 그로 인해 와인은 탄산가스를 함유하고 있었는데, 근대에 들어, 아벨리노 농업 학교와 안토니오 마스트로베라르디노의 노력에 의해 지금과 같은 드라이 타입으로 만들어지게 되었습니다. 피아노 디 아벨리노는 그레코 디 투포와 함께 캄파니아 주를 대표하는 화이트 와인으로, 견과류 향이 인상적이며, 보통은 3~5년 정도 병 숙성을 시켜 마시지만, 품질이 우수한 경우에는 10~20년까지 긴 수명을 자랑합니다.

DOC 규정에 따라 피아노 디 아벨리노는 피아노를 최소 85% 사용해야 하며, 코다 디 볼페Coda di Volpe, 그레코와 트레비아노는 최대 15%까지 블렌딩할 수 있습니다. 피아노 디 아벨리노의 법적 최저 알코올 도수는 11.5%로, 최소 숙성에 관한 규정은 없습니다. 반면, 피아노 디 아벨리노 리제르바는 법적 최소 알코올 도수는 12%로, 최소 숙성 기간은 12개월로 규정하고 있습니다.

- 그레코 디 투포(Greco di Tufo DOCG): 635헥타르

그레코 디 투포는 피아노 디 아벨리노 바로 위에 위치한 작은 산지로, 1970년 DOC 지위를 획득해, 2003년에 DOCG 등급으로 승격되었습니다. 원산지는 투포 마을을 중심으로 8개 마을을 포함하고 있으며, 토착 품종인 그레코를 주체로 화이트 및 스푸만테를 생산하고 있습니다.

그레코 품종은 그리스가 원산지로, 고대 그리스인에 의해 나폴리 지역으로 유입되어, 인근의 베수비오 화산 언덕에서 처음 재배되기 시작했습니다. 또한 그레코 디 투포 원산지를 대표하는 투포는 마을 및 응회암을 지칭하는 명칭으로, 응회암은 화산에서 분출된 화산재가 모여 압착된 석회암 토양입니다. 이러한 화산성 토양으로 이루어진 포도밭은 450~500미터 표고에 자리 잡고 있어 그레코 품종이 잘 자라는 환경을 제공하고 있습니다. 그레코 디 투포는 인근의 피아노 디 아벨리노에 비해 포도밭의 표고가 다소 낮기 때문에 과일 향이 약간 덜하고 수명도 짧은 편이지만, 무게감이 풍부하고 신맛이 잘 녹아있는 것이 특징입니다.

DOCG 규정에 따라 그레코 디 투포 비안코 및 스푸만테는 그레코를 최소 85% 사용해야 하며, 코다 디 볼페는 최대 15%까지 블렌딩이 가능합니다. 그레코 디 투포 비안코의 법적 최저 알코올 도수는 11.5%, 그레코 디 투포 비안코 리제르바와 스푸만테는 12%로, 스푸만테는 반드시 메토도 클라씨코 방식의 병 내 2차 탄산가스 발효를 거쳐 만들어야 합니다.

그레코 디 투포 비안코의 최소 숙성 기간은 12개월로 규정하고 있고, 그레코 디 투포 스푸만테는 최소 18개월 동안 효모 숙성을 시켜야 합니다. 또한 스푸만테도 최소 36개월 동안 효모 숙성을 시킬 경우, 리제르바 표기가 가능합니다.

BASILICAT

바실리카

1 DOCG

4 DOC

- AGLIANICO
- SANGIOVE
- PRIMITIVO

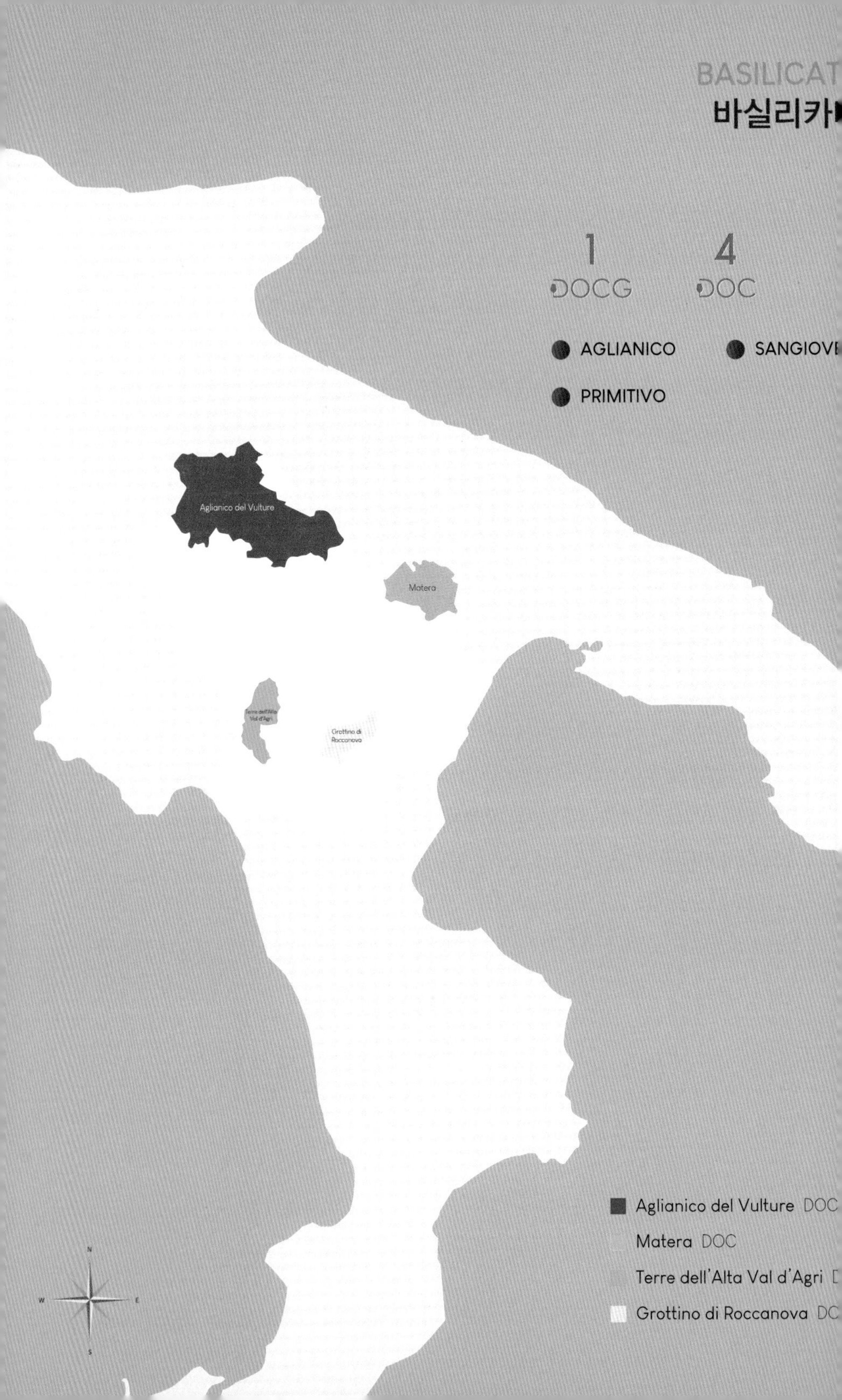

Aglianico del Vulture

Matera

Terre dell'Alta Val d'Agri

Grottino di Roccanova

N

W

E

S

- Aglianico del Vulture DOC
- Matera DOC
- Terre dell'Alta Val d'Agri D
- Grottino di Roccanova DC

바실리카타(Basilicata): 2,006헥타르

이탈리아 남부, 캄파니아 주의 남쪽에 위치한 바실리카타 주는 티레니아해, 이오니아해Ionian Sea 두 개의 해안선과 함께 육지에 둘러싸여 있습니다. 바실리카타 주는 그리스인에 의해 와인 역사가 시작되었으며, 로마 시대에는 이곳을 루카니아Lucania라고 불렀습니다. 이후 6세기와 9세기에 이 지역을 지배한 동로마 제국비잔티움 제국에 의해 '바실리카타'라고 불리게 되었는데, 이는 그리스어로 '왕자 및 총독'을 뜻하는 바실리코스Basilikos에서 유래된 것으로, 바실라카타 명칭이 공식화된 것은 1932년입니다.

바실리카타 주는 황량한 산악 지대로, 오랫동안 이탈리아에서 가장 빈곤한 지역 중 하나였습니다. 이곳의 주민들은 올리브, 밀, 포도 재배와 목축을 하며 생계를 유지했으며, 와인은 이탈리아 전체 생산량의 0.2%에 불과합니다. 또한 재배 면적은 발레 다오스타, 리구리아 주에 이어 이탈리아에서 세 번째로 작은 산지입니다.

현재, 바실리카타 주는 1개의 DOCG, 4개의 DOC, 1개의 IGT가 존재합니다. 주요 포도 품종은 알리아니코 42%로, 레드 와인의 생산 비율은 82%에 달합니다. 이는 토스카나 주 85%에 이어 두 번째로 레드 와인의 의존도가 높은 지역입니다. 대표적인 산지로는 알리아니코 델 불투레 DOC, 알리아니코 델 불투레 수페리오레 DOC 등이 있습니다.

- 알리아니코 델 불투레(Aglianico del Vulture DOC): 520헥타르

1971년 DOC 지위를 획득한 알리아니코 델 불투레는 불투레 산맥 주변에 위치한 산지로, 알리아니코로 와인을 생산하고 있습니다. 원산지는 15개 마을로 이루어져 있으며, 가장 뛰어난 와인은 리오네로 인 불투레Rionero in Vulture와 바릴레Barile 마을 주변의 고지대 화산성 토양의 비탈에서 생산되고 있습니다. 포도밭은 불투레 산맥의 동쪽 구릉 지대에 위치하며, 포도밭의 표고는 최저 200미터, 최고 700미터로 규제하고 있습니다.

알리아니코 델 불투레의 핵심 품종인 알리아니코는 껍질이 두껍고, 자연적인 산도가 높은 품종으로 이 지역의 뜨거운 지중해성 기후에 이상적입니다. 또한 이 품종은 만생종이기에 페놀 및 타닌 성분이 잘 생성되기 위해서는 따뜻하고 건조한 여름이 오랫동안 지속되어야 합니다. 서늘한 해에는 11월 첫째 주까지 수확을 진행하며, 표고가 높은 포도밭은 포도가 서서히 익을 수 있어 품질이 우수한 와인이 생산되고 있습니다. 특히 300~500미터 사이의 남동향의 경사지에 위치한 포도밭을 최고로 간주하고 있습니다.

DOC 규정에 따라 알리아니코 델 불투레 로쏘 및 스푸만테는 알리아니코 100%로 만들어야 하며, 법적 최저 알코올 도수는 모두 12.5%로 동일합니다. 알리아니코 델 불투레 로쏘의 경우 리터당 최대 10g까지 잔여 당분을 허가하며, 최소 숙성 기간은 대략 9~10개월로 규정하고 있습니다. 알리아니코 델 불투레 스푸만테는 반드시 병 내 2차 탄산가스 발효를 거쳐 만들어야 하며, 최소 숙성 기간은 9개월로 규정하고 있습니다.

알리아니코 델 불투레는 캄파니아 주의 타우라지 및 알리아니코 델 타부르노에 비해 덜 유명하지만 가격대비 품질이 좋은 편입니다. 이곳의 우수한 생산자로는 엘레나 푸찌Elena Fucci, 파테르노스테르Paternoster, 그리팔코 델라 루카니아Grifalco della Lucania, 산 마르티노San Martino, 칸티네 델 노타이오Cantine del Notaio 등이 있습니다.

- 알리아니코 델 불투레 수페리오레(Aglianico del Vulture Superiore DOCG): 89헥타르

알리아니코 델 불투레 수페리오레는 이전까지 알리아니코 델 불투레 DOC에 속해 있었으나, 2010년 승격되면서 독자적인 원산지 명칭을 얻게 되었습니다. 알리아니코 델 불투레와 동일한 원산지로, 레드 와인만 생산 가능하며, 법적 최저 알코올 도수와 최소 숙성 기간에 대한 규정 차이가 있습니다.

DOCG 규정에 따라 알리아니코 델 불투레 수페리오레는 알리아니코 100%로 만들어야 합니다. 법적 최저 알코올 도수는 13.5%로, 최소 36개월 동안 숙성을 거쳐야 하며, 이 기간 중 12개

월은 오크통에서, 12개월은 병에서 숙성시켜야 합니다. 알리아니코 델 불투레 수페리오레 리제르바의 경우, 법적 최저 알코올 도수는 동일하지만, 최소 60개월 동안 숙성을 거쳐야 하며, 이 기간 중 24개월은 오크통에서, 12개월은 병에서 숙성시켜야 합니다.

알리아니코 델 불투레 수페리오레의 우수한 생산자로는 바질리스코Basilisco, 엘레나 푸찌, 칸티나 디 베노자Cantina di Venosa, 마르티노Martino, 비쉘리아 구다라Bisceglia Gudarra, 레지오 칸티나Regio Cantina 등이 있습니다.

PUGLIA
풀리아

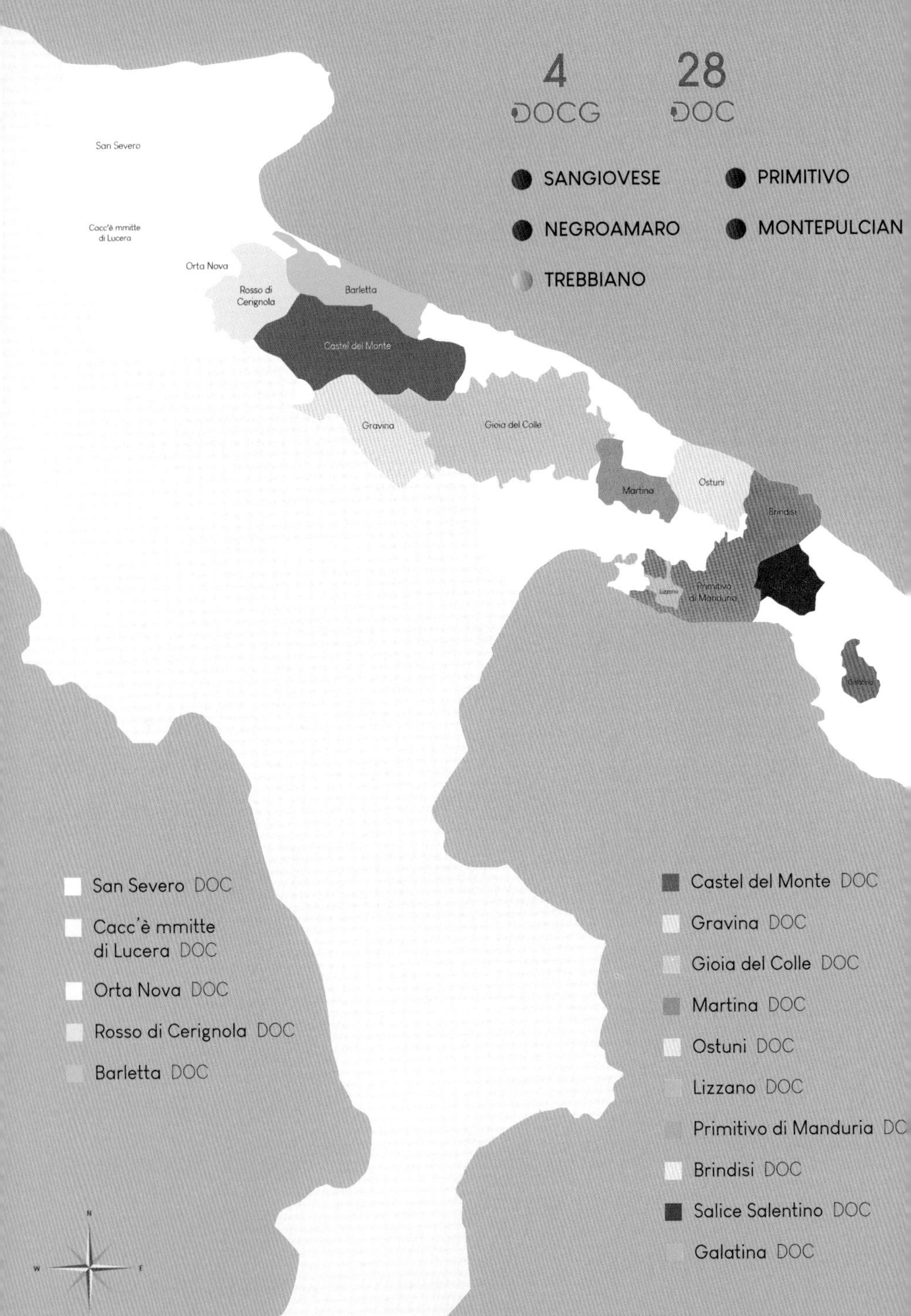
4
DOCG
28
DOC
SANGIOVESE
PRIMITIVO
NEGROAMARO
MONTEPULCIAN
TREBBIANO
San Severo
Cacc'è mmitte
di Lucera
Orta Nova
Rosso di
Cerignola
Barletta
Castel del Monte
Gravina
Gioia del Colle
Martina
Ostuni
Brindisi
Primitivo
di Manduria
San Severo DOC
Cacc'è mmitte
di Lucera DOC
Orta Nova DOC
Rosso di Cerignola DOC
Barletta DOC
Castel del Monte DOC
Gravina DOC
Gioia del Colle DOC
Martina DOC
Ostuni DOC
Lizzano DOC
Primitivo di Manduria DOC
Brindisi DOC
Salice Salentino DOC
Galatina DOC
N
W
E
S

풀리아(Puglia): 88,040헥타르

장화 모양을 닮은 이탈리아 반도의 장화 뒤꿈치에 해당하는 풀리아 주는 이탈리아 반도의 남쪽에 위치하며, 북동쪽은 아드리아해, 남쪽은 이오니아해의 긴 해안선을 갖고 있습니다. 고대에 이 지역은 아풀리아Apulia라고 불렸는데, 이것은 라틴어로 '비가 오지 않는다'란 의미의 아 플루비아 a Pluvia에서 유래된 것으로, 실제 풀리아 주는 연간 300일 정도의 맑은 날이 지속되고 있습니다.

역사적으로 아풀리아는 지금의 주도인 바리Bari를 중심으로 그리스 항로의 기지로서 번성했습니다. 페니키아인과 그리스인에게 아풀리아 영토는 올리브 오일 및 와인 생산의 보물과도 같은 곳이며, 지금도 풀리아 주는 이탈리아 전체 올리브 오일 생산량의 거의 절반 가량을 담당하고 있습니다. 또한 풀리아 주는 온난한 지중해성 기후 덕분에 주 전체에서 와인이 생산되고 있는데, 2020년 기준, 와인 생산량은 이탈리아에서 1위를 차지하고 있습니다.

풀리아 주는 '유럽의 와인 저장고'라 불리며, 생산되는 와인의 3/4 정도가 여전히 프랑스와 이탈리아 북부로 판매되어 블렌딩되고 있습니다. 특히 이 지역은 자연적인 혜택과 넓은 포도밭이 있음에도 불구하고, 협동조합이 주 전체 생산량의 60% 정도를 차지하고 있어 전반적으로 와인의 품질은 낮은 편입니다. 게다가 유럽연합에서 감반 정책의 대상 지역으로 지정되어, 포도밭의 면적은 감소 추세에 있습니다.

풀리아 주는 평야 지대가 53%, 언덕 지대가 45%, 산악 지대가 2%로, 이탈리아에서 가장 산이 적은 지역 중 하나입니다. 북부와 남부는 문화적, 지리적인 차이뿐만 아니라 와인도 성격이 다릅니다. 풀리아 주의 북부는 구릉 지대가 많고, 와인 스타일은 이탈리아 중부와 유사한 반면, 남부는 거의 평야 지대로 과거 그리스-로마 시대와 강한 연관성을 유지하고 있습니다. 특히 남부의 절반을 차지하는 살렌토Salento 반도는 풀리아 와인의 정체성에 있어 매우 중요한 지역입니다.

현재, 풀리아 주는 4개의 DOCG, 28개의 DOC, 6개의 IGT가 존재합니다. 그러나 21세기 초반에 들어서면서 과다할 정도로 많은 DOC가 인정되면서 와인 생산량은 폭발적으로 증가했는데, 지난 10년과 비교하면 70%나 늘어났습니다. 그럼에도 불구하고 DOCG 및 DOC 와인의 비율은 7% 정도에 그치고 있으며, 대부분은 비노 다 타볼라 등급으로 판매되고 있습니다.

주요 포도 품종은 산지오베제 15%, 프리미티보Primitivo 14%, 네그로아마로Negroamaro, 트레비아노 13% 등이 있고, 대표적인 산지로는 카스텔로 델 몬테 DOC, 프리미티보 디 만두리아 DOC, 살리체 살렌티노 DOC 등이 있습니다.

- 카스텔 델 몬테(Castel del Monte DOC): 310헥타르

카스텔 델 몬테는 풀리아 주의 남동부, 안드리아Andria 마을 언덕에 위치한 성의 이름으로, 팔각형 탑의 독특한 형태로 이루어져 있습니다. 이성은 1240~1250년 사이에 시칠리아 왕인 프리드리히 2세Frederick II에 의해 지어졌으며, 수세기 동안 감옥, 전염병 대피소 등의 용도로 사용되었습니다. 또한 1971년 DOC 지위를 획득해 원산지 명칭으로도 쓰이고 있습니다.

카스텔 델 몬테의 원산지는 안드리아 마을을 포함해 9개 마을로 이루어져 있으며, 완만한 언덕에서 스위트 와인을 제외한 모든 종류의 와인을 생산하고 있습니다. 주요 청포도 품종은 봄비노 비안코Bombino Bianco, 팜파누토Pampanuto의 토착 품종과 함께 쏘비뇽 블랑과 샤르도네를 재배하고 있고, 적포도 품종은 알리아니코, 봄비노 네로Bombino Nero, 몬테풀치아노, 우바 디 트로이아Uva di Troia와 프랑스계 품종인 까베르네 프랑과 까베르네 쏘비뇽을 재배하고 있습니다.

2011년, 로쏘 카노자Rosso Canosa DOC 원산지가 카스텔 델 몬테 DOC에 흡수되었지만, 2011년에 카스텔 델 몬테 봄비노 네로Castel del Monte Bombino Nero DOCG, 카스텔 델 몬테 네로 디 트로이아 리제르바Castel del Monte Nero di Troia Riserva DOCG, 카스텔 델 몬테 로쏘 리제르바Castel del Monte Rosso Riserva DOCG 3개가 분리되어 독자적인 원산지 명칭을 갖게 되었습니다. 특히 만생종인 우바 디 트로이아로 만든 카스텔 델 몬테 네로 디 트로이아 리제르바 DOCG가 개성

적인 와인으로 평가 받고 있습니다.

- 프리미티보 디 만두리아(Primitivo di Manduria DOC): 4,777헥타르

프리미티보 디 만두리아는 프리미티보 주체의 레드 와인 산지로, 1974년 DOC 지위를 획득했습니다. 원산지는 만두리아 마을을 중심으로 타란토Taranto 만 해안을 따라 뻗어 있으며, 이탈리아 남부의 전형적인 지중해성 기후와 완만한 평원에서 프리미티보를 주로 재배하고 있습니다. 몇 년 전까지만 해도 프리미티보 디 만두리아는 대규모 협동조합이 지배하며, 지루한 단맛의 산화된 벌크 와인을 대량으로 생산했습니다. 그러나 1990년대 초반, 역동적인 몇몇 생산자들에 의해 현대적인 양조 방식을 도입되기 시작하면서 지금은 이탈리아에서 가장 역동적인 산지로 탈바꿈하게 되었습니다.

프리미티보는 크로아티아가 원산지로, 풀리아 주에서 가장 유명한 토착 품종입니다. 이탈리아어로 '이른'을 뜻하는 프리미Primi라는 단어에서 이름이 유래되었는데, 실제로 프리미티보는 비교적 일찍 익는 품종이기도 합니다. 또한 DNA 검사를 통해 크로아티아의 츠를에낙 카쉬텔란스키Crljenak Kaštelanski 및 캘리포니아 주의 진판델과 유전학적으로 동일한 품종임이 밝혀졌으며, 18세기 크로아티아에서 아드리아해를 건너 풀리아 주로 유입되었을 것이라 추측하고 있습니다.

DOC 규정에 따라 프리미티보 디 만두리아는 프리미티보를 최소 85% 사용해야 하며, 허가된 품종을 최대 15%까지 블렌딩이 가능합니다. 프리미티보 디 만두리아의 법적 최저 알코올 도수는 13.5%, 리제르바는 14%로, 잔여 당분은 리터당 최대 18g까지 허용됩니다. 프리미티보 디 만두리아의 최소 숙성 기간은 대략 5개월이고, 프리미티보 디 만두리아 리제르바는 최소 24개월 동안 숙성을 거쳐야 하며, 이 기간 중 9개월은 오크통에서 숙성을 시켜야 합니다.

- 프리미티보 디 만두리아 돌체 나투랄레(Primitivo di Manduria Dolce Naturale DOCG): 33헥타르

프리미티보 디 만두리아 돌체 나투랄레는 프리미티보 디 만두리아와 동일한 지역에서 생산되는 스위트 타입의 레드 와인을 위한 원산지 명칭으로, 2011년에 프리미티보 디 만두리아 DOC에서 분리되어 독자적인 원산지 명칭을 갖게 되었습니다.

DOCG 규정에 따라 프리미티보 디 만두리아 돌체 나투랄레는 프리미티보를 100% 사용해야 하며, 포도는 수확 후 실외에서 자연 건조를 시켜야 합니다. 법적 최저 알코올 도수는 13%로, 잔여 당분은 리터당 최소 50g을 지니고 있어야 하며, 최소 숙성 기간은 대략 6개월로 규정하고 있습니다.

- 살리체 살렌티노(Salice Salentino DOC): 1,775헥타르

장화 뒤꿈치 거의 끝자락에 위치한 살리체 살렌티노는 살렌토 평야에서 생산되는 와인으로, 1976년 DOC 지위를 획득했습니다. DOC로 인정될 당시에는 레드 와인만 생산 가능했지만, 1990년, 2010년에 걸쳐 두 차례 개정되면서 지금은 모든 종류의 와인이 생산되고 있습니다.

DOC 규정에 따라 청포도 품종은 피아노, 피노 비안코, 샤르도네 품종을, 적포도 품종은 네그로아마로, 알레아티코 품종을 허가하고 있으며, 대부분 레드 와인으로 생산되고 있습니다. 특히 토착 품종인 네그로아마로로 만든 레드 와인은 짙은 색을 띠며 흙 내음과 타닌이 상당히 강한 것이 특징인데, 실제로 네그로아마로는 '검고Negro 쓴맛Amaro'을 의미하는 이탈리아어가 합성된 이름이기도 합니다.

Castel del Monte

CALABR
칼라브리
9
DOC
GAGLIOPPO
MALVASIA
Terre di Cosenza
Melissa
Savuto
S. Anna di Isola Capo Rizzuto
Lamezia
Bivongi
N
W
E
S
Terre di Cosenza DOC
Savuto DOC
Lamezia DOC
Cirò DOC
Melissa DOC
S. Anna di Isola Capo Rizzuto DOC
Bivongi DOC

칼라브리아(Calabria): 8,824 헥타르

칼라브리아 주는 이탈리아 반도의 최남단, 티레니아해의 끝자락에 위치하며, 사실상 이오니아해와 티레니아해 사이의 돌출된 거대한 반도입니다. 19세기 후반, 칼라브리아 주는 필록세라 병충해로 인해 포도밭이 황폐화되어 와인 산업은 쇠퇴했고, 20세기 후반에는 신세계 와인 산지에서 저렴한 와인을 해외 시장에 대량으로 공급하기 시작하면서 와인 산업은 더욱더 안 좋은 상황을 맞이했습니다. 여전히 와인 산업은 회복되지 않은 채 칼라브리아 주는 경제적으로 가장 빈곤한 지역입니다.

칼라브리아 주는 지중해성 기후로, 해안 근처는 일년 내내 덥고 건조합니다. 농지의 대부분은 곡물과 오렌지, 특히 올리브를 주로 재배하고 있으며, 포도는 토지의 아주 작은 부분을 차지하고 있습니다. 또한 지형의 대부분이 산악 지대로, 평야 지대는 1/4 밖에 되지 않기 때문에 포도밭은 이 지역에 널리 분산되어 있습니다. 또한 칼라브리아 주는 아직까지 협동조합이 없고, 대다수가 영세한 소작농으로, 양조 설비를 구매하고 유지·관리하는 비용은 이들이 감당하기에는 너무 부담될 정도로 높습니다.

현재, 칼라브리아 주는 DOCG는 없고, 9개의 DOC, 10개의 IGT가 존재하지만, DOC와인의 비율은 3%에 불과합니다. 주요 포도 품종은 갈리오뽀Gaglioppo로, 레드 와인의 생산 비율은 90% 가깝게 차지하고 있습니다. 대표적인 산지로는 치로 DOC가 그나마 가장 유명합니다.

- 치로(Cirò DOC): 490헥타르

치로는 칼라브리아 주에서 몇 안 되는 유명 산지로, 라 실라La Sila 고원의 동쪽 기슭과 이오니아해의 연안에서 생산되고 있습니다. 1969년 DOC 지위를 획득했으며, 원산지는 치로, 치로 마리나Cirò Marina, 크루콜리Crucoli, 멜리싸Melissa 마을을 포함하고 있는데, 이 중에서 치로와 치로 마리나 두 곳의 마을은 클라씨코로 지정되어 있습니다. 또한 멜리싸 마을은 1979년에 DOC로 인정되어 멜리싸 DOC의 원산지 명칭을 사용할 수 있습니다.

전설에 따르면, 고대 올림픽 때 칼라브리아 선수들은 크리미사Krimisa로 알려진 와인을 건배하며 승리를 축하했는데, 당시 마셨던 와인이 지금의 치로라고 전해지고 있습니다. 수천 년의 와인 역사를 자랑하는 치로는 토착 품종인 갈리오뽀 주체의 레드 와인으로 유명합니다. DOC 규정상으로는 화이트 및 로제 와인의 생산도 가능하지만, 거의 대부분이 레드 와인으로 생산되고 있습니다.

황무지인 치로 지역은 극도로 건조합니다. 그러나 점토가 풍부한 토양 덕분에 보수성이 좋아 수분을 잘 유지시켜 주고 있고, 인근 해안에서 산들바람이 유입되어 포도의 곰팡이 질병 위험을 낮춰주고 있습니다. 치로의 주요 포도 품종은 그레코와 갈리오뽀입니다. 전통적으로 갈리오뽀 품종의 레드 와인이 가장 평가가 높았지만, 한때 그 이름값을 제대로 하지 못한 시기도 있었습니다. 그러나 최근 들어 양조 기술이 향상됨에 따라 예전의 명성을 회복하고 있으며, 섬세하고 매력적인 향을 지닌 와인이 생산되고 있습니다.

DOC 규정에 따라 치로 비안코는 그레코를 최소 80% 사용해야 합니다. 치로 로자토 및 로쏘는 갈리오뽀를 최소 82% 사용해야 하며, 바르베라, 까베르네 프랑, 까베르네 쏘비뇽, 메를로, 산지오베제를 최대 10%까지 블렌딩할 수 있습니다. 법적 최저 알코올 도수는 치로 비안코가 11%, 치로 로자토 및 로쏘가 12.5%, 치로 로쏘 수페리오레가 13.5%입니다. 치로 로쏘의 경우, 리터당 최대 4g까지 잔여 당분이 허용되며, 최소 숙성 기간은 대략 7개월로 규정하고 있습니다. 또한 치로 로쏘에 한해 최소 24개월 숙성을 시키면 리제르바 표기가 가능합니다.

SICILIA
시칠리아

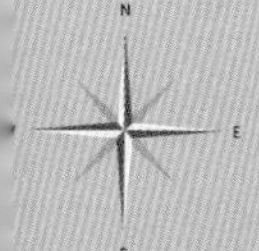

1 DOCG 23 DOC

NERO D'AVOLA CATARATTO

Marsala DOC
Delia Nivolelli DOC
Monreale DOC
Contessa Entellina DOC
Sambuca di Sicilia DOC
Sciacca DOC
Pantelleria DOC
Contea di Sclafani DOC
Riesi DOC
Cerasuolo di Vittoria DOCG
Faro DOC
Mamertino di Milazzo DOC
Etna DOC
Siracusa DOC
Noto DOC

시칠리아(Sicilia): 118,620 헥타르

시칠리아는 지중해에서 가장 큰 섬으로, 이탈리아 반도의 발끝인 칼라브리아 주와 거의 닿아 있습니다. 섬 북쪽에 있는 항구 도시 팔레르모Palermo가 주도이고, 동쪽에는 섬을 상징하는 에트나Etna 화산이 있습니다. 시칠리아 섬은 이탈리아의 자치 주 중에서 가장 크며, 포도밭의 재배 면적 또한 가장 넓습니다.

시칠리아 섬의 와인 역사는 그리스인에 의해 시작되었습니다. 기원전 8세기, 그리스의 식민 도시 건설에 따라 시칠리아 섬과 남부 이탈리아는 그리스의 식민 도시가 되었고, 이때부터 포도 재배와 와인 양조가 시작되었습니다. 당시 이곳은 스위트 와인 산지로 유명했으며, 이후 시칠리아 섬은 2,500년 이상 동안 지중해 포도 재배의 중심지 역할을 해왔습니다.

시칠리아 섬은 전형적인 지중해성 기후로, 여름은 덥고 건조하며 겨울은 온화하고 습한 것이 특징입니다. 남서부의 해안 지역은 아프리카 해류의 영향을 받는데, 여름에는 사하라 사막에서 시로꼬Sirocco라고 불리는 뜨거운 바람이 불어와 무더운 날씨가 종종 찾아오기도 합니다. 또한 이 섬은 전반적으로 강우량이 부족해 물 부족 문제가 자주 발생하며, 에트나 산을 비롯한 산악 지역의 900~1,000미터 이상에서는 눈을 흔하게 볼 수 있습니다. 보통 에트나 산의 정상은 10월부터 5월까지 눈으로 뒤덮여 있습니다.

토양은 화산 활동에 의해 형성된 화산성 토양으로 복합적이고 매우 다양합니다. 에트나 산 주변은 화산성 토양으로 미네랄 성분이 풍부하고, 남쪽으로 80km 떨어진 이블레이Iblei 산맥의 낮은 경사지와 해안 평야는 백악질 토양, 시칠리아 서부의 마르살라 지역은 모래 토양으로 이루어져 있습니다.

시칠리아 섬은 천혜의 환경을 바탕으로 포도와 곡물, 올리브, 오렌지를 주로 재배하며 수출하였고, 이러한 상품들은 수세기 동안 이 지역 경제의 기반이 되었습니다. 아이러니하게도 이러한 자연의 은혜는 20세기 후반, 시칠리아 와인 산업이 몰락하는데 결정적인 역할을 했습니다. 풍부한 햇살과 건조한 기후로 인해 포도의 질병이 낮은 덕분에 이 섬의 재배업자들은 수확량을 최대한 높여 엄청난 양의 와인을 만들었습니다. 심지어 이탈리아 정부가 고품질 생산을 위해 포도 나무의 수형 관리 기술을 전환하는 농가에게 보조금을 지급한다고 했을 때에도 재배업자들은 전혀 유혹에 흔들리지 않았습니다.

1995년까지, 시칠리아 섬에서는 막대한 양의 와인이 생산되었고, 이곳의 와인은 남부 와인과 함께 이탈리아 북부 지역으로 통째로 판매되어 와인의 질감을 강하게 하는 역할로 블렌딩되었습니다. 게다가 대형 선박에 실려 북부의 가향 와인인 베르무트Vermouth 생산에 사용되기까지 했습니다. 결국, 과잉 생산은 품질 저하로 이어졌습니다. 시장에는 저렴한 시칠리아 와인들로 넘쳐났으며, 소비자의 신뢰도 잃게 되었습니다. 다행히도 최근 들어, 와인의 근대화가 진행되면서 품질 향상이 현저하게 이뤄졌는데, 이전까지 시칠리아 섬은 벌크 와인을 대량으로 생산했던 산지였다면, 이제는 품질에 초점을 맞춰 조금씩 생산량을 줄어가고 있는 추세입니다.

2020년 기준, 시칠리아 섬의 와인 생산량은 450만 헥토리터로, 수년 만에 최저 수준을 기록했습니다. 이탈리아에서는 풀리아, 베네토, 에밀리아-로마냐 주에 이어 네 번째로 많은 양을 생산하고 있으며, 여전히 와인 생산량은 전 세계 7위에 해당할 정도로 양이 많지만, 해외로 수출되는 양도 상당한 편입니다.

청포도 품종은 카타라또Cataratto를 가장 많이 재배하고 있으며, 적포도 품종은 네로 다볼라Nero d'Avola가 재배 면적과 인지도 모두 높습니다. 현재, 시칠리아 주는 1개의 DOCG, 23개의 DOC, 7개의 IGT가 존재하며, DOCG 및 DOC 와인의 비율은 27% 정도입니다. 대표적인 산지로는 유일한 DOCG인 체라주올로 디 비또리아와 판텔레리아 DOC, 마르살라 DOC 등이 있습니다.

- 체라주올로 디 비또리아(Cerasuolo di Vittoria DOCG): 152헥타르

체라주올로 디 비또리아는 시칠리아 섬의 남동쪽에 있는 비또리아 마을 주변에서 생산되는 레드 와인입니다. 1973년 DOC 지위를 획득해 2005년에 시칠리아 섬 최초로 DOCG 등급으로 승격되었으며, 현재까지 시칠리아 섬의 유일한 DOCG 산지입니다. 원산지는 라구자Ragusa 지방의 비또리아, 라구자, 코지모Cosimo, 아카테Acate, 끼아라몬테 굴피Chiaramonte Gulfi, 산타 크

로체 카메리나Santa Croce Camerina 마을과 칼타니쎄따Caltanissetta 지방의 마짜리노Mazzarino, 젤라Gela, 니쉐미Niscemi, 리에지Riesi, 부테라Butera 마을, 그리고 카타니아Catania 지방의 칼타지로네Caltagirone, 리코디아 에우베아Licodia Eubea, 마짜로네Mazzarone 마을로 이루어져 있습니다.

이 중에서, 라구자 지방의 비또리아, 코지모, 아카테, 끼아라몬테 굴피, 산타 크로체 카메리나 마을과 칼타니쎄따 지방의 젤라 마을, 그리고 카타니아 지방의 칼타지로네, 리코디아 에우베아, 마짜로네 마을은 클라씨코로 지정되어 있습니다. 포도밭은 지중해 인근의 완만한 언덕에 자리 잡고 있는데, 표고는 350미터에 달합니다. 토양은 주로 모래와 점토질, 그리고 석회질로 이루어져 있고, 토착 품종인 네로 다볼라와 프라빠토Frappato를 재배하고 있습니다.

'체리 색'을 의미하는 체라주올로는 다른 지역에서 로자토, 즉 로제 와인에 사용되는 용어이지만, 이곳에서는 레드 와인을 지칭하고 있습니다. 체라주올로 디 비또리아는 네로 다볼라와 프라빠토를 블렌딩해 체리 색의 레드 와인을 만들고 있는데, 네로 다볼로는 진한 색과 강한 타닌을, 프라빠토는 신선한 과실 풍미를 제공하는 역할을 담당하고 있습니다.

DOCG 규정에 따라 체라주올로 디 비또리아는 네로 다볼라 50~70%, 프라빠토30~50% 사용해야 하며, 법적 최저 알코올 도수는 12.5%, 최소 숙성 기간은 대략 8개월로 규정하고 있습니다. 체라주올로 디 비또리아 클라씨코의 경우, 법적 최저 알코올 도수는 동일하지만 최소 숙성 기간은 대략 18개월로 규정하고 있습니다.

체라주올로 디 비또리아의 우수한 생산자로는 코스COS, 플라네타Planeta, 발레 델라카테Valle dell'Acate, 아비데Avide, 포찌오 디 보르톨로네Poggio di Bortolone 등이 있습니다.

- 판텔레리아(Pantelleria DOC): 400헥타르

판텔레리아는 시칠리아 섬의 남서쪽 끝에 위치한 판텔레리아 섬에서 생산되는 와인입니다. 1971년 DOC로 인정될 당시, 모스카토 디 판텔레리아Moscato di Pantelleria였으나, 2013년에 이

름이 변경되면서 지금과 같은 명칭을 갖게 되었습니다. 판텔레리아 섬은 시칠리아 섬에서 남서쪽으로 100km 정도 떨어져 있으며, 행정구역상 시칠리아 섬에 속한 마을이기도 합니다.

지중해성 기후의 판텔레리아 섬은 튀니지 해안에서 동쪽으로 60km 거리에 떨어져 있어 오히려 아프리카 대륙에 가깝습니다. 또한 아랍어로 '바람의 딸'을 의미하는 판텔레리아 섬은 북아프리카 해안에서 뜨거운 바람이 강하게 불어오는데, 강풍은 때로는 50도가 넘을 정도로 뜨겁습니다. 따라서 포도 나무는 알바렐로Albarellos라는 작고 낮은 수형 방식으로 재배하며, 포도밭은 인공적으로 움푹 들어간 곳에 돌담으로 둘러쳐져 있습니다.

판텔레리아 섬에서는 지빕보Zibibbo라고 불리는 청포도 품종으로 다양한 종류의 와인을 생산하고 있습니다. 지빕보는 프랑스의 뮈스까 달렉상드리Muscat d'Alexandrie와 동일한 품종으로, 이집트의 항구 도시인 알렉산드리아 근처의 나일 강 삼각주Nile Delta 주변에서 재배가 시작된 것으로 추측하고 있습니다. 실제로 지빕보는 아랍어로 '건포도'를 의미합니다.

DOC 규정에 따라 판텔레리아 비안코는 지빕보를 최소 85% 사용해야 하며, 지빕보 돌체Zibibbo Dolce, 모스카토로 표기된 와인과 스푸만테는 지빕보를 100% 사용해야 합니다. 또한 스위트 와인인 파씨토, 모스카토 도라토Moscato Dorato와 주정 강화 와인인 모스카토 리쿼로소Moscato Liquoroso, 파씨토 리쿼로소Passito Liquoroso의 생산도 가능한데, 모두 지빕보 100%로 만들어야 합니다. 파씨토와 모스카토 도라토는 모두 포도를 건조시켜 만들지만, 모스카토 도라토가 훨씬 단맛이 강한 스위트 와인으로, 잔여 당분은 리터당 최소 100g을 지니고 있어야 합니다. 최소 숙성 규정은 파씨토와 파씨토 리쿼로소만 규정하고 있는데, 파씨토의 최저 숙성 기간은 대략 6~8개월, 파씨토 리쿼로소는 대략 1~2개월로 규정하고 있습니다.

판텔레리아의 우수한 생산자로는 살바토레 무라나Salvatore Murana, 돈나푸가타Donnafugata, 칸티네 플로리오Cantine Florio, 마르코 데 바르톨리Marco De Bartoli, 칸티네 펠레그리노 자르디노Cantine Pellegrino Giardino 등이 있습니다.

- 마르살라(Marsala DOC): 1,218헥타르

셰리, 포트, 마데이라와 더불어 세계 4대 주정 강화 와인으로 잘 알려진 마르살라는 시칠리아 섬의 서부에 위치한 마르살라 주변 지역에서 생산되고 있으며, 1969년에 DOC 지위를 획득했습니다. 마르살라가 주정 강화 와인으로 생산되기 시작한 것은 18세기 후반부터입니다. 1773년, 영국 상인 존 우드하우스John Woodhouse는 셰리를 대체할 와인을 찾기 위해 마르살라 항구를 찾았고, 이 지역에서 생산된 와인을 맛본 뒤, 와인을 구매해 주정을 강화했습니다. 우드하우스는 자신이 개발한 마르살라가 영국 시장에서 인기가 있을 것이라 확신했으며, 1796년에 상업적으로 생산을 시작했습니다.

1833년에 칼라브리아 출신의 사업가인 빈첸초 플로리오Vincenzo Florio는 마르살라 지역에 거대한 토지를 매입해 막대한 양의 마르살라를 생산했고, 19세기 후반에는 존 우드하우스가 설립한 포도원을 인수해 마르살라 와인 산업을 거의 독점하다시피 했습니다. 플로리오는 오늘날에도 마르살라의 주요 생산자로 남아 있습니다.

오래된 항구 도시인 마르살라는 아랍어로 '신의 항구'를 뜻하며, 원산지 명칭으로도 사용되고 있습니다. 포도밭은 주로 서부에 있는 트라파니Trapani 지역 주변에 집중되어 있고, 현지에서 인촐리아Inzolia라 불리는 안조니카Ansonica, 카타라또, 그릴로Grillo, 다마스끼노Damaschino 청포도 품종을 사용해 만들고 있습니다.

전통적으로 마르살라는 포도 과즙을 불로 가열한 모스토 코또Mosto Cotto를 사용하며, 이후 증류주를 첨가해 주정을 강화합니다. 주정을 강화할 때 시포네Sifone 또는 미스텔라Mistrella를 첨가하는데, 이것은 늦게 수확한 포도에서 짜낸 과즙과 증류주를 섞은 혼합액입니다. 이후 숙성 과정을 거치게 됩니다. 고급 마르살라의 경우, 셰리와 유사한 솔레라 시스템을 사용하고 있습니다.

DOC 규정에 따라 마르살라는 암브라Ambra, 오로Oro, 루비노Rubino 세 종류로 생산되고 있으며, 암브라와 오로는 안조니카, 카타라또, 그릴로, 다마스끼노의 청포도 품종만을 사용해 만들어야 합니다. 반면 루비노는 네렐로 마스칼레제Nerello Mascalese, 네로 다볼라, 현지에서 피냐텔로Pignatello라고 불리는 페리코네Perricone의 적포도 품종을 최소 70% 사용해야 하며, 청포도 품종은 최대 30% 블렌딩이 가능합니다.

암브라, 오로, 루비노는 잔여 당분에 따라 세꼬Secco, 세미-세꼬Semi-Secco, 돌체Dolce 표기가 가능한데, 세꼬는 리터당 최대 40g, 세미-세꼬는 리터당 40~100g, 돌체는 리터당 최소 100g으로 규정하고 있습니다. 또한 숙성에 따라 다음과 같이 표기할 수 있습니다.

-피네Fine는 최소 12개월 동안 숙성을 거쳐야 하며, 이 기간 중 8개월은 오크통에서 숙성시켜야 합니다.

-수페리오레 또는 베끼오Vecchio는 최소 24개월 동안 숙성을 거쳐야 하며, 이 기간 중 20개월은 오크통에서 숙성시켜야 합니다.

-수페리오레 리제르바는 최소 48개월 동안 숙성을 거쳐야 하며, 이 기간 중 44개월은 오크통에서 숙성시켜야 합니다.

-베르지네Vergine 또는 솔레라스Soleras는 최소 60개월 동안 숙성을 거쳐야 하며, 이 기간 중 56개월은 오크통에서 숙성시켜야 합니다.

-베르지네 스트라베끼오Vergine Stravecchio는 최소 120개월 동안 숙성을 거쳐야 하며, 이 기간 중 116개월은 오크통에서 숙성시켜야 합니다.

* 마르살라의 법적 최저 알코올 도수는 18%이고 피네만 17.5%로 규정하고 있습니다.

- 에트나(Etna DOC): 1,100헥타르

해발 3,330미터의 에트나 산은 시칠리아 섬을 상징하는 활화산으로 매우 유명합니다. 에트나는 이 산 주변에서 생산되는 와인으로, 1968년에 DOC 지위를 획득했습니다. 원산지는 에트나 산 주변의 20개 마을로 이루어져 있으며, 포도밭은 에트나 산의 북쪽과 동쪽, 그리고 남쪽 경사지의 400~1,000미터 표고에 자리잡고 있습니다. 과거 에트나 산의 경사지는 이 지역의 재배업자들에게 외면을 받았지만, 최근 몇 년 사이에 잠재력을 인정받으면서 서서히 입지를 찾아가고 있는 중입니다. 특히 도전적인 생산자와 대형 포도원이 진출하면서 시칠리아 섬에서 가장 활력이 넘치는 산지로 주목을 받고 있습니다.

에트나 지역은 시칠리아 섬의 다른 지역과 비교하면 기후에 상당한 차이가 있는데, 이는 이 지역이 반원형으로 북쪽에서 남서쪽으로 퍼져 있기 때문입니다. 특히 시칠리아 섬의 다른 지역과 비교할 때, 가장 큰 차이점으로는 강우량을 들 수 있습니다. 강우량이 가장 높은 곳은 에트나 산의 동쪽 지역으로, 여름에는 비가 거의 내리지 않고, 가을과 겨울 동안에만 비가 집중되고 있습니다. 이러한 조건은 포도의 성숙에 영향을 미치고 있으며, 에트나 지역에서는 11월 초반에 수확하는 일이 드물지 않습니다.

또한 이 지역은 높은 고도로 인해 일교차가 크게 발생하고 있지만, 뜨거운 태양 빛이 지중해에 반사되어 포도의 성장을 도와주고 있습니다. 이곳의 재배업자들은 독일의 모젤 강과 비슷한 효과를 보고 있다고 말하며, 그로 인해 포도는 긴 생육 기간을 보장받고 있습니다. 에트나 지역은 화산성 토양으로 미네랄 성분이 풍부합니다. 또한 오랫동안 화산 활동에 의해 분출된 용암과 화산재, 모래, 그리고 굳은 마그마가 섞여 있는데 그로 인해 포도 나무는 철, 구리, 인, 마그네슘 과 기타 영양분의 혜택을 받고 있습니다.

DOC 규정에 따라 에트나 비안코는 카리칸테Carricante를 최소 60% 사용해야 하며, 카타라또는 최대 40%까지 블렌딩이 가능합니다. 에트나 비안코 중 밀로Milo 마을만 수페리오레 표기가 가능하며, 카리칸테를 최소 80% 사용해 만들어야 합니다.

에트나 로자토 및 로쏘는 네렐로 마스칼레제를 최소 80% 사용해야 하며, 네렐로 카뿌찌오Nerello Cappuccio는 최대 20%까지 블렌딩할 수 있습니다. 에트나 로쏘에 한해 리제르바 표기가 가능한데, 최소 48개월 동안 숙성을 거쳐야 하며, 이 기간 중 12개월은 오크통에서 숙성시켜야 합니다. 또한 스푸만테도 생산 가능하며, 네렐로 마스칼레제 주체로 반드시 병 내 2차 탄산가스 발효를 거쳐 만들어야 합니다.

에트나의 우수한 생산자로는 바롤로 보이즈를 이끌며 바롤로 근대화의 기수 역할을 담당했던 마르크 데 그라치아의 테누타 델레 테레 네레Tenuta delle Terre Nere, 파쏘피샤로Passopisciaro, 피에트라돌체Pietradolce, 지롤라모 루쏘Girolamo Russo, 알타 모라Alta Mora, 그라치Graci, 베난티Benanti 등이 있습니다.

SARDEGNA
사르데냐

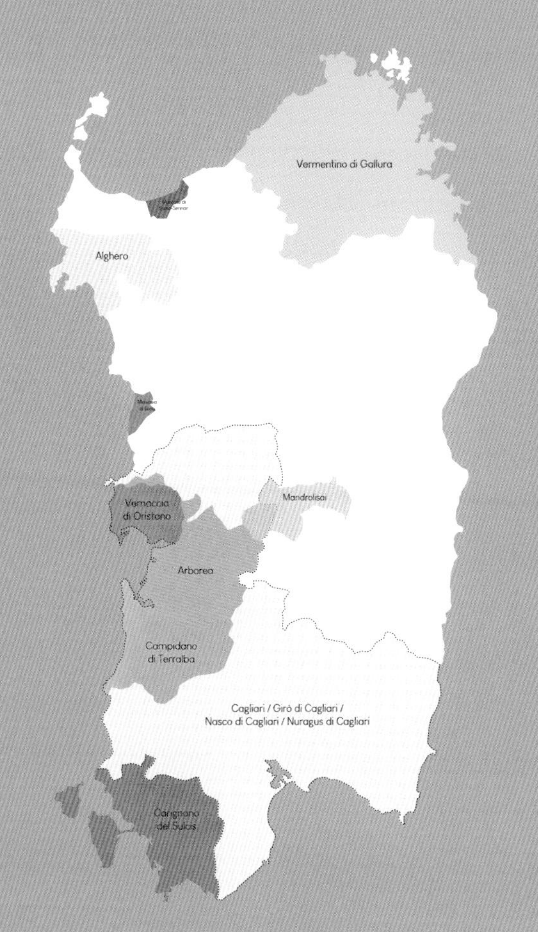

1 DOCG 17 DOC

CANNONAU VERMENTINO

Vermentino di Gallura DOCG
Moscato di Sorso-Sennori DOC
Alghero DOC
Malvasia di Bosa DOC
Vernaccia di Oristano DOC

Mandrolisai DOC
Arborea DOC
Campidano di Terralba DOC
Carignano del Sulcis DOC

Cagliari DOC
Girò di Cagliari DOC
Nasco di Cagliari DOC
Nuragus di Cagliari DOC

사르데냐(Sardegna): 26,709헥타르

이탈리아 반도의 서해안에서 240km 떨어진 사르데냐 섬은 지중해에서 시칠리아 섬에 이어 두 번째로 큰 섬입니다. 시칠리아 섬의 북서쪽에 위치하며, 이탈리아 영토로 귀속된 것은 18세기 전반입니다. 이전까지는 이슬람 세력 및 스페인의 통치를 받았는데, 특히 스페인의 영향을 받아 스페인계 포도 품종을 많이 재배하고 있습니다.

사르데냐 섬은 고대 로마 시대에 와인을 공급했던 역사적인 산지였으나, 이후 여러 나라의 지배를 받으면서 낙오된 섬으로 전락하게 되었습니다. 이러한 이유로 발전은 늦어졌고, 19세기에 근대 이탈리아가 성립되면서 근대화가 조금씩 진행되었습니다. 1950년대에 사르데냐 섬은 이탈리아 정부의 보조금을 지원받아 포도 나무를 재배해 와인을 만들기 시작했습니다. 당시 사르데냐 와인은 알코올 도수가 높고 단맛이 나는 레드 와인으로, 대부분은 끼안티 지역과 멀게는 프랑스, 독일로 판매되어 블렌딩에 사용되었습니다.

1980년대에 들어서자, 사르데냐 섬은 유럽연합의 감반 정책 대상 지역으로 지정되어, 포도밭의 재배 면적은 3/4으로 줄어들게 되었습니다. 또한 산악 지대가 14% 정도로 비교적 적음에도 불구하고 암석으로 뒤덮인 곳이 많기 때문에 농사를 짓기 혹독한 환경을 지니고 있습니다. 게다가 과거에 이민족들이 해안가를 통해 약탈을 일삼았기 때문에 대다수 주민들은 내륙 지역으로 거처를 옮겼고, 최근까지 해안가에 사는 사람은 그리 많지 않습니다. 사르데냐 섬은 전반적으로 개발이 뒤처진 곳이었지만, 최근에 현대적인 양조 기술이 보급되기 시작하면서 조금씩 와인 산지로서 자리를 잡아가고 있는 중입니다.

현재, 사르데냐 주는 1개의 DOCG, 17개의 DOC, 15개의 IGT가 존재하며, DOCG 및 DOC 와인의 비율은 68%로 이탈리아 남부에서는 높은 편입니다. 주요 포도 품종은 칸노나우Cannonau 29%, 베르멘티노 17% 등이 있고, 대표적인 산지로는 유일한 DOCG인 베르멘티노 디 갈루라와 베르나차 디 오리스타노 DOC 등이 있습니다.

- 베르멘티노 디 갈루라(Vermentino di Gallura DOCG): 1,174헥타르

베르멘티노 디 갈루라는 사르데냐 섬의 북동쪽 끝에 위치한 광대한 산지로, 1975년 DOC 지위를 획득해 1996년에 DOCG로 승격되었습니다. 현재까지 베르멘티노 디 갈루라는 사르데냐 섬의 유일한 DOCG로, 베르멘티노 주체로 와인을 만들고 있습니다. 원산지는 사싸리Sassari 지방의 21개 마을과 올비아-템피오Olbia-Tempio 지방의 일부 마을을 포함하고 있고, 포도밭은 갈루라 지역의 숲이 우거진 언덕에 자리잡고 있습니다.

갈루라 지역은 지중해의 열기와 바닷바람, 그리고 알프스 산맥에서 불어오는 미스트랄Mistral의 거센 바람의 영향을 받고 있습니다. 포도밭의 표고는 최고 500미터로 규제하고 있으며, 건조하고 단단한 토양에서 우수한 품질의 베르멘티노 와인을 생산하고 있습니다.

DOCG 규정에 따라 베르멘티노 디 갈루라 비안코와 스푸만테, 그리고 벤뎀미아 타르티바와 파씨토는 베르멘티노를 최소 95% 사용해 하며, 대부분 베르멘티노 디 갈루라 비안코로 생산되고 있습니다. 비안코에 한해 수페리오레 표기가 가능한데, 법적 알코올 도수는 13%로, 베르멘티노 디 갈루라 비안코에 비해 1% 높고, 최소 숙성 기간은 2~4개월로 규정하고 있습니다.

- 베르나차 디 오리스타노(Vernaccia di Oristano DOC): 11헥타르

1971년 DOC 지위를 획득한 베르나차 디 오리스타노는 셰리 스타일의 와인으로, 사르데냐 섬의 서부 해안의 오리스타노 지방에서 생산되고 있습니다. 포도밭은 티르조Tirso 강 주변의 평야 지대에 자리잡고 있으며, 모래 토양에서 베르나차를 재배하고 있습니다. 베르나차 디 오리스타노는 셰리와 유사하게 산소와 접촉시켜 산막 효모 숙성을 거치지만 주정 강화는 하지 않는 것이 특징입니다.

DOC 규정에 따라 베르나차 디 오리스타노는 베르나차 100%로 만들어야 하며, 수확 후 이듬해 3월에 산막 효모 숙성을 위해 오크통에 옮겨져야 합니다. 베르나차 디 오리스타노의 법적 최저 알코올 도수는 15%로, 최소 29개월 동안 숙성을 거쳐야 하며, 이 기간 중 24개월은 오크통에서 숙성시켜야 합니다.

다만, 베르나차 디 오리스타노 수페리오레와 리제르바의 법적 최저 알코올 도수는 15.5%로 동일하지만 숙성 기간에 차이가 있습니다. 최소 숙성 기간은 베르나차 디 오리스타노 수페리오레가 36개월, 베르나차 디 오리스타노 리제르바가 48개월로 규정하고 있습니다. 또한 주정을 강화한 리쿼로소도 생산 가능한데, 법적 최저 알코올 도수는 16.5%로, 최소 숙성 기간에 대한 규정은 없습니다.

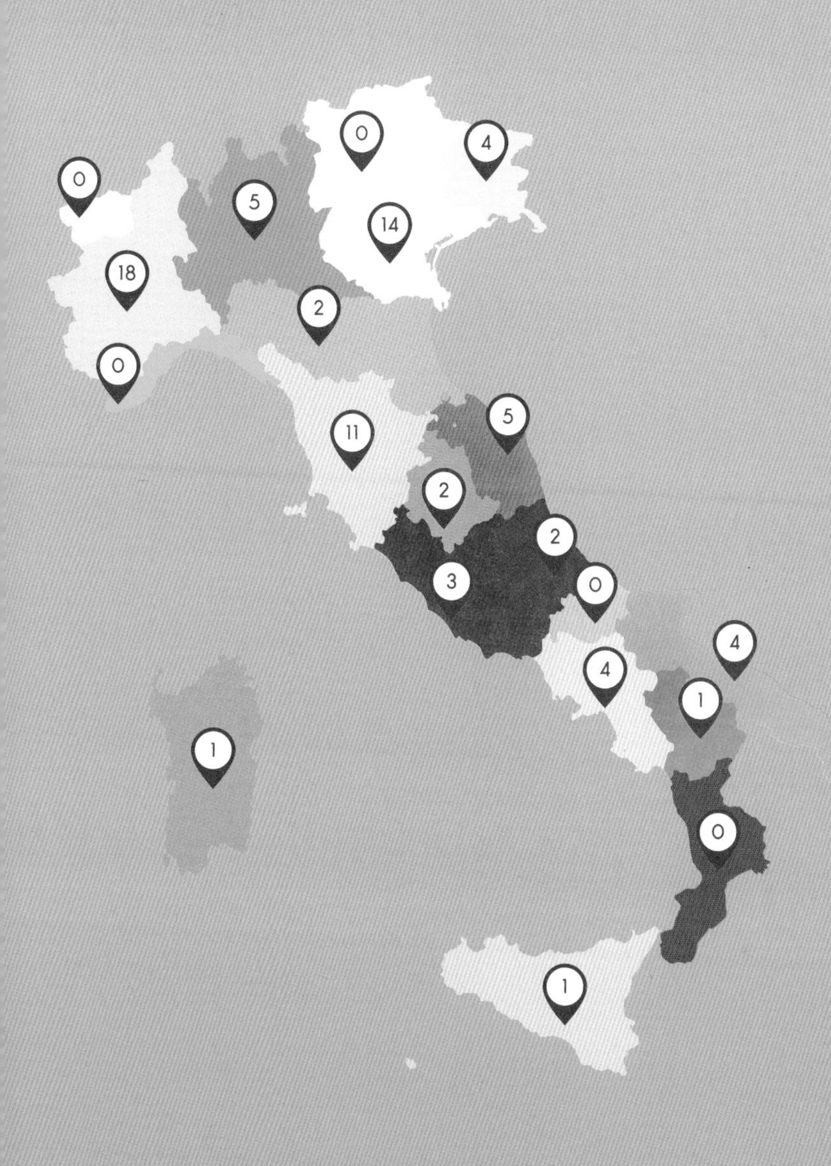

DOCG

DOCG WINES
이탈리아 DOCG

Abruzzo
1. Colline Teramane Montepulciano d'Abruzzo
2. Terre Tollesi / Tullum

Basilicata
1. Aglianico del Vulture Superiore

Calabria
None

Campania
1. Aglianico del Taburno
2. Fiano di Avellino
3. Greco di Tufo
4. Taurasi

Emilia-Romagna
1. Colli Bolognesi Pignoletto
2. Romagna Albana

Friuli-Venezia Giulia
1. Colli Orientali del Friuli Picolit
2. Lison
3. Ramandolo
4. Rosazzo

Lazio
1. Cannellino di Frascati
2. Cesanese del Piglio / Piglio
3. Frascati Superiore

Liguria
None

Lombardia
1. Franciacorta
2. Oltrepò Pavese Metodo Classico
3. Scanzo/Moscato di Scanzo
4. Sforzato di Valtellina / Sfursat di Valtellina
5. Valtellina Superiore

Marche
1. Castelli di Jesi Verdicchio Riserva
2. Cònero
3. Offida
4. Verdicchio di Matelica Riserva
5. Vernaccia di Serrapetrona

Molise
None

Piedmonte
1. Alta Langa
2. Asti
3. Barbaresco
4. Barbera d'Asti
5. Barbera del Monferrato Superiore
6. Barolo
7. Brachetto d'Acqui / Acqui
8. Dogliani
9. Dolcetto di Diano d'Alba / Diano d'Alba
10. Dolcetto di Ovada Superiore / Ovada
11. Erbaluce di Caluso / Caluso
12. Gattinara
13. Gavi / Cortese di Gavi DOCG
14. Ghemme
15. Nizza
16. Roero
17. Ruchè di Castagnole Monferrato
18. Terre Alfieri

Puglia
1. Castel del Monte Bombino Nero
2. Castel del Monte Nero di Troia Riserva
3. Castel del Monte Rosso Riserva
4. Primitivo di Manduria Dolce Naturale

Sardegna
1. Vermentino di Gallura

Sicilia
1. Cerasuolo di Vittoria

Toscana
1. Brunello di Montalcino
2. Carmignano
3. Chianti
4. Chianti Classico
5. Elba Aleatico Passito / Aleatico Passito dell'Elba
6. Montecucco Sangiovese
7. Morellino di Scansano
8. Rosso della Val di Cornia / Val di Cornia Rosso
9. Suvereto
10. Vernaccia di San Gimignano
11. Vino Nobile di Montepulciano

Trentino-Alto Adige
None

Umbria
1. Montefalco Sagrantino
2. Torgiano Rosso Riserva

Valle d'Aosta
None

Veneto
1. Amarone della Valpolicella
2. Asolo Prosecco
3. Bagnoli Friularo / Friularo di Bagnoli
4. Bardolino Superiore
5. Colli di Conegliano
6. Colli Euganei Fior d'Arancio / Fior d'Arancio Colli Euganei
7. Conegliano Valdobbiadene Prosecco
8. Lison
9. Montello Rosso / Montello
10. Piave Malanotte / Malanotte del Piave
11. Recioto della Valpolicella
12. Recioto di Gambellara
13. Recioto di Soave
14. Soave Superiore